U0150718

后碳时代
的电力

构建一个清洁、弹性电网

〔美〕彼得·福克斯－彭纳（Peter Fox-Penner） 著

王耀华 刘 俊 冯君淑 张晋芳 等 译

POWER AFTER CARBON

中国电力出版社
CHINA ELECTRIC POWER PRESS

版权声明：

本书译自 PETER　FOX-PENNER 所著 *POWER AFTER CARBON*.

ⓒ 2021 by Peter Fox-Penner.

图书在版编目（CIP）数据

后碳时代的电力／（美）彼得·福克斯-彭纳（Peter Fox-Penner）著；王耀华等译. —北京：中国电力出版社，2021.12（2022.8 重印）

书名原文：Power after Carbon

ISBN 978-7-5198-6012-7

Ⅰ.①后… Ⅱ.①彼… ②王… Ⅲ.①新能源-电力工业-研究 Ⅳ.①TM7

中国版本图书馆 CIP 数据核字（2021）第 192643 号

北京市版权局著作权合同登记 图字：01-2020-4777 号

出版发行：中国电力出版社
地　　址：北京市东城区北京站西街 19 号（邮政编码 100005）
网　　址：http：//www.cepp.sgcc.com.cn
责任编辑：翟巧珍（806636769@qq.com）
责任校对：黄　蓓　常燕昆
装帧设计：张俊霞
责任印制：石　雷

印　　刷：三河市百盛印装有限公司
版　　次：2021 年 12 月第一版
印　　次：2022 年 8 月北京第二次印刷
开　　本：880 毫米×1230 毫米　32 开本
印　　张：13.25
字　　数：365 千字
印　　数：1501—2500 册
定　　价：75.00 元

后碳时代的电力：

构建一个清洁、弹性电网

Peter Fox-Penner

哈佛大学出版社

坎布里奇，马萨诸塞州

伦敦，英格兰

2020

送给苏珊，艾美，杰克和普拉姆

我们再也不能为了生火而摧毁世界了。

——《祈祷之门》

当你已穷尽所有可能性时，要记住：还是有可能。

——托马斯·爱迪生

翻译人员名单

王耀华　刘　俊　冯君淑　张晋芳

鲁　刚　郑海峰　杨　捷　徐志成

李卓男　吕梦璇　徐　波　龚一莼

译 者 的 话

当前，全球极端天气频发，人类正处在应对气候变化的巨大挑战中。化石能源燃烧利用是温室气体的主要排放来源，推动能源系统由化石能源为主向非化石能源为主的低碳转型已经成为各国发展的普遍共识。电力作为最为普及的清洁、高效的二次能源，其在能源低碳转型中的关键作用也逐渐得到认可。在能源供给清洁化、能源消费电气化的发展大势之下，能源技术装备、行业组织方式、能源消费模式等都需要实现大幅度的创新和变革。

2010年，Peter Fox-Penner教授所著的《智能电力：应对气候变化，智能电网和电力工业的未来》一书在业界产生广泛影响，该著作中文版由国网能源研究院组织翻译。时隔十年，Peter Fox-Penner教授的又一力作《后碳时代的电力》出版，所述内容丰富、理论眼界高远、思考剖析深刻，具备较高的学术价值和重要的参考意义，适合从事全球气候变化、能源技术、政策等领域的研究人员、管理人员，以及对相关内容感兴趣的其他读者参考，国网能源研究院再次组织研究人员对此书翻译以飨读者。

《后碳时代的电力》主要阐述了在气候政策、新技术、新市场主体出现的背景下，电力工业在未来能源行业中所扮演的角色，内容涵盖发输配用电技术、商业模式、市场监管等多个维度，其中也包括电动汽车、超级电网、储能技术、人工智能等当前备受关注的热门话题。很多具备专业知识背景的读者所关心的未来电力需求、可再生能源发展潜能、电网发展趋势，以及未来能源电力市场商业模式等问题，均可以在书中找到解答。

译 者

2021 年 9 月

英 文 版 序

2010 年，《智能电力》这本书出版，在其后的几年中，我假装自己不再肩负出版更多电力相关书籍的使命。这段时间里，关于电力行业是否需要根本性变革的争论正在更迅速、更果断地达成共识，公用事业公司高管、外部投资者和行业监管机构看起来认同这个观点，相关著作、会议和政策四处涌现。现在，电力行业的根本性变革步入策略制定和实施执行的环节，比如出台针对从业人员的具体操作手册，而不是接着进行概念性的争论。

然而，我渐渐地被重要的政策问题正在发生变化的想法所困扰。亚马逊上一篇关于《智能电力》的评论是这样开头的："它现在有点过时了，但是……"当开始思考变革后的电力行业会是什么样子的时候，我很快意识到我低估了整个架构发展的速度。当前，气候变化已成为电力行业（也是人类文明）最紧迫的公共政策挑战之一，电气化已经成为脱碳的关键途径；同时电气化也带来了发电结构和产业结构的大变革，并加快了产业扩张的步伐。因此，快速和良好的落实、执行是现在最重要的。

相较于在《智能电力》的基础上进行简单更新，本书更贴近发展现实，也更广泛、更深入。如果《智能电力》是未来公用事业公司的必读本，我希望《后碳时代的电力》能成为这个系列中的下一本书。为了使非专业人士也能够轻松阅读，我做了很多努力，希望本书能够激发出更大的转型步伐。

我在波士顿大学可持续能源研究所写这本书的时候，得到了休利特基金会、能源基金会和彭博慈善基金会等机构的大力支持。本书并未得到任何资助者的直接支持。此外，我有幸在担任能源影响合作伙伴组织的首席战略官并持有股权，该公司投资了许多清洁技术公司，具体名单可见 www. energyimpactpartners. com。我还在 Brattle Group 持有少量股权并担任其学术顾问，同时在 EOS Energy Storage 也有些期权。

非常感谢能够再次为电力行业转型做出自己的贡献，并感谢所有列在致谢名单中的人士和组织。书中所述现状与观点难免存在一些错误，恳请读者批评指正。

缩　略　语

AC，alternating current——交流电

ACEEE，American Council for an Energy Efficient Economy——美国节能经济委员会

AI，artificial intelligence——人工智能

AV，autonomous vehicle——自动驾驶汽车

BA，balancing area——平衡区域

BAA，balancing authority areas——平衡责任区

CCA，Community Choice Aggregation——社区电力选择整合计划

CCS，carbon capture and storage——碳捕捉与封存

CCUS，carbon capture，utilization and storage——碳捕捉利用和封存

CSAT，customer satisfaction——用户满意度

DC，direct current——直流电

DDPP，U.S. Deep Decarbonization Pathways Project——美国深度脱碳路径项目

DER，distributed energy resources——分布式能源资源

DG，distributed generation——分布式发电

DLMP，distribution locational marginal pricing——配电网节点边际电价

DOE，U.S. Department of Energy——美国能源部

DR，demand response——需求侧响应

DSO，Distribution System Operator——分布式系统运营商

EAAS, energy as a service——能源即服务

ED, energy democracy——能源民主

EE, energy efficiency——能源效率

EIA, U. S. Energy Information Administration——美国能源信息管理局

EIRP, Energy Innovation Reform Project——能源创新改革项目

ESCO, energy service company——能源服务公司

ESU, Energy Service Utility——综合能源服务商

EV, electric vehicle——电动车

FERC, Federal Energy Regulatory Commission——美国联邦能源管理委员会

GDP, gross domestic product——国内生产总值

GHG, greenhouse gas——温室气体

GMP, Green Mountain Power——美国佛蒙特州绿山电力公司

GND, Green New Deal——绿色新政

HVDC, high-voltage direct current——高压直流输电

ICT, information and communications technology——信息和通信技术

IEA, International Energy Agency——国际能源署

IOT, Internet of Things——物联网

IOU, investor-owned electric distribution utilities——投资者自有的配电设施

IPCC, Intergovernmental Panel on Climate Change——政府间气候变化专门委员会

IPP, independent power producer——独立发电商

ISO, independent system operator——独立系统运营商

KPI, key performance indicator——关键绩效指标

kWh, kilowatt hour——千瓦时，能量单位

LBNL, Lawrence Berkeley National Labs——劳伦斯伯克利国家

实验室

MCS，Mid-Century Strategy——世纪中期战略

NCA，U. S. National Climate Assessment——美国国家气候评估

NEEP，Northeast Energy Efficiency Partnership——东北部能效联盟

NOAA，National Oceanic and Atmospheric Administration——美国国家海洋和大气治理署

NREL，National Renewable Energy Lab——美国国家可再生能源实验室

NWA，non-wires alternative——非传统输配电解决方案

PBR，performance based regulation——基于绩效监管方法

POLR，Provider of Last Resort——兜底服务商

PPA，power purchase agreement——购电协议

PQR，power quality and reliability——电能质量和可靠性

PSH，pumped storage hydro——抽水蓄能

PTG，power-to-gas——电转气

P2G2P，power-to-gas-to-power——电转气再转电

PV，photovoltaic solar——光伏发电

PwC，PricewaterhouseCoopers——普华永道会计师事务所

R&D，research and development——研发

RIIO，Revenue=Incentives+Innovation+Outputs——收入=奖励+创新+产值

RMI，Rocky Mountain Institute——落基山研究所

RPS，renewable portfolio standards——可再生能源配额制

RTO，regional transmission operator——区域输电运营商

SECC，Smart Energy Customer Collaborative——智能电网消费者协会

SI，Smart Integrator——智能聚合商

SMR，small modular nuclear reactor——小型模块化核反应堆

STEM，science，technology，engineering and mathematics——科学，技术，工程和数学

TO，transmission operator——输电运营商

TOD，time of the day pricing——分时定价

TSO，transmission system operator——输电系统运营商

UNFCCC，United Nations Framework Convention on Climate Change——联合国气候变化框架公约

VRE，variable renewable energy——间歇性可再生能源

目　　录

第一部分　电力需求与供应

第二部分 电网发展及挑战

第三部分　后碳时代的公用事业运营及监管模式

第一部分
电力需求与供应

第1章　电力脱碳的必然性

在法国赌场中，荷官经常说一句"Les jeux sont faits"，字面意思是"一旦启动赌盘，赌局就开始了"，也就是"大局已定"的意思。现在，这个短语已经成为一个被广泛使用的英文俗语。

耶鲁大学的经济学家 William Nordhaus 就使用了这个俗语来描述气候变化所带来的风险，把人类排放温室气体的行为比作我们在赌自己的未来。他在《气候赌场》一书中写道："因此，我认为经济增长正在给地球生态和气候带来很多出乎意料又十分严重的变化"。Nordhaus 也凭借此书成为诺贝尔奖得主。"很多变化是不可预见的。人类在对未来的气候变化掷骰子……"[1]

Nordhaus 在写这本书时，已经看到了一些气候变化改善的曙光。"人类只是刚刚进入这个气候赌场，离席的机会依然存在"。2013 年后，社会对气候变化的认识更加科学，共识也在更大范围内形成，真相渐渐浮出水面：气候变化所带来的危害比大家预计来得要快得多。[2]与 Nordhaus 的劝告相悖的是人类并没有重视气候变化带来的影响，而仍寄希望于气候变化不会产生更大危害。

然而，随着人类经济活动排放的温室气体增加，所引发的全球变暖已经产生了很多史无前例的影响：超级飓风导致数百万人死亡、流离失所，造成数十亿美元的经济损失；干旱使肥沃的农田变成尘暴区，引发粮食大量短缺、粮食价格飙升；生物多样性和自然栖息地不断消失，很多甚至是人类尚未发现就已经消亡了；传播更快的、危害更大的病毒不断出现。[3]2015 年 2 月，美国国防部发布了 Donald Trump 执政前的最后一份《美国国家安全战略》，其中总结到："气候变化导致了自然灾害频发，引发难民潮，由粮食和水等基本生活物资短缺引发的冲突不断增多，显然这已经对我们的国家安全构成了一个亟待解决且日益严重的威胁。"[4] 已故的物理学家 Stephen Hawking 被认为是同时代最聪明的人之一，他将全球气候变化和核战争列为人类未来一千年内面临的最大的威胁。[5] David Wallace-Wells 在《不宜居住的地球》一书中，将气候变化引发的全球变暖与之前的五次生物灭绝相类比，之前每一次灭绝的发生都带走了地球 75% 以上的生命。[6]

当前，世界主要国家都在努力执行巴黎气候峰会的协定，全球领导者都同意将全球平均气温较前工业化时期上升幅度控制在 2℃ 以内。按照科学家的测算，这需要在 2050 年前减少至少 80% 的温室气体排放。目前，煤炭、石油、天然气等化石能源消费占全球能源消费的 81% 以上，美国超过了 83%。[7] 全球交通部门的能源需求基本都由化石能源满足（美国的这个比例是 92%），全球三分之二的电力也由化石能源提供。[8] 2019 年，IEA 发布关于全球能源行业二氧化碳排放的最新报告，其数据显示，全球二氧化碳排放量达到 331 亿 t，创历史新高，同比增长 1.7%；事实上，尽管美国发电用煤总量处于 40 年来的最低点，但美国能源行业二氧化碳排放量的增速仍居高位，达到 3.1%；欧洲则是世界上唯一的能源行业二氧化碳排放量在下降的地区，降幅约为 1.3%。[9]

电力工业高碳的现状要求发电结构进行快速调整变化，并且速度需要快于任何一个进行存量变革的行业。[10] 本书的第一部分将聚焦这些变化，以及带给发达国家电力系统的巨大挑战。当然，其中许多挑战也同样适用于新兴发展中国家，但发展中国家往往面临特殊的发展中的挑战，这部分不在我们的讨论范围内。

电力系统脱碳的节奏

发达国家几乎所有电力都是由大型发电厂生产的，并通过四通八达的大型电网进行传输。当前，对于大多数发达国家来说，电力仍然完全依赖大型发电厂。

　　从这个角度看，业内对未来电力系统提出的发展愿景大致包括三种：第一种是完全依赖本地清洁能源供电，形成由分布式的社区电网和微电网构成的电力自给自足的城市电网；第二种是由众多电力产消者组成一个电力自由交易的开放市场，并依赖受监管的大型电网作为电力输送平台，电力产消者能够自己生产一部分电力，并在交易中心购买剩余的电力；第三种是将当前的公用事业公司逐渐转型为先进电力服务供应商，但仍然受到监管，并依赖包括各种规模的发电厂生产电力。

　　对于发展中国家，未来电力系统的发展愿景几乎与之完全相反。在非洲最贫穷的一些地方，公用电网只能为十分之三的家庭供电，而且电力供应往往不太稳定。[11]事实上，要在这些国家通过扩大电网覆盖范围实现普遍供电是不现实的。小型离网电力系统可以满足人们最基本的电力需求（比如电灯、水泵、手机），这种形式正在快速普及。一些政府部门、企业和非政府组织也在越来越多地推动构建微电网或社区电网，从而对非洲这些地区进行离网供电。非洲的实践引发这样一个思考：人类是否可以跨过大型电网的阶段，直接进入小型分布式电力系统为主导的阶段？就像很多国家跨过有线电话阶段，而直接进入手机服务阶段一样。

　　如果未来电力系统最终要发展成为完全分布式的第一种愿景，那么我们就应该尽快出台相关政策，来加速这种趋势；并且要停止新建大型发电厂和输电线路，迅速淘汰高碳技术装备，尽可能快地部署最适用、最清洁、最智能的替代技术。

　　或者，还是应该再探讨一下第二种和第三种愿景的可能性，其中，大型发电厂、逐渐老化的大型电网、呈爆炸趋势发展的分布式电源是不是将会共存？如果是的话，我们还需要思考很多问题，包括如何规定能上网的发电厂的规模？需要配备多少的输电和配电能力？怎样界定监管与市场的边界？以及整个电力系统如何融资与运行？另外，还有很重要的一点是，能源电力行业作为国家经济社会的命脉以及阻止气候变化的希望所在，怎样在这三种截然不同的愿景之间找到各方都能接受的解决方案？

脱碳以外的使命

电力行业还肩负着很多除了脱碳以外的其他发展目标：一是适应现代社会的发展，电力必须具有普遍可用性、经济适用性、高度可靠性和数量充足性，并且能够应对物理或信息网络攻击；二是随着智能技术在能源控制和利用领域的融合应用，未来电力行业必须是智能的、智慧的；三是电力行业产生的环境影响，比如温室气体排放，必须保持在可接受的较低水平。另外，由于目前的储能规模非常小，即使是小范围的电力中断也会带来经济代价和风险，大规模停电就更将是灾难级别。

简单来看，行业的未来发展愿景可用一系列满足需要的或成本最低的技术来描绘。在完全分布式的发展愿景下，远离城市的大型发电厂将被替代，取而代之的是分布式发电设备、广泛应用的能效提升技术、小型综合能源系统、储能技术和一些智能 App。另一种技术发展愿景是：在风能、太阳能资源丰富的地区建立集中式新能源基地，并通过大型电网向其他城市及地区输送清洁电力。然而，气候政策制定不能单独依赖某一种愿景。若一种技术可以更快或者更经济地实现减排，但是却不能完成脱碳，那么就不在选择之列。

同时，仅仅探讨技术的发展前景是远远不够的。2017 年，飓风玛丽亚摧毁波多黎各电网后，新的电力系统也不是凭空想象出来的。每一种技术都必须经过投资、建设和运行等过程，这背后的市场主体可以是能源电力公司、能源电力用户、独立投资者、地方政府拥有的公用事业公司，或者这些相关方的某种组合。构建一个可靠的、经济的电力系统，需要大量的设计工作、工程建设、运营规则和标准的制定，还需要实现精确到秒级的运行控制。这和互联网的构建具有天壤之别，在互联网上，我们几乎不需要对设备、用户和应用程序进行任何控制。可以说，电力系统在技术上和经济上相互依赖的程度，没有其他任何一个行业能与之匹敌。

电网作为电力系统的核心，一般都是国有企业或受到严格监管，经历了长期且复杂的改革历程。从美国来看，电网基本覆盖了整个国土范围，由数十家不同的公司拥有，由不同系统运营商（ISO）运营，并对数以千计（很快就会达到百万级别）的电力资源进行实时平衡。现在运营这些电网资产的公共机构，还在遵循一些过时的规范条例和运行模式。人们可以在一两年内设计并建造出一座大楼或是一种新设备，在不到十年的时间内设计和制造出一种新型高效设备或是电动汽车。但电网的规划、选址和建设工作却长达数十年，此间还常常伴随着一些巨大的争议和冲突。

除了以上约束外，各类电网公司还需要维持一定的项目收益率，并满足相关供电要求。其中，放松管制的电网公司只有在利润足够丰厚时才会进行投资，并需要满足电网运行规则。国有企业或受到严格监管的电网公司需要从受监管的收入或市场收入中回收成本，并且能够提供电力普遍服务，还要保证流程合规。

更重要的是，这一切都要在满足电力实时平衡的基础上，也就是保证每个时刻的电力供应量等于电力需求量。如果再考虑设计和运营之间的相互依赖性与财政稳健的需要，对电力行业在技术层面的改变就可能根本无法达到我们设想的效果。那么，我们所面临的挑战是：识别并避开可能会导致供电可靠性变差、电力价格激增或脱碳速度过慢的技术和体制路径，从而选择一条更优的脱碳路径。

技术革新需要带来更加友好、可控、分散和高效的电力系统。成本可接受、电力普遍服务以及零碳目标仍是必须实现的，但也不再是评价行业和企业的唯一标准。从其他行业的发展来看，发达国家的用户越来越倾向于拥有主动选择产品和服务的现代化体验。因此，电网运营商也必须构建一个数字化的、分布式的电力系统，既是为了保持高供电可靠性，也是为了能够向用户提供更高水平的电力及其他服务。

这本书主要介绍了全球电力行业脱碳发展的整体方向与可选途径。第一部分主要阐述了电力行业脱碳成为气候变化重要解决方案的必要性，以及分布式电源和本地供电所发挥的作用。其中，第2章探讨了电力需求及其长期增长驱动因素；第3章研究了不考虑大规模远距离输电且考虑能效提升情况下的 2050 年本地电力生产量，分析结果显示，随着城市化的发展，各种情景下大规模跨州跨区输电仍是必需的；第 4 章对电网的功能进行了探讨，从社区规模的局部电网到跨洲跨国的超级电网，覆盖不同地理范围的电网的功能也各有侧重；第 5 章阐述了新技术将如何提高电网的灵活性和弹性，以及对电力普遍服务与公平可靠供电可能带来的负面影响。

第二部分对大型电网的规划、建设和投融资等进行了详细阐述，重点探讨了前述环节如何改变调整才能确保并加速电力行业脱碳。第 6 章介绍了无碳电力的相关技术，以及如何将相关技术组合起来构建一个可靠的电力系统；第 7 章研究了输电网的主要特征，因其规划建设难度较大，成为电力行业低成本脱碳过程中至关重要的一环；第 8 章探讨了可以实现快速融资的市场模式和价格机制。

第三部分聚焦电网设施的下游产业和本地市场，探讨组织及优化的具体实现方式。第 9 章介绍了公用事业公司选择未来业务的主要考虑因素，包括监管模式、产品组合和地理范围。第 10 章和第 11 章分别从技术发展、运营组织的角度和监管的角度，探讨了"智能聚合商"形式的平台型公用事业公司模式。第 12 章针对不同的商业模式，对"综合能源服务商（ESU）"形式也做了同样的分析。第 13 章考虑了政治、技术和社会等因素的作用，比如能源民主运动、未来隐私法律法规等可能带来的影响。第 14 章重点探讨了金融界对电力为代表的资本密集型行业的商业前景看法。第 15 章提出了相关结论。另外，附录 A 总结了适用于行业领导者和政策制定者的建议，这些建议也贯穿于各章之中。

首先，从两个简单的问题开始本书之旅：第一，随着发达国家能源系统的脱碳发展，我们将会需要多少电力？第二，本地电力供应可以提供多少电力？从以美国为代表的发达国家来看，答案并不是显而易见的。

第 2 章　未来电力需求

　　沿着波士顿市中心狭窄的街道和闪闪发光的玻璃塔一直向南走，在多切斯特蓝领区一个社区游乐场的对面，会看到一栋崭新的公寓楼。除了棱角分明的外观外，这栋楼与附近其他公寓楼看起来基本没有差别。楼内的每套公寓也与无数美国郊区公寓一样，同样装有电视、家用电器。

　　这栋公寓楼的特别之处在于它是净零能耗的，即整座楼自己生产的可再生能源大于其消耗的能源。尽管建造成本与大小相似的公寓楼相近，但这栋楼的墙壁和窗户要更厚一些，隔热性能也更好一些。每套公寓的一楼是个开放空间，墙壁上安装了小型电动热泵。设计了这个项目的波士顿建筑师 John Dalzell 介绍道："因为怕买家会担心一个热泵是否可以将整个屋子变暖，我们在二楼也安装了一个相同的热泵，但二楼这个仅供展示"。

　　每套公寓都在屋顶上安装了太阳能电池板和提供热水的太阳能吸收器，作为整栋楼主要能源来源。整栋楼并没有刻意去脱离电网，在大多数时间里，公寓楼能够把富余的太阳能发电向电网反送，当夜间没有光照时，再从电网上购买电力。整体来看，每套公寓自己生产的电量大于其使用和购买的电量。某位业主三年半前入住，之后就再也没有支付过任何一笔能源费用，而且还将攒下的能源积分转送给了住在城市另一侧的妹夫。

　　这栋大楼能够在满足正常外观要求和使用需求下实现净零能耗，着实令人惊叹。这个街区的另一边也在建造一栋传统新英格兰风格的净零能耗公寓楼，同样地，唯一会被看出来的是安装在天花板上的电热泵装置。

考虑到技术约束与购房者的顾虑，我一直觉得净零能耗建筑的推广会很缓慢。因此，当我问 John 波士顿的新建住宅需要多久才能实现全部净零电耗时，我本以为他会回答 2030 年或 2040 年，但显然他早就思考过这个问题了，他片刻就自信地回答说："2022 年"。

试图对任何 30 年后的事情进行预测，绝对是徒劳无功的。最著名的例子是麦肯锡关于手机销量的预测，1999 年，麦肯锡预测未来手机销量将不到一百万部（目前全球有 76 亿部手机在使用中），很容易看到，对于任何事情人类几乎都没有能力进行预测。[1]

长期能源预测也面临这样的困境。世界著名能源分析师 Vaclav Smil 曾写道：

> 我意识到对于激发批判性思维以及作为阐述和批评新思想的工具来说，对未来进行探索性的预测是具有非常重要的价值的。但是，大多数长期能源预测很明显都失败了。[2]

20 世纪 70 年代后期就出现过一次广为人知的持续错误预测。有两名研究人员分析了 1985 年前十多年电力公司长期需求预测后发现，每年电力公司都会过高预计未来的电力需求，因此下一年不得不下调预测值。当把每年更新的预测曲线放在一张图中时，这些预测曲线就像一把展开的中国扇子，这两位研究人员将此称为"NERC 扇"。直至今日，"NERC 扇"还是会被很多业内人士引用，来描述持续不准确的预测。

相较来看，我们现在又多了 30 多年的样本来分析世界各地用电量及人口和经济的增长情况，能够加深对驱动电力需求增长的关键因素的理解。或许，已经到了可以大概预测未来几十年电力需求增长趋势的时候了，突破 Smil 教授设的界限。这非常值得一试。毕竟对于一个行业的未来发展而言，还有什么比长期的市场空间更重要的呢？

电力需求增长的因素解析

电力需求增长通常被建模为国民生产总值和其他解释变量的函

数，长期电力需求通过基于经济增长及其他解释变量的统计回归分析来进行预测。回归分析法主要包括两个误差来源：一是对解释变量和用电量之间关系的描述不精确，二是对解释变量本身的预测也存在误差。

当然，本书的目的不是对未来电力需求做出精准预测，而是给出未来电力需求的可能范围。因此，最好的思路是延展分析未来电力行业发展进程中出现的多元需求，包括传统用电需求的增长、传统终端用能电气化水平的提升以及不断涌现的新型用电方式。

自从电力行业进入商业化以来，驱动电力需求增长就有了一套固定模式。电力的获取首先需要接入电网，电网的普及是需求增长的关键前提。除了物理层面连接上电网外，在当前经济发展阶段下，接网相关成本必须是用户可以接受的。发达国家已经基本普及了可负担的接网，但在亚洲和非洲的部分发展中国家，这还是制约电力需求增长的一个重要因素。

随着电网覆盖范围的扩大和人民可支配收入的增加，用户可负担接网规模也在增加。在这段时期里，住宅和商业部门出现了两个非常重要的变化。一是对传统能源消费的电能替代，即将当前使用其他能源的活动转化为使用电力的活动。在电气化的第一阶段（美国是在 1890~1950 年），照明、洗衣、机械动力等活动都从使用人力或蒸汽动力完全转换为使用电力。二是新技术的发展带来的增量电力需求。我相信《杰森一家》动画中一定有烧木头的电视机，但在现实世界中，电子通信设备和娱乐设备是新出现的用电方式，而不是对已有非电用能方式的简单替代。从工业机器人到激光手术刀，如果没有电力，数以千计的工商业用电活动都无法开展。

20 世纪，美国用户的接网规模开始显著增加。1907 年，也就是联邦档案建立的第一年，美国已经有 8% 的住宅接入电网，开始使用电力，当然，这些住宅都位于城市（农村接网规模达到这一水平还需要 20 年）。1920 年，接入电网的住宅迅速增加到 35%，到 1925 年达到 60%，1940 年达到 80%，1955 年达到 98%。与此同时，家庭平均用电量也从 1912 年的 264kWh 上升到 1930 年的

547kWh，再到 1950 年的 1845kWh，比 1912 年增长了七倍。此时，照明、洗碗等传统居民能源消费都已经转变为使用电力，工业领域也基本如此。

20 世纪 60 年代，新型用电方式开始层出不穷。虽然从技术层面来看，电子计算机可以被看作机械式计算器的电气化，但是电子计算技术是社会技术发展的又一次飞跃，几乎可以定义成是一种新的应用。空调是另一种重要的新型用电方式，同时还有传真机、录像机等用电设备层出不穷。这些新型用电方式对电力需求产生了巨大的影响，1950～1960 年，美国家庭平均用电量翻了一番，到 1970 年又翻了一番（达到每户 7066kWh），到 20 世纪 90 年代后期又增加了 50%。

另外，在这一过程中，用电效率的提升也至关重要。当前美国电冰箱的效率比 1990 年提高了 36%。[3] 按照摩尔定律，计算机自问世以来每 1.5 年效率就会翻一番。[4] LED 灯泡的能耗约为白炽灯泡的六分之一、日光灯管的四分之三。[5] 今天普通空调的平均效率也比 20 年前提高了 250%。[6]

用电效率的提高可以减少电力消费，抵消了一部分人口增长、可支配收入增加和新型用电方式出现所带来的影响。长期来看，在这两种正反影响的作用下，电力需求增长会趋于平稳。假设用电效率的提高能够完全抵消电力需求的增量，也就是效率提高带来的需求减少量大于人口增长、经济增长和新型用电方式带来的需求增量，那么至少在一段时间内，电力需求将呈现下降趋势。

以美国为例，1907 年以来，美国的人均用电量在稳步攀升。但期间也有两个例外：一是 1930～1940 年间的大萧条时期，人均用电量基本没变；二是 2007 年至今，人均用电量下降了 8%。如图 2-1 所示，截至 2016 年，美国的总发电量仍未恢复到 2007 年的最高水平（约 4 万亿 kWh），政府预测未来几年也将基本持平，而这期间人口和经济预计都将稳定增长。新英格兰地区的能效政策执行效果比较好，人口增长也比较缓慢了，因此，官方预测未来十年的年均电力需求增速为-0.6%。[7]

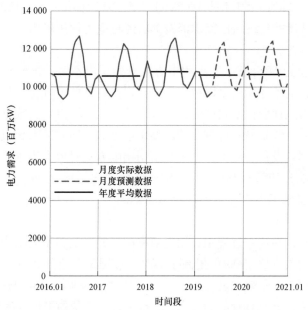

图 2-1 2016～2021 年美国电力需求变化

来源：美国能源信息管理局（2019），短期能源展望。

美国近两年的零售电价一直在下降，这个趋势更明显了。经济学的基本原理是：商品需求会随着商品价格的下降而上升，从历史上来看，电力行业也遵循这个规律。2006～2017 年，美国经通胀调整后的零售电价下降了 2% 左右。理论上，电力需求会有一定的增加，实际也可能如此。[8]因此，能效的提高不仅抵消了经济和人口的增长，还抵消了电价降低带来的需求增量。[9]

近些年人均用电量的平稳下降，部分可归因于 2008 年次贷危机带来的持续性的经济萧条，但需要注意的是：美国人均用电量并非已经达到拐点，这在下文会进行详细讨论。虽然如此，过去十年的发展经验还是具有很强的参考意义。2007 年以来，美国人口增加了近 2200 万、国内生产总值实际增长了近 2 万亿美元，但全国的电力需求并没有新增 1kWh。[10]经济合作与发展组织（OECD）的 36 个经济体表现更好，当前的能源消费总量相较 2000 年降低了，但其国内生产总值却增加了 8.5 万亿美元，增长了 26%。[11] 这其中一部分可能是受高耗能产业转移的影响，但近些年的产业转移也在放缓，由人口增加驱动的电力需求增长影响不大。此外，用电方式在这段时间内也没有发生颠覆性的变化。至少过去十年间，能效提升的作用大于人口和经济增长的作用。

同时，能源效率的提高还有一个必要条件，就是用户和行业必须愿意采用或更换更高效、更节能的技术。这类技术往往初始投资较高，且需要用户改变用能习惯或流程，并能接受为技术升级改造筹资、更换高能效技术所消耗的时间和成本、学习如何使用新技术等。很多研究都表明，大多数用户并不会选择长期来看更为经济的高能效技术。尽管经济学家一直在争论这种情况产生的原因。[12]

政策制定者仍在不断加速推动高能效技术的推广应用。这些政策包括建筑能耗标准、公用事业推动的相关项目和降价政策、税收激励、低成本融资、电器效率标准等。一些研究表明，不论政府是否出台政策，市场调节、技术创新、管理创新和环保价值增大都会引起能源效率的提高，而这些基本驱动因素是 20 世纪 80 年代以来能效提升的主要原因。[13] 但大多数研究人员认为，政府政策在很大程度上会影响能效提高，从而影响电力需求。比如，IEA 最近的研究结论是：

> 如果政策能够更加坚定、更加全面，那么，能效方面的投资将持续增长。若干因素表明，能效市场在中期内将保持强劲增长，主要是因为出台了强有力的、愈加严格的能效政策，这是解决能源安全问题、不断提高生产率、应对空气污染和气候变化挑战的最具成本效益的手段之一。[14]

能效与政策之间的强相关性使电力需求预测的难度增加。因为，电力需求预测取决于对人口增长、经济发展和能效提升的预测，而能效提升又在很大程度上取决于政策和技术的发展前景。因此，只有预测出了政策推进力度和技术进步幅度，才能更好地预测电力需求。技术进步的趋势通常比较稳定，即使发生重大创新，也往往只会加速技术进步，而不会改变进步的方向。预测政府的长期能效政策就比较困难了，毕竟连民意测验专家都难以准确预测几周或几个月后的大选赢家。

未来能效发展趋势影响

过去的几十年，能效提升十分显著，未来应该不会一直延续这个趋势。想要回答电力需求会是增长还是下降，就要回答下面这些问题：电力终端使用在经过了 30 年的升级改造后还有多少潜力可以挖掘？政策制定者出台多少政策才能使高能效技术更具有经济性？

从技术进步的潜力来看，我们还是缺乏想象。科学家和工程师们预计，仅目前处于实验室阶段和原型机阶段的技术就能够使大多数电力终端使用效率提升好几个等级。

早在 2010 年美国政府就预测，到 21 世纪中叶，供暖和烧水效率将分别提高 53% 和 45%，照明效率提高 70%，洗衣机效率提高 60%，电脑效率提高 39%。[15] 以上预测是在假定能效政策不变的条件下，这也就说明了技术进步仍有很大的空间，在这些技术实现商业化后将产生很大影响。此外，新出现的大数据和智能电网等技术，也在形成一些能效提升的新模式。

2050 年前，现有的能效政策也可能会发生改变。对于即将到来的政策变化，可以参考净零能耗建筑的发展案例。制定一项要求所有新建住宅实现净零能耗的建筑法规，不仅可以减少住宅用能的增长，还可能会终结这一增长趋势。那么，在净零能耗住宅成为标准后，由于住宅自身生产的能源常常高于其消耗的能源，并实现向电网反送电，人口和住房的增长将减少电力企业向居民的净售电量。尽管存量住宅还需要更长的时间才能实现净零能耗，但效率也将会不断提高。[16] John Dalzell 乐观地预计 2022 年这一政策就将实现，确实现在很多迹象表明净零能耗建筑正逐渐成为一种常态。加利福尼亚州已经开始采用一项建筑规范，要求到 2020 年新建住宅实现净零能耗，并希望在 2030 年前这项政策扩展到新建商业建筑。[17]温哥华市规定到 2030 年所有新建建筑都要实现净零能耗，并预计，2050 年甚至所有存量建筑也会达到净零能耗。[18]

这些政策出台的时间点和应用范围是最难预测的。电力需求预测通常通过设定不同政策情景来应对这一不确定性，比如消极政策情景、中性政策情景或强化政策情景。相关研究首先会分析技术层面的最大节能量，即不考虑政策影响、用户行为等，然后按照不同情景将这个最大节能量调整至最可能实现的节能量。

这些情景提供了一系列对技术和政策的预测，从而可以预测 2050 年对于传统用电方式而言的能效水平及其电力需求情况。美国政府预测，在延续当前政策且人口和经济持续增长的假设下，2050 年电力需求将增长 33%。[19]当前，尽管能效作用显著，人口和经济增长带来的电力需求增量还是大于能效提升带来的电力需求减少量。然而，Amory Lovins 的最新预测中，综合设计可以带来能源效率的巨大提升，而这部分提升空间尚未被挖掘。[20]在另一种极端情景中，ACEEE 研究了美国在采取 13 组激进能效政策后的电力需求增长情况，比如，从 2031 年起美国 80% 的新建建筑要求实现净零能耗，到 2040 年 80% 的住宅需要装有智能恒温器，[21]以及许多其他能效标准，包括：

> 改进某些产品的测试程序；在市场上推出更多具有目前最高效率水平的产品型号；制造商、分销商、公用事业公司、政府和大用户努力推广这些最高效的产品；通过 DOE 制定相关法规，要求采用能够促进能效技术经济性提高的新标准。[22]

上述 ACEEE 的激进能效政策情景显示，到 2040 年，美国全社会用电量将从 DOE 预计的 4805TWh（比 2017 年增加 800TWh）下降到 3100TWh，比当前水平下降 900TWh。[23]

出于发展惯性，美国不太可能突然采取这些激进的能效政策。ACEEE 的情景以及很多类似的情景表明，针对传统用电方式，长期的电力需求增量是可以通过技术或政策手段来抵消的。[24]不确定性主要取决于实施这些政策的意愿，以及这些政策在美国和其他国家的扩散能力。

大多数长期电力需求预测都没有达到以上任何一个极端情景的水平，这些情景假设能效政策会逐渐强硬，从而可以稳定地朝着一个可实现的角度发展。在这种情况下，对美国 2050 年用电量的预测与 IEA 相近，仅比 2018 年高出 8% 左右，对欧盟的预测也与现状几乎持平。加利福尼亚州的能效长期处于领先地位，根据官方预测，仅其公用事业能效计划，就能将未来十年的用电增量削减一半，从 14% 降至 7%；虽然仍未完全抵消人口和经济带来的增长，但年均 0.67% 的增长率已经很小了。

2008 年，在我撰写《智能电力》这本书时，并没有观察到近十年来电力需求逐渐趋稳。尽管如此，我觉得电力需求停止增长的现象已经能够推导出未来几十年电力需求也将大致保持平稳。当然，这个判断的主要依据是认为能效政策比过去会更有力度、推动更快。[25]当前，能效政策的主要目的是为用户节能降耗，环境效益只是附带的效果。而与此同时，能效政策一直被作为应对气候变化政策的一个主要组成部分，而且我相信，应对气候变化的政治重要性将会不断提高。因此，能效政策趋弱的可能性远远小于作为气候政策的重要部分从而增强的可能性。更强有力的能效政策将激励技术人员做出更大创新，从而导致电力需求增长低于当前预期水平，至少会低于美国能源部预测的 33%。

对于传统用电方式，我认为这一观点仍然是正确的。如果仅看这些用电领域，比如空调和照明，我敢肯定接下来的几十年里，通过城市、州和国家的气候变化政策和市场的激励，能效提高将大致抵消人口和经济增长的影响，传统用电方式的总用电量将继续稳中有降。

但是，如果此时就认为长期电力需求会停止增长，那还是过于武断了。

脱碳目标对电力需求的影响

人类已经进入主动应对气候变化的时代了，各国首脑都承诺要减少温室气体排放，以将全球温升控制在 2℃ 以内。关于采取什么样的政策可以将主要经济体的排放量减少到这一水平，已经有很多研究了。这类研究统称为气候路径研究，旨在指导政策制定者采取足够有力的政策组合，从而既能实现减排目标，又不会造成失业或加剧能源贫困。

几乎所有的气候路径研究都涉及以下三种手段：第一种是最大限度地使用成本可接受的高能效技术，从而实现节能增效。能源消费减少了，需要使用的零碳能源也就少了，能源费用也能相应降低。第二种是实现电力系统脱碳，尽管不同研究中对未来电力供应结构的预测存在差异，即预测太阳能发电、风电、地热能发电、核电、配备 CCS 的煤电和气电具有不同的发展规模，但这些研究都导向了未来电力系统必须实现温室气体的零排放或较低排放。第三种是在不影响终端使用性能和成本的前提下，对终端使用的化石能源进行电能替代，提高终端零碳能源消费。简言之，就是电网脱碳和电能替代。

以上三种手段在业内得到了广泛认可，多数专家深信电网可以在 2050 年前实现深度脱碳。奥巴马政府在卸任前发布了《世纪中期战略》（Mid-Century Strategy，MCA），展望美国将在 2050 年实现脱碳。在整理了大量文献后，《世纪中期战略》提出："几乎所有深度脱碳研究都显示，需要大幅增加某些技术利用或加深某种战略导向，包括能源效率、电气化、风能、太阳能和生物质能的利用"。[26]EIRP 在全球范围内进行了大量的项目调查，得到的结论是："……每一项经济系统研究都预计，到 2050 年，供暖、工业和交通领域的电能消费占比将提高"。IEA 的一份报告称电气化是"清洁能源转型的支柱"。[27]正如中国的一位行业人士所说，"全球已经步入了再电气化时代"。[28]

这些研究都在强调要提高电气化水平，其中原因十分明显，电气化是可以保证成本可接受、能源充足可靠供应和近零排放的唯一途径。美国深度脱碳路径项目研究清晰的进行了解释：

> 要想实现2050年的目标，就必须使电力供应实现完全脱碳，并且将一大部分终端能源从直接使用化石能源转向使用电力（如电动汽车），或是转向由电力转化的其他二次能源（如电解制氢）。在本报告设置的四个脱碳情景中，2050年，电力以及由电力转化的终端能源消费比例从目前的20%左右增加到50%以上。从而，2050年发电量需要增加一倍左右（不同情景分别增加60%～110%），同时碳强度将降低到目前水平的3%～10%。

> 具体来看，在高比例可再生能源情景中，需要新增2500GW的风能和太阳能发电（是当前的30倍）；在CCS大发展情景中，需要新增700GW装有CCS的火电机组（接近当前未安装CCS的火电机组的容量）；在核电大发展情景中，需要新增400GW以上的核电机组（是现有容量的4倍）。[29]

为了进一步验证这些发展情景的可行性，研究人员还具体分析了对每种以化石能源为主的终端能源使用进行电能替代的可行途径。约一半的建筑是通过燃烧化石能源来进行供暖，[30]不少建筑还使用天然气或石油来烧水，有时还使用天然气或石油进行制冷。研究人员认为，在扶持政策的帮助下，大多数这种供暖和制冷都可以被电热泵、热水器和冷水机替代。在交通运输领域，电能替代主要将燃油车替换为不同类型和续航里程的电动汽车，包括电气化火车和公共交通工具。在工业领域，对炼钢或化肥制造进行电能替代正在成为可能。[31]就比如，《世纪中期战略》提出，到2050年实现60%的电动汽车出行率、工业领域电能消费占比从现在的20%扩大到50%、几乎全部建筑冷暖需求实现电气化。[32]

虽然大多数研究并未明确政策制定者应该如何推动电气化，到目前为止，已经有很多广泛使用的政策工具包，包括碳税、限制排放与交易许可、制定规范与标准、税收减免、公用事业和用户激励措施、低息贷款和政府补贴等。另外，在理想情况下，政策制定者应当尽可能多地出台经济激励措施，并防止经济倒退或其他不利影响。

尽管对这些政策会产生的具体影响还不清晰，但这些政策对电力需求的影响将是十分深刻的。气候路径研究基本都会假设电气化的实现需要政策制定者采取较为有力的能效政策；而几乎在所有情景中，2050 年的电力需求仍将大幅增加。《世纪中期战略》就是一个很好的例子，其中的发展情景都采用了大量措施来提高能效，但2050 年的发电量还是增长达 60%。美国深度脱碳路径项目研究中，发电量增长率还要更大。EIRP 的两位研究人员 Jenkins 和 Thernstrom 总结了其他几个重要的发现：

> Krey 等（2014）对全球脱碳情景进行了综述，预计 2050 年全球电力需求将增长 35%～150% 左右，到 21 世纪中叶，电气化水平将达到 20%～50%。在 Morrison 等（2015）评估的 9 个模型中，有 8 个模型预计 2050 年加利福尼亚州电力需求增长达到 8%～226%。[33]

NEEP 的一项关于新英格兰地区的研究中，对各个用能部门进行了详细测算，得到的 2050 年电力需求的预测水平比 DOE 的基准情景高 30%～55%。[34]这个结论和我对交通电气化的看法是一致的，我发现仅电动汽车的发展就可能导致美国电力需求增加 18%～24%；再加上一些工业电气化和其他交通电气化所带来的新增电力需求，除非以政策手段极大力度推动能效提升（而不是技术进步），电力需求真的已经进入正增长阶段了。[35]

图 2-2 比较了针对不同国家地区的 26 个气候路径研究，纵坐标表示预测的 2050 年电力需求与当前电力需求之比。可见，只有极少数的研究预测电力需求呈现平稳或下降趋势，绝大多数用电量增长集中在 25%～125% 范围。

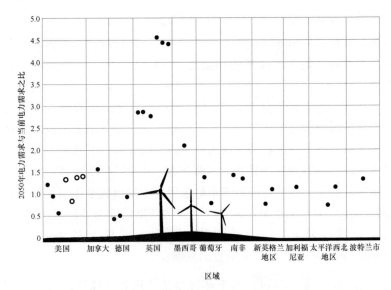

图 2-2 选定区域的 2050 年电力需求：来自深度脱碳研究的预测

注：详见附录 C。

　　这些情景的假设往往低估了能效提升幅度并高估了电气化速度。就比如，尽管目前下结论还为时尚早，未来，氢能或生物燃料仍可能成为电能的重要替代，从而电气化也就达不到这么高的水平。[36]我也认为，像 NEEP 这些电力需求增量较小的预测比较可能成真。当然，参数假设和政策研判也必须错得非常离谱，才能将电力需求增长率在实施气候政策后降低到个位数。[37]

　　2050 年的电力需求随着人口和经济的增长而增加，又随着能效不断提高而降低。另一方面，实现应对气候变化的目标需要走电气化的道路，这又将继续提高电力需求。能源政策制定者可以通过调整政策力度来影响能效和电气化各自的作用大小，但也不会改变电力需求的整体增长趋势。此外，本章还要探讨新技术的作用。

先进信息技术的影响

　　2009 年的某一天，我办公桌上老旧的台式电话响了。我的老朋友、气候博客博主 Joe Romm 打来了电话。他读到了一份 1999 年的报告，其中声称互联网用电量占比达到 8%，他难以置信地问我是不是真的。我告诉他我也不知道，但这个数字听起来很夸张。

Joe 随后与劳伦斯伯克利国家实验室和落基山研究所的同事们就这个问题展开研究。他们的结论是，2000 年互联网用电量约占美国总用电量的 1%，所有电子计算机的用电量占比约为 3%。并且，他们认为，电子计算机与互联网的方式促进了数据要素的使用效率，提高了产业生产力，一些远程办公替代了原有办公模式与差旅需求，从而实现了节约用电，而节约的这些用电量要远远大于电子计算机与互联网自身的用电量。一年后，Joe 在博客上写道

> 鉴于互联网能够提高效率（特别是在供应链等方面）和实现非物质化（在线办公比现场办公使用的能源更少），它是一种节能技术，而且还是一种规模很大的节能技术。美国的能源强度在 20 世纪 90 年代中期开始急剧下降，这从一个侧面也说明了互联网和信息行业并非能源密集型行业。[38]

过去十年，尽管互联网、数据中心和 ICT 设施如雨后春笋般出现，但是美国总用电量一直保持平稳下降的趋势，这也支撑了以上论点。劳伦斯伯克利国家实验室在 2016 年重新核算了数据中心（服务器、存储设备、网络设备和基础设施，但不包括用户的终端设备）的用电量，发现到 2014 年其用电量只占美国总用电量的 1.8%。他们预测，数据中心的用电量将以每年 4% 左右的速度增长，几乎快于所有其他行业的用电量，但仍远不足以抵消整个经济系统效率提升带来的用电量减少。[39] 由此可见，改善 ICT 基础设施是提高能效的一种手段，并且具有巨大的潜力。

尽管如此，我们仍有可能进入这样一个时代：互联网接入、AI 技术、边缘计算的普及以及即将到来的"数据海啸"，将引发电力需求急剧上升。这并不是说我在质疑 Romm 他们的理论放到今天是否仍然成立，只是我们正在进入一个新的时代，信息计算正在以指数级增长，机器学习正在改变计算的本质，尽可能多的计算能力和

带宽被用于收集尽可能多的数据，并通过机器不停地运转，寻优直到找到答案。

这种转变的第一个表现是比特币以及区块链技术。比特币需要不同计算机进行竞争，能够更快速解决更复杂问题的计算机获胜。因此，比特币的发展引发出一场竞赛，大家都在竞争用最大的、速度最快的计算机来进行"挖矿"。普华永道的研究员 Alex de Vries 在著名期刊《焦耳》上发表了文章，预测比特币挖矿机每秒会进行 26 次万亿次的计算，至少消耗了 22.3TWh 的电量，大致相当于爱尔兰的用电量。如果再算上冷却这些挖矿机所需的能量，总用电量可能达到挖矿电量的三倍。[40]当前，运行全球比特币用电指数的网站 Digiconomist 声称，截至 2019 年 3 月，比特币用电指数已经达到 54.9TWh（占美国总用电量的 1.7%）。[41]当然，很难看出这些技术，仅凭其与数据中心所使用的能量相比，它们是如何促进非物质化或运营效率的。

当然，比特币和区块链技术也可能只是个特例。目前，许多区块链技术开发人员都在探索使用权益证明算法的软件版本，这样可以使用更少的能源。但无论如何，大的趋势是：每个设备的计算能力、数据存储能力和与其他设备的连接能力都在追求更高水平的提升，然后形成一个万物互联的、高度智能的大系统。

自动驾驶汽车是另一项由 ICT 技术驱动的创新应用，它所增加的能源消耗也引发了人们的关注。无人驾驶汽车（AVs）将对交通基础设施和城市景观带来前所未有的巨大变革，但其对电力需求的影响机理却是高度不确定的。在无人驾驶汽车占比较高且通过车联网高度互联的情况下，无人驾驶汽车可以降低电力需求，并且，我们认为撞车事故和拥堵现象将会消失，汽车尺寸也可以大幅缩小，运行效率也会大大提高。[42]

然而，在我们必须实现脱碳的接下来几十年中，无人驾驶汽车会诱发更多的驾驶里程和能源消耗。毕竟，当机动车可以完全实现自动驾驶时，我们可以派它去接送参加足球训练的学生，可以在它带我们去另一个城市的时候在车里睡一夜，可以在我们步行、骑车或转车去旅行的时候把它招来。几乎所有的能源专家都同意，无人驾驶汽车带给电力需求的净影响具有高度不确定性，在多数发展情景中，能源和电力消耗可能会增加。[43]

毫无疑问，这将在整个经济系统中发掘出更多能效提升的机会。我近期参加了 Google X 实验室的一个展会，会上提到，将 AI 技术应用到数据中心的设计和管理中，可以减少 40% 的用电量。麦肯锡 2015 年为世界经济论坛撰写的一份报告也提到，认为物联网（IOT）、机器通信和 AI "很可能推动生产力实现下一个重大跨跃"，并将成为打造循环经济的关键因素。[44]

Romm 的论文可以更显性化地、更强有力地说明未来应用新技术的世界：数百亿辆机动车和其他设备互联在一起，5G 网络提供的移动带宽是当前的十倍。不过，我认为比特币现象有可能也适用于这些新技术，即数据计算和信息传输的大量使用可能开始催生出消耗更多能源的应用程序，其能耗超过了信息通信技术从其他经济领域节省的能耗。

华为公司（5G 设备制造商）的研究员 Anders Andrae 提出了支持这一论点的一些证据。[45] Andrae 在 2017 年预计，全球数据中心快速增长，到 2025 年它们会消耗全球 20% 的用电量，这一观点与十年前促使 Joe 给我打电话的观点一样引人注目。又因为许多建设大型数据中心的科技巨头都在向无碳能源转型，Andrae 预计，这 20% 的用电量只会产生 3.5% 的全球碳排放。如果所有这些 ICT 技术都能降低其能源排放量，我们的境况会更好，但我还是有所担忧。

无论对电力需求的净影响如何，ICT 技术都将大大增加自身行业的用电量，幸好许多建设数据中心的科技巨头都致力于使用 100% 的无碳能源。尽管如此，假设我们真的需要这么多 ICT 设施，它们的用能将成为整个电力系统尽快实现脱碳十分重要的又一原因。

电气化的新阶段

如果在未来几十年里，能效政策和技术进步对电力需求的负向影响超过电气化和信息技术的正向影响，其实对整个地球和经济社会是更有利的。然而，现实情况打破了这一期望。在许多国家和各个时代，能源产业普遍倾向于扩大供应而不是减少需求。由于能源供应业（包括电力公用事业）集中度较高，相较于分散在很多垂直行业和各类公司的能效行业更容易组织起来；而且，政策制定者更容易看到应用到供应侧措施产生的经济效益，而不是能效提升带来的虽然分散但却广泛的收益。随着"大云物移智链"等先进信息技术的兴起，摩尔定律正在到达极限。综合来看，发达经济体的电力需求会在未来 30 年翻一番肯定不可能，但很可能会增长 25% ～ 60%（扣除能效提升的影响）。从定性角度来看电力需求的各类影响，如图 2-3 所示。

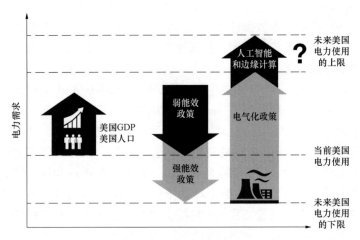

图 2-3 长期电力需求变化的驱动因素

大约 30 年前，我到访了现在已被杜克能源公司收购的佛罗里达电力公司。当时碰巧走进了一个存放公司用户用品的房间，很快就发现了一些让我非常感兴趣的东西，其中有一个汽车牌照，上面嬉皮士风格的字体显示出它是在 20 世纪 60 年代末制造的，车牌上写着"未来是电力的"。

佛罗里达电力公司当时把这些牌照送给了搬进全电气化住宅的

用户，因为这些用户很难获得煤气来供暖或做饭。同样是这些用户，他们也经历了空调在家庭、办公室和剧院等建筑中的普及，从而能够更好应对佛罗里达州南部炎热和潮湿的环境。当时，佛罗里达州的政策制定者没有考虑能效问题，公用事业公司和其他参与方都没有制定鼓励能效提升的政策。事实上，监管政策鼓励使用电力，不断走低的电价和经济发展又大大刺激了电力需求增长，用电量每十年翻一番，比中国和印度现在的增长率还要高。

　　我们即将进入一个全新的、更智能的电气化时代。这一次，所有政策制定者必须要认识到提升能效的巨大重要性，即使可能达不到预想的程度，也要做最大努力去推广。同时，佛罗里达电力公司做梦也想不到电气化未来的发展程度。"未来是电力的"牌照最终可能会装在一辆由电炉炼钢制成的纯电动汽车上，然后开进一个净零能耗的住宅中。如果气候政策能够取得成功（最好能够成功），2030～2050 年的电力需求增长还是会比较平稳，达到年均 1%～2% 的增长率。那么问题就来了，这些电力需求都会集中在哪些领域呢？

第3章 本地电力供应

硅谷的产品发布会经常办得像摇滚音乐节一样，特斯拉能源墙的发布会也不例外。伴随着轰鸣的电子音乐，特斯拉公司首席执行官、Solar City 董事长兼 SpaceX 创始人 Elon Musk，也是本时代最著名企业家之一，在兴奋的观众和环绕的摄像机的注视下，登上了蓝绿相间的炫丽舞台。

2015 年 4 月 30 日晚，Elon 在这发布特斯拉能源墙，第一款被设计用于储存百万美国家庭户用光伏的电池。他首先进行了一个宏大的陈述，很容易让人认为这又是一次典型的硅谷式炒作。他说道："今晚我所介绍的产品，将在根本上改变这个世界的运转方式——如何在世界范围内运输能源。"

之后，大屏幕上播放出煤电厂黑烟滚滚的图片。Elon 讲道："这是全球最主要的发电方式……目前，发电能源以煤炭、天然气、核能、水能为主，还有一些风能和太阳能发电，但新能源的发电比例明显不足"。在展示了大气中温室气体的实际浓度和预测浓度后，Elon 解释说"我们应该共同努力应对，才不会赢得达尔文奖"，非常聪明地激励大家为应对气候变化采取更积极的行动。

特斯拉能源墙这款产品就是一种行动方案，"今天讨论的重点是怎么来解决问题，特斯拉能源墙显然是一种方案。但在这个过程中，还需在两个方面进行发力"。

第一，大力发展太阳能发电。地球在 90min 内接收到的太阳能相当于 2001 年全球能源消费的总量，[1]人类很早就看到了这种潜力，Thomas Edison、Henry Ford、Raymond Kurzureil 等很多著名科学家都曾预言，太阳能将成为人类的终极能源。[2]

第二，发展电储能，也就是特斯拉能源墙。这样人们不仅能在艳阳高照时使用太阳能发电，还能在阴天和夜间使用电储能中存储的太阳能电力。大屏幕上随即展示了两组实时电力计量数据：第一组展示了由电网流入发布会现场的电力，第二组展示了特斯拉在发布会大楼中安装的一组储能电池所发出的电力。Elon 兴奋地指出当前大楼完全没有借助电网供电。"太棒了！整晚我们都在使用储能电池供电，从电网受电为零。不仅如此，储能电池还是使用大楼楼顶的太阳能电池板进行充电的。各位，今晚使用的所有能源都是利用了储存起来的太阳能"。

第三，Elon 介绍了他的解决方案怎样应用到每个人。"如果您正在考虑购买特斯拉能源墙，它最主要的好处是，即使电力公司停电了，也不会耽误您继续用电"。并且，Elon 表示这甚至可能是整个大电网的替代方案。"如果您愿意，可以完全使用光伏发电与特斯拉能源墙的组合，实现离网用电"。发布会召开的三年之后，有市场分析师写下了这样的评论：

> 在 Elon Musk 具有全球视野的发展战略下，特斯拉公司正奔跑成为第一家真正提供现代能源解决方案的企业，甚至可以说，按照 Elon Musk 的规划，特斯拉正在向现代能源公司转型，传统能源公司将被重新定位为化石能源公司。[3]

之后，Elon 指出特斯拉的新型电储能也可以用在大电网中，通过将许多小型电储能连接起来，从而实现吉瓦级的电力存储能力。在几个月后的一次美国公用事业行业首席执行官会谈中，Elon 自信地预测，尽管特斯拉的解决方案具有颠覆性意义，2050 年美国三分之二的电力仍将由大电网提供。然而，每一个出席发布会或者通过博客或推特在线观看的人很容易在脑海中形成这样一个印象：为了应对气候变化，需要使用太阳能发电与电储能的组合来彻底替代大电网。一个专业网站也在这样的引导下写道，特斯拉公司正试图成为第一家真正提供现代能源电力解决方案的企业。[4]

这种大电网可以被取代的信息还在持续传播，世界各地数以百万计的民众在气候变化的感召下，通过实际行动来减少碳足迹。目前，美国太阳能发电装机容量已超过 60 000MW，是美国核电装机容量的一半，所生产的电力能够满足 1130 万户家庭使用。[5]根据落基山研究所（RMI）的预测，对于纽约、加利福尼亚等州的电力用户而言，2025 年离网的经济性就会高于接网的经济性。[6]摩根士丹利公司对投资者发出预警——需要关注公用事业公司的"临界点"，[7]而《福布斯》《商业周刊》、Grist 和 CNBC 等新闻媒体也都报道了大规模电力用户的离网行为将导致电力公司陷入"死亡螺旋"。[8]在2015 年的一次彭博会议上，美国前副总统 Al Gore 说道，目前很多房屋即使没有人在家也还连接着电话座机线，"我敢说，很快很多家庭离脱离电网的日子也不远了"。[9]

2016 年城市光伏发展情况

电力用户可以使用光伏发电来自给自足，这一想法显然激发了现代人的想象力。在之后的章节中，我们将探讨几种离网供电的情况。其实，我们并不需要精确预测哪些用户将离网、哪些用户将继续联网，我们只需要预计出本地自发电量与需求总量的关系。如果本地自发电量不足以满足需求，就仍然需要大电网发挥作用。那么接下来需要解决的问题就是，如何确保电网对那些依然依靠电网供电的用户实现托底保障供电。

有趣的是，长期电力需求预测模型直到最近才开始区分分布式电源和集中式电源。[10]之前，长期预测主要用来描绘未来的发展蓝图，不需要预测出非常精确的规模。因此，所有太阳能发电的建模都是一样的。美国政府发布的《世纪中期战略》以及国际深度脱碳路径项目（Deep Decarbonization Pathways Project，DDPP）这两项迄今最引人注目的工作，也都只在其报告中列出了太阳能的总量。[11]尽管屋顶太阳能在德国发展迅猛，但德国 DDPP 研究中也没有将太阳能进行具体区分。[12]在 EIA 和 IEA 的预测中，也只是有时会将小型光伏发电和大型光伏发电进行区分，多数情况还是按照光伏发电来进行研究。[13]

对于本书来说，必须要把这个关键问题讲清楚。对于供电区域内分布式电源占比很小的公用事业公司来说，未来还是美好的，新增电力需求带来了新的发展空间，不会陷入到"死亡螺旋"中。而对于一个光照充足且充满了净零建筑的电网，即使电能替代力度很大，最终的电力需求是增是降也有很多变数。因此，集中式供电与分布式供电的比例对于未来公用事业公司的发展前景影响很大。对于世界上大多数的区域，分布式光伏主要安装在城镇地区。2014年，美国城市人口占比为81%，预计2050年将达到87%，[14]届时全球城市人口占比将达到70%。城市中几乎所有屋顶、建筑外墙和停车场都可以安装屋顶光伏。[15]城市以外的区域也有足够的空间可以建设光伏，但这又会带来新建输电网的需求，即带给公用事业公司新的发展空间。

与本书中的大部分预测相比，对2050年城市光伏可开发潜力的预测要相对简单。哈佛大学研究员Lee Miller的团队发现，对于美国主要城市，每平方米城市空间至少需要电力10W（纽约最高为70W），而全球城市平均太阳辐射强度为170W/m²。[16]如果使用全球平均太阳辐射强度且假设光伏发电转换效率为20%，那么，即使一个城市的每一寸土地都被光伏覆盖，也只能满足34W/m²城市的电力需求，仅能满足一半的纽约市电力需求（而且光伏发电和城市用电的时间不匹配，我们很快就会探讨到这一关键问题）。显而易见地是，道路和植被覆盖了城市的大部分面积，而其他面积也很难安装太阳能电池板。

其实，未来城市能源需求与分布式能源潜力之间的差距并不像计算结果所显示的那么大。一方面，电气化会大幅增加城市电力需求，在能效政策不完善的地区，电力需求有可能会翻番。另一方面，提高太阳能集热效率、完善地面安装方案以及开发其他城市电源也将有助于缩小差距。而且，很多城市的太阳辐射强度要远高于全球平均水平。

从纯数学角度来看，光伏发电规模是单位面积太阳辐射、太阳能电池板集热面积和系统转换效率的乘积。从现在到 2050 年，对于一个确定地点，其太阳辐射强度不会改变，需要预测的只有集热面积和转换效率两个变量。

对大多数城市来说，可将安装太阳能电池板的位置分为四类，即建筑物屋顶、向阳的建筑物外墙、可被覆盖的已占用区域和可用的未占用区域。我们拥有目前屋顶资源的相关数据，以及如何使用该数据推测 2050 年情况的一些简易方法。谷歌"光屋顶计划"利用卫星图像创建了一个网站，可以来估计美国大部分地区屋顶光伏资源的潜力。麻省理工学院发起的 Mapdwell 计划，可以使用"最高端、最精尖、最先进的技术……预估地球任何区域"的光伏发电潜力。[17]NREL 也发布过对 128 个主要城市和整个美国的屋顶资源详细评估结果。同时还有很多学术研究人员对世界各地的城市开展了类似调查。[18]

如表 3-1 所示，NREL 的结果展示了美国主要城市当前的屋顶光伏潜力，按照光伏发电量可支撑电力需求的比例由高到低进行排序。占比较低的华盛顿特区和纽约市，其屋顶光伏仅可满足 16% 和 18% 的电力需求。占比较高的加利福尼亚州的萨克拉门托和纽约州的布法罗，其屋顶光伏仅可满足 71% 和 68% 的电力需求。这些结果与其他对于发达城市和国家的研究结果类似，基本上这个比例的中位数为 30%～40%。[19]

表 3-1　2016 年所有屋顶光伏资源可支撑用电需求的百分比

城市	装机潜力（GW）	年均发电量潜力（GWh/年）	光伏发电量可支撑电力需求的比例（%）
米申维耶霍，加利福尼亚州	0.4	587	88
康科德，新罕布什尔州	0.2	194	72
萨克拉门托，加利福尼亚州	1.5	2293	71
布法罗，纽约州	1.2	1399	68
哥伦布，乔治亚州	1.1	1465	62
洛杉矶，加利福尼亚州	9.0	13 782	60

续表

城市	装机潜力 （GW）	年均发电量潜力 （GWh/年）	光伏发电量可支撑 电力需求的比例 （%）
塔尔萨，俄克拉荷马州	2.6	3590	59
坦帕，佛罗里达州	1.4	1952	59
锡拉丘兹，纽约州	0.6	657	57
阿马里洛，得克萨斯州	0.7	1084	54
夏洛特，北卡罗来纳州	2.6	3466	54
科泉，科罗拉多州	1.2	1862	53
丹佛，科罗拉多州	2.3	3271	52
卡森城，内华达州	0.2	386	51
圣安东尼奥，得克萨斯州	6.2	8663	51
旧金山，加利福尼亚州	1.8	2684	50
小岩城，阿肯色州	0.8	1099	47
迈阿密，佛罗里达州	1.4	1959	46
伯明翰，亚拉巴马州	0.9	1187	46
圣路易斯，密苏里州	1.5	1922	45
克利夫兰，俄亥俄州	1.7	1881	44
托莱多，俄亥俄州	1.4	1666	43
普罗维登斯，罗得岛州	0.5	604	42
伍斯特，马萨诸塞州	0.5	643	42
亚特兰大，乔治亚州	1.7	2129	41
新奥尔良，路易斯安那州	2.1	2425	39
哈特福特，康涅狄格州	0.4	404	38
巴尔的摩，马里兰州	2	2549	38
布里奇波特，康涅狄格州	0.4	435	38
底特律，密歇根州	2.6	2910	38
波特兰，俄勒冈州	2.6	2811	38
密尔沃基，威斯康星州	2.1	2597	38

城市	装机潜力 （GW）	年均发电量潜力 （GWh/年）	光伏发电量可支撑 电力需求的比例 （%）
博伊西，爱达荷州	0.5	760	38
得梅因，艾奥瓦州	0.8	1026	36
辛辛那提，俄亥俄州	1	1176	35
诺福克，弗吉尼亚州	0.8	1047	35
威奇托，堪萨斯州	1.1	1537	35
纽瓦克，新泽西州	0.6	764	33
费城，宾夕法尼亚州	4.3	5289	30
斯普林菲尔德，马萨诸塞州	0.3	370	29
芝加哥，伊利诺伊州	6.9	8297	29
圣保罗，明尼苏达州	0.8	903	27
匹兹堡，宾夕法尼亚州	0.9	907	27
明尼阿波里斯，明尼苏达州	1	1246	26
查尔斯顿，南卡罗来纳州	0.3	407	25
纽约，纽约州	8.6	10 742	18
华盛顿，哥伦比亚特区	1.3	1660	16

来源：文献 Gagnon 等（2016）。

　　这些评估结果的适用范围有限，仅适用于使用了早于 2016 年生产的、转换效率小于 16% 的老式太阳能电池板的部分屋顶。如果要用于长期预测，NREL 研究人员也给出了修改的方法：

　　　　在此，需要对我们的研究结果进行几项说明。首先，这些结果与光伏发电设备的性能强相关，而这一参数预期会持续优化……其次，我们仅考虑了现有的一些外观合适的屋顶，而不是所有可安装光伏发电的地面面积。在城市地区，如果考虑光伏可以安装在一些不太合适的屋顶上、停车场等空地的檐篷上或者建筑物外墙上，那么，光伏规模也可能远超当前的评估值。[20]

也就是说，为了将这些研究结果用于预测 2050 年的情况，我们需要考察城市光伏集热面积的变化趋势以及未来 30 年太阳能电池板效率的增长（当然，其他分布式发电形式是否在城市经济适用也需要考察，但答案似乎是否定的）。

2050 年城市光伏发展预测

在《驯服太阳》（*Taming the Sun*）一书中，研究员 Varun Sivaram 对 2050 年城市光伏的发展前景进行了展望：

> 建筑师们欢欣鼓舞。在 21 世纪中叶的今天，大多数城市建筑都被太阳能发电材料包裹着，这些材料给窗户着色、给建筑外墙赋予生机的同时，还在源源不断地减少着碳排放。电力价格几乎为零，引导重工业也从燃烧化石能源转向使用太阳能。光伏发电不仅仅被广泛应用在光鲜亮丽的城市建筑或大型工厂，由于光伏材料也已经足够轻薄，贫困地区不够结实的屋顶也能够支撑起这些材料、安装光伏。[21]

然而，除了传统屋顶光伏发电外，我们对其他集热技术和集热表面的研究相对匮乏。更复杂的是，不同城市在空间布局、建筑密度和自然地貌等很多方面都具有巨大的差异，因此太阳能资源情况也大相径庭。[22] 比如，一些城市布局紧密且高楼林立，所以建筑外墙相对较多、屋顶资源相对较少，可以安装光伏的开阔空间也较少。发达国家的许多城市（以及发展中国家以机动车为主的城市）车行道较多，但尚不清楚有多少道路可以用于安装光伏。

因此，在评估未来城市光伏发展潜力方面，也许最好的方法是对两个截然不同的城市进行科学估算，从而能够得到一个发展潜力的大致区间。从纽约市和亚利桑那州的菲尼克斯市来看，纽约市的人口发展比较缓慢，到 2050 年人口增加 14%，而菲尼克斯市的人口预期增长率（62%）是纽约的四倍多。菲尼克斯市的人口密度为

每平方英里 3126 人，约为纽约（28 211 人/平方英里）的九分之
一。[23]纽约是一个高楼林立的城市，十层以上的建筑物超过 6000 座，
而菲尼克斯市仅有 89 座。[24]鉴于两座城市表现出的巨大差异性，本
书选取这两者来研究未来城市光伏发电潜力。[25]

表 3-2 显示了菲尼克斯市的估算结果。第 A 行第 3 列是屋顶光
伏的发电潜力，即使用 16% 效率的太阳能电池板覆盖所有合适的城
市屋顶空间，2016 年，光伏发电量为 15 624GWh。[26]第 3 列的其他
行显示，向阳的建筑物外墙、露天停车场、非建设城市用地的光伏
发电潜力为零，当前这些利用方式的规模还很小。第 3 列的第 E～
G 行显示了 2016 年城市光伏发电的总潜力。结果表明，如果当前
菲尼克斯市将所有合适的屋顶空间安装光伏发电，则光伏发电可以
满足 60% 左右的电力需求。

［译者按］英文版中 2016 年菲尼克斯市的光伏发电量为
15 600GWh，为精确起见，按照表 3-2 中第 A 行第 3 列数据更改，
同时关于列的描述也与表 3-2 一致而进行了更改。

表 3-2 　　　美国亚利桑那州菲尼克斯市 2016 年和
2050 年光伏发电潜力预估

行号	类别	2016 年可用于安装 PV 的面积（miles²）	2016 年 PV 发电量预估（单位：GWh/年，取太阳能电池板效率为 16%）	2050 年可用于安装 PV 的面积（miles²）	2050 年 PV 发电量预估（单位：GWh/年，取太阳能电池板效率为 28%）
A	建筑物屋顶	没有被用于获取电量	15 624	与人口和就业的增长成正比	44 936
B	向阳的建筑物外墙			取屋顶资源的 10%	4494
C	露天停车场面积的 5%			1.95	2946
D	可用城市用地面积的 1%			3.10	4687

续表

行号	类别	2016 年可用于安装 PV 的面积（miles^2）	2016 年 PV 发电量预估（单位：GWh/年，取太阳能电池板效率为 16%）	2050 年可用于安装 PV 的面积（miles^2）	2050 年 PV 发电量预估（单位：GWh /年，取太阳能电池板效率为 28%）
E	PV 发电量合计（GWh）		15 624		57 063
F	电力需求（GWh）		26 481		52 962
G	PV 发电量占电力需求的比例（%）		59		108

为了估算 2050 年的城市光伏发电量，假设到 2050 年屋顶光伏发电基本普及，首先就需要估算菲尼克斯市总屋顶面积的变化趋势。[27] 假设菲尼克斯市的人均居住屋顶空间和人均办公屋顶空间保持不变，且菲尼克斯市的城市密度和平均建筑高度也不变；[28] 那么，住宅屋顶面积、商业屋顶面积将分别与人口、就业具有相同的增长率，分别为 62%、81%。

展望到 2050 年，第二个重要的变化是光伏发电效率的提高。在 Albrech 和 Rech 2017 年的预测基础上，Varun Sivaram 的研究结论是：到 2050 年，市面上最好的光伏发电效率将提高到 35%。[29] 如果 2050 年能用市面上最好的太阳能电池板取代已有的所有太阳能电池板，对应的发电效率将超过 NREL 估算值的两倍。然而，由于太阳能电池板的使用寿命为 20～30 年，在运光伏的平均发电效率肯定远低于新建光伏的发电效率。因此，更合理的假设 2050 年光伏发电的平均效率为 28%。

由于屋顶资源更多，光伏发电效率更高，屋顶光伏发电潜力超过 2016 年的 2.5 倍，即每年大约 45TWh（第 A 行第 5 列）。如果屋顶光伏技术经济性持续提高、安装更方便、效率更高，那么，对于菲尼克斯市这样的城市，2050年屋顶光伏还有更大的发展空间。

[译者按] 英文原文为第A行第3列，但为与表3-2保持一致，更改为第A行第5列。

表3-2的第B行展示了对2050年建筑物外墙光伏发电潜力的粗略估算（实际上更像是猜测）。虽然在光伏窗户和其他建筑物表面安装光伏装置已经小有进展，但这部分的商业化规模仍然太小，不足以支撑进行长期潜力预测。[30]这些建筑物表面通常也不能像屋顶那样接收更多的阳光。简单假设建筑物外墙光伏发电量可以达到屋顶光伏发电量的十分之一。[31]那么，2050年光伏发电潜力将再增加4.5TWh，虽然这个量相对较小，但还是有些作用。

真正有巨大潜力的是建筑物之外的表面，比如露天停车场、露天道路以及还未开发的城市用地。

如果没有被遮挡，那么停车场（第3行）将是安装顶棚光伏的绝佳地点。根据一项估计，美国城市停车场的面积差异巨大，华盛顿特区只有1%以上的面积，而在休斯敦能达到27%左右。[32]据全国州长协会（National Governor's Association）称，美国所有停车场的面积相当于整个西弗吉尼亚州。[33]研究人员Chris Hoehne和Mikhail Chester预计，菲尼克斯市停车场的面积将近39平方英里。[34]如果假设2050年其5%的面积能够接收到足够的日照来进行发电，那么能增加近3TWh的光伏发电量（第C行第4列）。

[译者按] 英文原文为第C行第3列，为与表3-2保持一致，更改为第C行第4列。

另外，城市里还存在一定数量的可用城市用地，其中无遮蔽的地面上可以安装小型光伏系统，比如某人的后院、旧垃圾填埋场或城市棕色地带。专家估计，菲尼克斯市约60%面积没有被建筑道路覆盖。如表3-2中第D行显示，如果有1%的可用城市用地面积安装光伏发电，则城市光伏潜在发电量可再增加5TWh。

还可以推测，通过铺设承载式高速光伏路面或在道路上搭建光伏棚，菲尼克斯市还有200平方英里的面积也可以用于光伏发电。即使不考虑这一因素，2050年菲尼克斯市建筑物屋顶、建筑物外墙、停车场、可用城市用地（第 A 行到第 D 行）的光伏发电潜力之和也超过 57TWh，大约是 2016 年用电量的两倍。此外，城市内的分散式风电、垃圾发电以及其他种类的小型电源也能为本地进行供电[35]（毫无疑问，城市地热使用正在增加；但由于技术原因，城市的地热能被视为一种能效措施，而不是一种能源供应来源）。

纽约市的光伏发电潜力又是一种完全不同的情况。目前，纽约市的屋顶发电潜力是用电量的 17%。由于纽约市年均建筑面积增长率仅约 0.8%，其屋顶光伏增长也将较为缓慢。并且，大部分建筑物都是垂直增长的，只是楼层在增高，并未新增屋顶空间，甚至可能会遮蔽其他以前可用于安装光伏的区域。纽约市也没有太多的停车场或可用城市用地。考虑到增加了 14% 的人口和 29% 的就业以及终端电气化的发展，几乎可以确定，纽约市用电量的增长速度要远快于光伏安装空间的增长速度。2050 年，纽约都不太可能达到目前 17% 的比例，更别说提高这一比例了。

2050 年本地供电与电网供电对比分析

到 2050 年，一些城市的本地发电就可以满足大部分或全部的电力需求，而其他城市不可以，但这些可以的城市也并不一定就会这样做。要使本地发电成为供电主体，还必须满足若干关键因素。

首先，本地屋顶光伏的成本相对于外来光伏发电的购买成本加之输电成本，需要保持在合理水平。目前，分布式光伏发电成本大约是集中式光伏发电的两倍，两者差距非但没有缩小，反而呈现进一步扩大的趋势。[36]另外，本地光伏发电对本地配电成本的影响也不一定。然而，技术进步和政策引导是可以大大缩小这一差距的，从而使本地光伏发电更具价格吸引力。[37]越来越多的光伏发电设备正处在建设阶段，也就会有越来越多的人住在安装有光伏发电的建筑中，不管大家是否是自愿的。[38]

电化学储能也将在本地光伏的发展中起到极其重要的作用。就像分布式光伏和集中式光伏的成本差异，小规模的本地电储能平均成本也要高于公用事业级储能。但是安装在人们地下室的储能具有一个关键的优势，就是一定程度上可以抵御电网停电事故。无论是政策强制安装的还是用户主动安装的，对本地光伏发电的长期需求既取决于成本、低碳等因素，也取决于自发自用带来的更高供电韧性（更多相关信息，请参见第 4 章）[39]。

总结来看，在决定要采用多少本地发电时，用户和政策制定者不仅会比较本地发电和外来电的成本，还会考虑很多其他因素，包括停电恢复能力的差异、为本地创造的就业机会以及本地光伏发电的实用性和美观性。

尽管屋顶光伏当前广受欢迎，但还是有几个因素可能会影响其发展的。针对一些地方正在实施的净零能耗和强制安装太阳能等法规，人们会对其带来的房屋价值降低或房屋建造成本提高产生担忧。鉴于会影响土地使用或景观棚搭建，一些社区已经开始反对地面安装光伏发电装置；意大利已在全国禁止农业用地建设集中式光伏发电。[40]如果市场上的太阳能发电足够便宜，本地储能的经济性也进一步提高，有环保意识的建筑业主可能会转向屋顶绿化，从而有助于保护生物多样性、增加小型碳汇。

最后还要讨论非常重要的一点，也就是政治决策的影响，这无疑会带来变革中的一些摩擦。已确定更倾向于管控本地公用事业的地区可能会更积极地追求本地发电，反之亦然。像这样的偏好已经在一些城市带来显著的影响，我们将在第二部分更加深入地讨论这个话题。

当然，依靠本地发电并不意味着不需要电网，更不意味着可以完全拆除电网。净零能耗城市需要把电网当作一个巨大的蓄电池，白天将大量多余的太阳能送入电网，晚上从这一大电网中再受入电力。

这并不是说本地电力不会在更加智能的双向电网中得到广泛使用。毫无疑问，分布式发电和本地存储将在未来几十年大幅增长。在最近进行的一项对欧洲公用事业公司高管的调查中，37% 的受访者预测，到 2020 年他们的一些用户将完全脱离电网。[41]澳大利亚电网运营商预测，在南澳大利亚州春季的某些阳光明媚的日子，屋顶太阳能可以提供本地所需的全部电力。[42]

　　未来城市分布式发电潜力带来的问题不是我们是否还需要大电网，而是电网的容量应该有多大。在本地具有经济性的电源充足的情况下，电网的互联规模应该有多大？

第4章 电网互联与效益

为什么不能仅仅生产每个人所需的电力，再把多余的电力储存在电池里呢？电网究竟为输电线终端的用户提供了什么？

1880 年左右，Thomas Edison 就问过自己这个问题。Edison 及其早期的竞争对手主要向富豪和企业出售独立电力系统。J. P. Morgan 的豪宅里就有一个。[1] 这种系统配有一个发电机、一些电线和一组照明灯，与今天的小型离网电力系统类似，但是今天的系统中还有太阳能电池板和电池。

Edison 很快就意识到了关键的一点，如果使用电线将电力输送到多个地点，在同等电力需求的前提下，这种方式比在这些地点分别建独立电力系统便宜得多。即便考虑架设输电线的费用，2 台能为 50 户家庭供电的大型发电机还是比 50 台小型发电机便宜得多。50 台独立发电机，每台可为 200 盏灯供电，共计需要花费 16.25 万美元；2 台大型发电机也可以为 10 000 盏灯供电，但只需花费 7.2 万美元左右，额外的电线和电能表费用大概为 1.5 万美元。对比来看，这种集中供电系统的总成本为 8.7 万美元，仅是独立电力系统成本的一半左右。[2]

除了省钱之外，电网还能实现更高的用电可靠性。在没有电网之前，如果自家的发电机坏了，房子就会漆黑一片。有了电网之后，即使电网中 1 台甚至几台发电机损坏，其余接网的发电机还是可以继续提供足够的电力满足每户的照明需求。

Edison 开发的原始电网连接了好几个街区。随着电力系统地理覆盖范围的扩大，系统成本在持续下降，越来越多的用电负荷和发电机不断地连接到越来越大的电网上。这种发电系统和输电系统展现出来的规模经济，以及电力负荷同时率和电网可靠性的巨大优势，以至于若干个完整的公用事业系统逐渐合并成一个区域级电网，从而实现成本进一步降低。[3] 这种良性发展趋势一直持续到当前，美国已经形成了三大互联电网，高压输电线路总长度约 20 万英里，接网大型发电机数量达到 1 万台左右，电力用户数量达到 1.2 亿。两位杰出的电网工程师这样总结大电网的可靠性价值：

> 电网的可靠性很大程度取决于系统规模，即其角动量。胡佛水力发电工程产出了巨大的电力，像这样的大型发电站遍布全国。大型发电机和汽轮机所拥有的惯量可以很轻松地将小型发电机和负荷同步带动起来。事实证明，考虑到大多数发电技术的规模经济和效率提高，这样的电力系统更优。[4]

然而到了今天，单一的建筑又可以被视为一个独立的电力系统，也就是所谓的离网建筑。规模再稍微大一点的是微电网，通常是一所大学、医院或办公大楼。然后是大致相当于一个小镇规模的电网，再然后是城市级电网、州级电网，依此类推。电网规模还有另外一个重要的评价维度，即与其他电网的互联程度，包括互联通道上没有潮流约束、潮流可以自由流动、潮流方向和大小受限等情况。

在一个太阳能发电、电储能变得更加低价的时代，互联电网的最优规模有没有可能也在变化，比当前我们运营的州级互联电网要小？虽然每个电网都必须时刻保持供需平衡，但现在有了一定规模的本地发电和电储能，任何规模的电网几乎都可以实现这一目标。

电网被适当地划分为一些平衡责任区（balancing authority areas，BAA），各区的规模不尽相同。比如，美国电网大约有 130 个平衡责任区，而欧洲则是以国家为平衡主体。每个平衡责任区都需要一个独立系统运营商来保证电力供需实时平衡。在这样的平衡责任下，大多数运营商允许区内存在电力交易，有些还会建立集中式电力市场来促进电力交易。一般来说，两个平衡责任区之间联络线上的潮流和交易都是被严格控制的；随着新技术和新的市场模式的兴起，这些跨区交易也在不断增加（详见下文）。因此，除非真的是存在地理环境的限制（一般是海洋或山脉的边缘），电网边界是不太好确定的。

在一个平衡责任区内，电网可简单划分为大电网和小电网。前者也就是输电网，是那些可以在巨大铁架上看到的高容量、高电压的电线。后者是配电网，是将电力配送到每个用户的低压系统。微电网和社区电网是两种比较特殊的小型电网，它们都必须始终保持自身电力平衡。

在分布式发电和储能技术出现之前，满足配电网的电力平衡十分简单。几乎每个配电网都由本地公用事业公司拥有和运营。这些公司负责监测每条配电线路上的总用电量，然后汇总并上传整个配电网的总需求。输电网为每个配电网提供其所需的电力，中间可能为了保持平衡会做细微的调整。

随着电力行业不断变革进步，对互联互通大型电网的需求一方面还在强化，另一方面却被削弱。虽然传统大型电网的规模效益在减小，但是有些其他的变化也在需求规模更大的电网。而一些其他的技术和政治经济因素将推动电力行业向小型电网发展，具体会在下文谈到。但是，如果电力的平均成本还是人们最为关心的因素，那么大型电网将会得到持续发展。

然而，并不能就此断定每个用户都会永远选择联网。即使在今天，一些与电网距离较远的用户还是在使用离网系统供电，这样的成本比联网要便宜。如果用户完全处于大电网的覆盖范围内，却依然选择与电网断开连接，这些用户就是电网的"叛逃者"。分布式发电和储能使得脱离电网在技术上变得可行，随着两者成本的不断下降，脱离电网的用户数量肯定还会继续增多。脱离的用户更喜欢独立于大电网之外，更加偏向（并且有能力）支付运营离网系统所需的前期投入和运行维护费用，即使花费比联网时更多。

2014 年，这种脱离电网的行为盛行。洛基山研究所（Rocky Mountain Institute，RMI）的一项研究对比了美国 5 个主要城市在 2050 年前完全实现光伏+储能运营，并由零售公用事业公司提供供电服务的转型总成本。[5] 结论显示，虽然光伏+储能的成本在持续走

低，但每个城市的零售电价都将上涨（尽管涨幅各不相同）。对于
夏威夷、加利福尼亚、内华达州的居民用户来说，将分别在 2022
年、2038 年和 2048 年时脱离电网，用电成本将变低。2016 年，另
一组研究人员的预测进一步引起了人们的关注，预测结果显示，对
于密歇根州上半岛的农村地区，2020 年时就将有 92% 的居民脱离
电网从而更加经济。[6]

　　当然，这些预测都做了许多假设，特别是保持联网的电力用户
必须继续支付电费。未来电价的详细结构将极大地影响脱离电网的
经济性，落基山研究所的预测必然在此进行了简化处理。这一主题
我们将在第二部分进行详细探讨。更重要的是，电力用户未来的供
电选择并不是只有联网或离网两种选择，而还有大量部分联网的供
电方案。下一章将研究微电网（小型、部分联网），展示用户脱离
电网的另一种可能性。

　　在过去的几年中，人们的注意力已经从完全脱离电网转向了部
分脱离，其中也包括微电网形式。2017 年，落基山研究所发布了
第二份报告，预测了公用事业公司在所有形式的部分离网供电（不
是完全离网供电）下的电力销售损失。报告总结道，"用户选择脱
离电网将产生重大影响，但可能很少会有用户选择完全脱离"。[7]

　　实际上，RMI 认为在简单的经济平均供应成本之外，保持联网
的好处对个体更重要。脱离电网的用户不得不自己出资来建造和维
护自己的系统，或者就要（可能性更大）向第三方支付费用来建造
和维护系统，这都大大增加了成本。伯克利大学教授 Severin
Borenstein 在评价脱离电网时，有过一句名言："我也属于那些不喜
欢自己做鞋、自己煮咖啡、自己发电的集体中的一员。"[8] 他的观点
是：规模化生产已经成为人类社会几乎所有商品的生产方式，电力
也不例外。

　　但是，联网或离网所需要考虑的不仅仅是成本的问题。成本比
较中假定了两种方案具有同样的供电可靠性（或是至少都足够可
靠）、电能质量和其他无法货币化的属性，但事实并非如此。不同
规模电网的优劣势非常明显，而这些并未体现在电价中。在这些指

标上面，电网规模并不总是越大越好，因此，这也导致大型电网将被小型电网部分取代。

互联电网的规模效应

规模更大的互联电网具有五类传统优势，分别是在电力生产和输送方面具有规模效应、跨区负荷具有互补平滑效益、负荷聚合的成本更低、电力可以跨区交易、预防传统停电事故的成本更低（常被称为高可靠性）。[9] 在即将到来的低碳时代，还可以增加可再生能源供应多样性这一优势。

尽管技术可行且经济适用的分布式可再生能源发电正在蓬勃发展着，但对于各类电源来说，规模化生产的效益仍然更加巨大。直白地说，小电网虽是小而美，但大电网更加便宜，可再生能源也不例外。小型风电项目的投资建设成本是集中式风力场的两倍以上。[10] 美国政府关于光伏设备的最新数据显示，屋顶光伏系统的发电成本约为 4 美分/kWh，而 10 000 倍规模大小的集中式光伏电站的平均发电成本约 2 美分/kWh。由于两者都是零碳排放，所以也不存在外部性环境成本会改变其发电成本的差距。事实上，不同规模的光伏发电都使用完全相同的太阳能电池板，其余大部分的设备也基本相似。

同样地，规模效应也适用于电储能。我曾经问过 EOS 储能公司（一家由我提供咨询服务的公司）的董事长："储能装置中的哪一个元件最容易受到规模经济的影响？是电池、逆变器还是其他元器件？"他看着我说："全部都是。"数据验证了他的说法，Lazard 关于储能成本的权威报告显示，电网级应用中锂离子电池成本约为 268 美元/kWh，而用户侧成本约为其四倍，达到 950 美元/kWh。报告指出："相比于电能表前的大系统，安装在电能表后的小型系统通常单位成本较高，总成本也要高得多。"[11]

有些人会说，相较于远方送来的可再生能源，屋顶光伏能够节省一部分电力输送成本。然而，这其中并未考虑分布式能源接入后，本地配电网需要更加复杂且能够允许电力双向流动，其中就涉及一部分配电网的重新设计和改造成本，这部分成本计算起来比较复杂，而且通常需要具体情况具体分析。因此，与本地发电和远距离输送电力的成本对比，必须考虑得更加全面，包括发电成本、输配电成本、燃料成本、控制设备成本、电网运营和监督等，并且每一项成本和运营参数都必须考虑诸多不确定性和各种要求。

受以上因素的影响，比较低碳未来下不同互联规模电网的成本变得异常困难。有一种简化的方法是：首先比较相同装机容量下的不同零碳发电设备的初始投资和燃料成本，然后再累加上其他种类成本进行比较。[12] 2015 年，我在研究比较分布式和集中式光伏发电的发电成本时，就采用了这种方法。仅从发电成本来看，在完全相同的光照条件下，集中式光伏发电成本大约是分布式的一半。目前，对于美国一些日照充足的地区，这一成本差异约为 3 美分/kWh。

接下来就要看，屋顶光伏能从其他环节（输电、配电等）实现成本节约超过 3 美分/kWh 的可能性有多大？一般来讲，这是不太可能的。本地光伏发电可以降低对输配电网的需求，但前提是本地能够基本实现自给自足。光伏发电还可以提供有助于本地电网管理的电气产品，但这些产品的价值一般也到不了 3 美分/kWh。在电网的某些特定节点上，本地光伏产生的效益可以超过 3 美分/kWh。因此，即使集中式发电的价格相对便宜，我们还是需要以谨慎的态度来进行评估，避免对系统性成本进行过于宽泛的描述。

综合来看，规模效应所带来的成本差异并不能解答最优电网互联规模的问题。但在绝大多数情况下，大电网是保持电力成本尽可能低的一个重要工具，而成本优势也只是与电网互联规模相关的若干效益中的一个。[13]

负荷聚合与交易

大电网的第二个传统优势在于不同地点的用电负荷具有不同时

的特征，或是现在普遍所说的负荷聚合效益。受大数定律的影响，许多个负荷聚合起来比单独的负荷更加平滑。再加上负荷的规模效应，这都推动负荷聚合后的供电成本降低。传统发电机都具有很大的旋转电机，就像其他任何机械设备一样，机器启停或是调节的速度越快、频率越高，付出的成本也就越高。因此，负荷越平滑、波动越小，供电成本就会越低。

更棒的是，如果可以将很多负荷聚合在一起，就会形成一个基础用电需求水平，即使在用电较少的夜间，聚合负荷的需求永远不会低于这个水平。满足基础用电需求的发电机组其电厂被称为基荷电厂。这些基荷电厂通常以满功率稳定运行数周或数月，它们一直是最便宜的发电方式。然后，为了满足日内从午夜到中午或是季节性逐渐增加的电力需求，就需要一些周期调节电站等，可以在上述时间段内实现发电成本最低。尖峰负荷电厂（也称为调峰电站）则是能在短时间内提供较高负荷的最便宜的手段。

因此，电力系统规划的目的就是根据负荷聚合的情况，精准建设每一类的电厂，从而使发电成本实现最小化。一般来说，在气候温和的地区，电力供暖或空调负荷较小，负荷曲线相对平滑，基荷电厂和少数周期调节电站就能够满足大部分用电需求。对于负荷尖峰化比较明显的地区，通常需要配备少量基荷电厂以及大量的调峰电站。

除了光伏发电以外，其他可再生能源发电都是基于旋转电机的，包括风电、水力发电、核电、地热能发电和具备碳捕获功能的燃气发电。这些发电形式也具有规模效应，经济发电规模经济至少达到 $600 \sim 1000MW$。如果将这些电源以某种比例组成一个大的发电系统，那么发电成本也可以很低。

然而，电网的作用不仅仅是聚合其覆盖区域内的所有负荷，并为之匹配一组发电成本最低的电站。换一种思路来看，假设允许某种实体可以聚合一定数量的负荷，并建造或购买成本较低的发电服务，再销售给这些负荷。然后，所有这些实体可以在电力用户方面进行竞争，即竞争成为负荷的电力供应商。这样就形成了一个竞争性电力市场，可以取代传统公用事业公司对负荷聚合的垄断。可以说，在负荷聚合方面的竞争性是竞争性电力市场的核心。

对于一个电力市场来说，电力用户、负荷聚合商和发电商所在的互联电网是其唯一的实体交易平台。负荷聚合商可交易的用户和发电厂仅限于具有物理电网连接关系的用户和发电厂。因此，市场主体所在的互联电网规模越大，所获得的潜在商机也就越大。另外，由于大规模互联电网上的交易可大可小，也就需要设计更加复杂的交易工具和规则，并在提高运营效率方面付出更多努力。[14]

当然，这种效果也具有其局限性。当市场规模变得特别巨大的时候，电网扩容后电力交易所带来额外效益将不再显著。然而，相当多的研究也已经证实，即使互联电网的覆盖范围大到美国大部分领土的面积，电力交易还是能够带来显著的效益。[15]加利福尼亚州就是一个典型案例，目前，加利福尼亚州的总发电量约占全美总发电量的 1/13，大约是瑞典发电量的 2 倍。通过模拟加强加利福尼亚州与美国西部电网其他地区（包括涉及十多个州的 30 多个平衡责任区，还有加拿大的两个省）的电力交易规模，发现能够产生较大效益。具体来看，在加利福尼亚州实现 50% 可再生能源的发展要求下，扩大市场范围可以实现每年 15 亿美元的成本节约；如果将可再生能源占比提高至 60%，每年节省的成本将翻一番，达到 30 亿美元。[16]

可再生能源的空间互补

由于风能和太阳能资源的一些天然属性，随着电网地理覆盖范围的增大，电力供应成本会降低。风电和太阳能发电的出力方式与传统可调节电站区别很大，其电力生产完全取决于某个时刻风力或光照的大小，而不是该时刻系统需要多少电力。如果某个时刻来风或光照情况非常好，风电和太阳能发电出力很高，但是整个系统中电力需求却没有这么高，这就造成电力供大于求，就会发生电力行业所称的弃风弃光现象。

当加利福尼亚州针对普通日负荷进行计划安排时，发现他们的负荷曲线已经变得像鸭颈的形状，因此将这个现象命名为"鸭形曲线"（duck curve），如图 4-1 所示。受系统中光伏占比的增加影响，"鸭形曲线"所带来的一大挑战就是午间电力供过于求。而午间的时候，又不能通过频繁关停基荷机组来适应光伏发电量大的情况，因为基荷机组需要保证负荷晚高峰的用电。[17] 解决弃风、弃光问题的主要方法有两种：电力存储和扩大电网互联范围。电储能所发挥的作用非常容易理解，一个例子就是在中午光伏发电量大的时候，将电力存储起来以供夜晚无光的时候使用。而且，一旦被存储起来，这些太阳能电力或风电就又可以像传统电厂那样，根据用电需求的大小来调节调度了。实际上，从电网运营者的角度来看，各类电储能的性能是优于传统发电厂的，它们可以实现快速响应控制以及多种其他电力辅助服务。

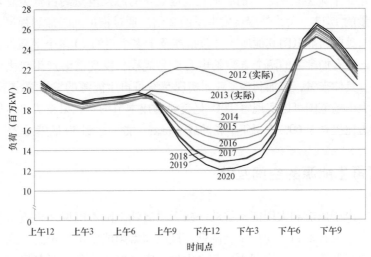

图 4-1　2012~2020 年春季典型日的加利福尼亚州"鸭形曲线"

注：引自文献 *California ISO（2016a）*。这条曲线展示了加利福尼亚州典型日的净电力负荷曲线。由于午间日照充足、光伏发电量大，净负荷曲线出现一个低谷；晚上 6 点到 9 点，当电力负荷非常高，而光伏发电下降到零时，ISO 必须迅速增加电力供应以满足晚 9 点左右的电力净负荷峰值。这就将净负荷曲线塑造呈鸭子的形状。近些年随着加利福尼亚州光伏装机不断增加，"鸭形"更加明显。

　　然而，仅仅使用电储能来应对弃风、弃光难题的成本较高。举例来看，一个由光伏发电+电储能组成的离网微电网，最高用电负荷出现在日落之后，大小约 50MW，平均日用电量为 600MWh。假设这个微电网所在地会出现连续 8 天的多云天气，那么这个微电网所需的光伏装机至少需要提供 8 倍的日用电量，才能在阳光充足的日子里，储存起满足后 8 天使用的所有电量。

　　那么，在这样的要求下，微电网需要配备多少储能呢？为了预防持续 8 天阴雨天气里的光伏零出力情况，电储能必须能够储存 4800MWh 的电量。按 100 美元/kWh 的储能成本来计算，为了应对极端天气，单储能投入就需要 5 亿美元左右。然而，这个巨型电池在绝大多数时间内会处于闲置状态，仅为下一个极端天气情况的到来提供应急保障。

　　高效消纳可再生能源的第二种方法是：利用更大规模的电网聚合更多地点的可再生能源，这种方法的作用也比较直观。依据两个重要的地球物理学结论可以看出，与其依靠本地可再生能源发电，不如从其他拥有太阳能发电或风电的地方受入电力，即，第一，每块大陆都拥有一个风能和太阳能资源非常优异的区域，这些区域更适合新建可再生能源电站，并通过输电线路传输到其他区域。第二，随着电网地理覆盖范围越来越大，风电和太阳能发电出力将会更加稳定且预测精度更高。由 Alexander McDonald 牵头的 NOAA 研究小组的研究结果显示：

> 　　由于地球纬度天气系统覆盖了很大范围的地理区域，整体来看，天气的平均变化幅度会随着地理面积的增大而减小；也就是说，如果某个时刻在一个小区域中没有风或光照，那么很有可能在更大区域中可以获取风能或太阳能。更重要的是，如果电网覆盖了面积较大的区域，就能实现从风能和太阳能资源丰富的地区向资源相对贫瘠的地区输送更便宜的电力。[18]

　　大型电网中，在具有不同风能、太阳能特性和电力负荷模式的区域之间进行可再生能源交易，可以实现促进电力平衡和降低电力供应成本的作用。这是因为，在相同供电可靠性要求下，大型电网所需要的系统备用容量要小于独立的多个小电网所需的备用容量之和。当一个大型火电厂突然脱网时，其所在电网可以连接上互联电网中的其他发电厂，从而节省备用容量。在高比例风电和太阳能发电的系统中，互联大电网能够发挥完全相同的功能；有区别的是，海量光伏发电站不会全部同时脱网，但需要关注阴天情况下光伏全部没有出力的问题。无论如何，大型电网都能从其他区域获取可再生能源，从而节约本地新增发电及储能的成本。

通过分析风、光地理互补性对低碳情景下供电成本的影响，已经有大量研究探讨了建设更大型输电网的可行性。[19]这些研究假设了比当前更大的供电区域，建立了电力系统运行模拟模型，并针对某个时间范围（通常是 30 年左右），计算建设、运行该大电网的总成本。一旦这些模型通过校准，就会给出规划结果，一般是在资源最好的地方新增大型风电和太阳能发电站，或是在城市负荷中心新增分布式发电，并增加相应的电储能，以达到任意时刻的总发电量加上电储能存储量可以满足电力需求。特别地，这些模型往往嵌入了大量的历史气象数据，因此可以预测每一个地点的光伏发电或风电出力水平。

这些模型可以遍历电网规模、分布式发电、电储能、大型风电和太阳能发电站的不同组合，从而计算得出未来电力成本最低的电力组合。具体来看，需要明确每个新建电厂是否需要配套新建输电线路，即风电和太阳能发电是否需要远距离输送到大都市等负荷中心；如果需要新建输电线，那么这些输电系统的建设和运维费用也要进行加总。[20]一些更加复杂的模型还会计算新建分布式发电带来的配电系统加强费用、小电网情况下较高备用的新建成本。[21]更全面的研究还会考虑电力需求侧响应，从而通过负荷的削峰填谷来降低系统平衡压力、减少新增电源需求，这将进一步节约电力新增投资。

此类研究的结果基本是一致的，在可再生能源资源最好的地区新建大规模集中式的风电和太阳能发电项目并配套远距离输电系统，其成本低于在本地新建分布式电源和电储能并不扩大电网规模的成本。[22]2014 年，一项针对整个欧洲的研究对比了保持现有电网规模和扩大电网规模的不同电力发展情景，其中也考虑了本地分布式发电（包括本地新增备用和配电网改造费用）。[23]

与上文微电网的示例相似，这项针对欧洲的研究发现，扩大电网规模情景下的电力供应总成本更低，部分原因是避免了新建大量本地备用资源。扩大电网规模整体减少了 5000 万 kW 的新增备用发电或储能设备，按 1000 美元/kW 计算，则共节省 500 亿美元。[24]这项研究也解释道，本地新增分布式光伏"几乎不能算"，即本地光伏在系统负荷高峰期间基本不供电或是不能保障供电。[25]

研究还提出，当新增了更多的本地分布式发电和备用电源时，会出现一种负向反馈。由于本地分布式发电不能像集中式的、资源更好的可再生能源电站那样，能够生产足够多的电力进行交易，因此交易机会变得更少了，扩大电网规模的可行性也变小了。"进而，电网规模不变，也减小了不同地区间可靠性共享的规模，这就进一步增加了本地新建备用资源的需要"。[26]总体而言，研究结论认为，"扩大电网规模将极大促进风电、光伏发电等间歇性可再生能源发电的整合，而维持电网规模不变则会带来更多的挑战以及更高的供电成本"。[27]

这种效益可被视为 Edison 由于可靠性优势建设原始电网在现代社会的等价。其基本思想是：将更多的发电资源和更多的电力用户互联在一起，从而实现更高可靠性和更集约的新增电力设施。

当然，与负荷预测一样，参数的准确与否对结果是否准确影响很大。所以，以上研究结果都取决于预测的各类本地分布式电源和区外集中式电源的成本以及输电成本，还有之前我们探讨的电力需求水平、能源效率和其他许多系统参数的假设。如果本地分布式发电和电储能的成本相较于同类集中式产品能够大幅下降，那么，以上这些研究预测结论绝大多数都会是错误的。然而，当前几乎没有证据表明，依托大电网的集中式可再生能源发电的成本效益优势会随着产业转型而有所变化。这也正是前文对美国西部电力交易研究中所得出的结论：电网规模和电力交易量的增加，不仅在中午时能将加利福尼亚州多余的太阳能电力输送到乌云密布的太平洋西北地区，也能在夜间将西部其他地区的廉价风电反送至加利福尼亚州。[28]

　　值得注意的是，这些研究都会给出电力供应总成本的指标；对于政策制定者来说，这是一个必不可少的指标。然而，对于每个用户来说，开发大规模可再生能源基地的电价并不一定比自供电更加便宜。本地供电方案成本取决于很多因素，包括所在的公用事业费率、本地电力成本、分布式发电设备投资以及本地分布式发电资源情况，所有这些因素都必须与购买远距离可再生能源电力的成本进行比较。

　　特别，两个非常重要的因素也使得大电网成本效益更优的结果更加合理。第一个因素，从屋顶光伏和集中式光伏电站来看，在相同条件下，后者的效率更高。虽然看起来不太可能，但是集中式光伏电站能够选择更好的位置、更加准确的定位光伏面板并安装光伏跟踪系统，运维水平更高，从而实现效率更高。因此，使用完全相同的太阳能电池板的集中式电站输出比屋顶系统输出高约50%～100%，也促进其成本更低。[29]

　　第二个因素，大型输电网虽然不太美观，但相较于所有类型的发电设备和电储能设备价格更低，而且本身具有巨大的规模经济效益。全美输电系统的度电成本约为0.9美分/kWh，不到电力零售价格的10%。[30]截至2013年，新建500kV直流线路大约可以输送3500MW的电力，成本约为160万美元/英里；新建800kV直流输电线路大约可以输送6600MW电力（几乎翻番），但成本仅为180万美元/英里，两者都不包括换流站的成本。[31]直流输电技术的不断革新也将电网规模效益扩大到更大容量的线路中。

　　通过充分利用可再生能源互补优势、建设遍布更大区域的互联大电网，一种关于无碳电网最佳规模的新思想流派正在兴起。一些专家认为，未来无碳电力系统将是一种由从全球可再生能源丰富地区送电到城市负荷中心的超高压直流输电线所构成的"超级电网"。

　　早在2014年，美国中西部一家电网运营商的规划人员就模拟了美国超级电网的成本效益情况，具体规划了9条跨越美国约2/3地区的远距离直流输电线路。这个超级电网将在夜间把风电从美国中部输送到东南部和西部，白天从美国南部和东南部获取太阳能电力。粗略计算表明，建设这样一个系统将花费 360 亿美元，但节省下来费用却高达 450 亿美元。[32] Alexander MacDonald 和 Clack 的 NOAA 研究小组最近也进行了一次模拟，对象是一个横跨整个美国的、由 32 个节点组成的、通过高压直流输电线进行连接的更大互联电力系统。研究人员发现，即使考虑上新增的输电成本，这种覆盖范围较大的电网也比覆盖范围较小的电网具有更大、更多样的效益。[33] 颇负盛名的美国气候研究所以及欧洲若干电力研究机构也正在对高压直流电网进行其他研究。[34]

最为认同大范围可再生能源互补效益的观点是由中国的全球能源互联网发展合作组织（the Global Energy Interconnection Development and Cooperation Organization，GEIDCO）提出。[35] 这个由电力公用事业公司、电力设备公司、高校和非政府组织组成的联盟正在完善和研究一种观点，即随着高压直流输电技术的快速进步，在全球范围内整合发挥可再生能源互补效益都可能是更加经济的。地球上的每一块大陆都拥有可再生资源极其丰富的地区，如撒哈拉沙漠具有丰富的太阳能、巴塔哥尼亚的强风资源等。GEIDCO 的设想是建立横跨大陆的高压直流输电网络，这样就可以在各大陆间进行互补供电了。

未来展望

令人有点惊讶的是：电力系统设计模式的根本变化，加上该行业发电基础的彻底改变，并没有中止节约大型电网总体成本的步伐。[36] 大量研究表明，在脱碳电网中，发电和储能的规模效应、负荷和电源的互补特性以及电力交易和备用共享会带来更大的成本节约。此外，假设电网规模发展到比当前电网还要大，效益很有可能超过成本。因此，几乎没有研究会预测得出"从现在到 2050 年，电网的互联范围和规模一点也不再增长"的结论。

然而，正如我们所知，电力系统的功能目标不仅仅包括以尽可能低的成本提供无碳电力。为了全面评估权衡不同的电网体系架构，还需要对可能存在的抵消大电网成本优势的不利因素进行研究。首先来看，可靠性优势并不会随着电网规模的扩大而不断增加。当电力系统出现故障的时候，规模越大并不总是优势，无论好坏，电网始终面临风险。

第 5 章　电网安全风险及应对

对于电力行业来说，所有天气可以分为两类：一类是阳光明媚的晴朗天气，光伏发电量大，电网可以低价且可靠供电；另一类是乌云密布的阴雨天气，一些电力设备出现故障的可能性会增加。暴风雨摧毁输电杆塔或是黑客入侵系统，都可能会造成影响到数百万人的大停电事故。更坏的情况是，恐怖分子炸毁了可能需要几个月进行更换的电力元器件。

传统电网的设计中并未考虑这类威胁，但在当前的世界中，这些威胁又是真实存在的，而且数量还在持续上升。分布式小型电网可以降低对此类威胁的脆弱性，从而提高整体电力系统的可靠性，即使这样会推高成本。

第 1 部分：自然灾害对电网安全的威胁

Earth，Wind & Fire 是我最喜欢乐队之一，它的名称中恰好也包含了可以严重破坏电网的四种天气事件中的三种。地质事件包括有地震和火山喷发，与风有关的事件包括飓风、龙卷风、旋风、台风、风暴和雷暴大风，与火灾相关的气候事件包括高温、干旱和森林火灾。第四种 Earth，Wind & Fire 名称中没有提到到灾害是水文事件或洪涝灾害。[1]

这四类灾害对电力系统不同环节的影响程度也有所不同（见图 5-1）。传统或具有碳捕获和封存功能的火电厂、核电厂、光热电站等电厂通过产生蒸汽来驱动汽轮机带动发电机发电，会受到风暴、地震和洪涝等灾害的破坏。尽管水电站不使用蒸汽循环,但也会受以上灾害影响。大家应该不会忘记2011年3月,地震引发的海啸淹没了福岛第一核电站的核反应堆,引发了爆炸以及后续大规模的清理和保护工作,并永久损毁了3台大型核电机组。

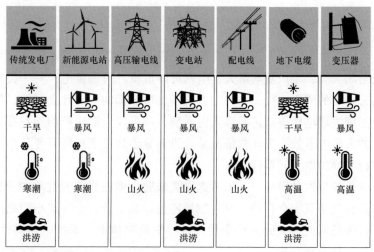

图 5-1　不同电力系统环节受自然灾害影响的示意图

来源:文献 *Abi-Samra*(2013a)。

　　虽然地震和洪涝可能会给发电厂带来灾难性后果(比如福岛核电站),但也相当罕见。因此,我们可以做得是通过"设施强化"措施来降低灾难所带来影响的可能性和程度。[2]几乎所有火电厂和水电站都具有一个共同的弱点,即对水的依赖性。[3]在严寒且水供应不足时,必须限制这些发电厂的发电量或者将其关停;在严重干旱或高温天气,类似的问题可能会持续数日或数周。2003年的法国高温天气中,14座核电站被迫关停。2012年的美国高温天气中,伊利诺伊州的 Braidwood 核电站由于获得了环境豁免仍保持运行,尽管其冷却水的温度已达到37.8℃以上。[4]更糟糕的是,火电厂的发电效率随着温度的升高而下降,核电站设备在高温下也会更容易发生故障。[5]

对于输电网来说，最容易受到风暴的影响，系统韧性专家 Nicholas Abi - Samra 估计，由自然灾害引发的输电网故障中，80%～90% 都与风暴有关。[6]电力线路受到的作用力与风速的平方正相关，此外还要考虑冰雪、树木以及最危险的漂浮残骸碎片等作用于线路上的重量。另外，一座输电杆塔的倒塌会引发一连串的后续倒塌；1993 年内布拉斯加州的一场暴风雪就一连吹倒了 406 座输电杆塔。[7]除了造成线路倒塌外，冰雪还会造成输电线短路以及断路故障。

除了四种主要的自然灾害外，输电网还面临着来自外太空的挑战。太阳耀斑会引发地球磁暴，有时也被称为太空气象。这些太阳风暴在地球上引起了巨大磁场，从而在地球内部催生出足以烧毁超高压变压器的强大地磁感应电流。一场太阳风暴可能就会摧毁数百台这种大型变压器，从而导致波及大部分区域的停电事故。更糟糕的是，这类变压器的成本超过数百万美元，而且要根据其安装位置进行定制，备用元器件基本没有现成的，重新制造通常需要花费数月或数年。[8]好在美国发生此类太空气象事件的概率预计要低于 0.02%。[9]美国已经出台新的规定，要求公用事业公司研究磁暴情景，以及系统受到干扰后引发大范围停电的应对措施与手段。[10]

到目前为止，配电网仍是最容易受自然灾害影响的环节。变电站配备的高压变压器和地面开关设备易遭受水灾和风暴损坏。与电力杆塔和配电线路相比，被水淹过的电气设备的修理或更换时间要更长；电力杆塔和配电线路大多是标准设备件，并在公用事业公司就可以大批量存储，而配电开关设备需要严格的干燥环境、测试条件并需要经常更换。并且，电力杆塔和配电线路也都暴露在风暴、冰雪及前文提到的危险漂浮杂物和野火威胁之中。

通常认为，地下电缆是应对配电网脆弱性的最佳解决方案。对于一些暴风雨天气（如艾尔玛飓风），地下电缆确实是可行的。[11]然而，地下的线路虽然可以躲过风暴的威胁，但增加了对洪涝和高温灾害的脆弱性，这些灾害常常导致地下电缆过热而发生故障。而且对于这些故障，修复地下电缆比修复架空线路需要更多的时间，因此在故障频率和持续时间之间要进行权衡。最重要的是，地下电缆的费用是架空线路的 5～10 倍，而使用寿命只有后者的一半。因此，鉴于地下电缆的高费用，必须有选择地将其用于那些能使系统受益最大的地方。[12]

气候变化与电网脆弱性

除地震和火山外，气候变化正在加大各类自然灾害带给电力系统的负面影响。比如，气候变化常被与更强劲的风暴联系起来。根据 2017 年美国国家气候评估报告（National Climate Assessment，NCA），"飓风和台风预计将增加降水的概率（高置信度）和强度（中置信度）"。[13]降水量的增加包括现在人们所熟悉的"大气河流"，像《圣经》中的洪水一样，2017 年休斯敦 4 天内降雨量达 40 英寸。[14]2015 年 3 月，智利阿塔卡马沙漠 1 天的降雨量相当于 12 年的平均降雨量。[15]虽然模型显示美国大西洋海岸所受影响较小，在今后的 100 年里，这类风暴将带来更多的降雨、风害和洪灾。[16]

《国家气候评估报告》还发现，气候变化将增加"整个美国农业旱灾的频率和强度"。[17]除了对发电厂供水产生影响外，这些气候干旱还将导致更加频繁、更加强烈的森林火灾和野火，威胁到电力线路。[18]特别是美国西部的水电站，受影响程度更大。《国家气候评估报告》预测，到 2100 年，降雪带来的水资源将减少 70%。[19]

城市区域集中了大量的配电设备，持续高温以及较强、较长的热浪天气将加剧日益频繁风雨灾害的影响。例如，波士顿平均气温超过 32.2℃ 的天数将从 1990 年的 11 天增加到 2070 年的 25～90 天，其中超过 37.8℃ 的天数将高达 33 天。[20]高温天气尤其对变压器的影响最大，部分原因是变压器的设计原理主要利用夜间低温时段来散发积聚的热量。2018 年《国家气候评估报告》

的结论是："预计气候变化和极端天气事件将越来越严重地扰乱能源和交通系统，可能会出现更频繁和更持久的停电事故、燃料短缺以及服务中断，并对其他关键行业产生连锁影响。"[21]当前，数据已经隐隐显示出恶劣天气事件的发展趋势，更不用说数百万人共同经历非同寻常的、极具破坏性的风暴后的集体记忆了。简单看一下联合国和全球保险业协会梳理的不同类型恶劣自然事件的发展趋势（图 5-2），就会得到一些惊人的发现：与气候变化无关的地质事件（柱状图最底部部分）没有呈现出任何趋势；但其他与全球变暖密切相关的暴风、洪水、干旱和野火（柱状图的其他部分）都有明显上升趋势。美国历史上最具破坏性的 5 次风暴都发生在 2005 年以后，仅 2017 年就发生了 3 次，使 2017 年成为历史上气象灾害损失最大的一年（3160 亿美元）。[22]

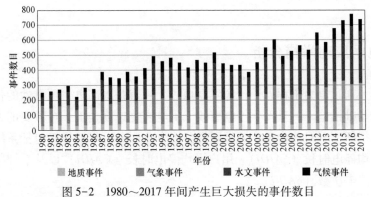

图 5-2　1980～2017 年间产生巨大损失的事件数目

注：NatCatSERVICE © Munich RE。

过去 30 年的大停电事故发生频次也清晰地展示出相同的发展趋势。如图 5-3 所示，与气象无关的大停电事故一直稳定在每年 20～25 次左右，而与气象有关的停电事故趋于稳步上升，2012 年达到了较高的水平。[23]

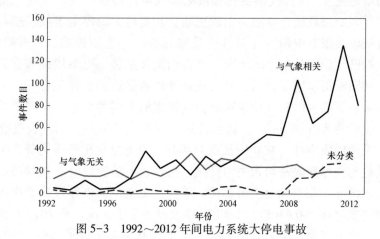

图 5-3　1992～2012 年间电力系统大停电事故

来源：文献 *Lacey*（*2014*）。

电网应对举措分析

通过电力工程设计预防停电事故，一直是提高电力可靠性的传统基础措施。一旦发生停电事故，供电恢复速度是下一个重要的评估指标。到目前为止，最常用的公用事业服务可靠性指标包括系统平均停电时长（*SAIDI*）、用户平均停电时长（*CAIDI*）以及系统年均停电次数（*SAIFI*）。[24]

然而，电网设计时考虑预防的事故类型，通常不包括恶劣气象事件。换句话说，公用事业公司在设计电网时，基本只考虑如何在晴朗的天气下运行维护系统、提供稳定的供电服务。公用事业公司不考虑风暴等极端情况也可以理解，毕竟此类停电事故在过去（现在仍然）非常罕见，并且通常极难预测和应对。目前，某些公用事业公司也会考虑对恶劣气象事件的预防，但更普遍的做法是：监管机构对公用事业公司在此类事件期间和之后的表现开展逐一调查。许多监管机构会要求公用事业公司上报相关统计数据，从而根据表现进行奖励或惩罚。[25]

近年来，这种要求已经发展成为更加完整的韧性电网的概念理论体系。电网韧性不再仅依靠工程设计，而且需要具有"在故障中抵御扰动、自我修复并达到一个新稳态的能力"。[26]行业专家 Sue Tierney 总结了美国国家科学院专题小组的研究成果后，认为韧性电网具备以下特征：

> 无法预见和避免对系统可能造成巨大破坏的每种事件；在系统尽可能保持功能完整的情况下驾驭重大冲击；能够通过调动已有资源来安全、迅速地恢复系统，特别是保证关键服务的供给；基于以往断电事故的经验教训，更好地应对下一次对电网的冲击。[27]

Amory Lovins 和 Hunter Lovins 在《脆弱的电网》（*Brittle Power*）一书中探讨了能源系统韧性的概念，该研究最初由五角大楼委托进行。[28]虽然该书远不及 Amory 关于分布式电源的著作受到的关注多，但它准确预示了未来复杂大电网所面临的安全威胁。Lovins 夫妇指出，电网预设"一切都会按设计好的来发展。但是，未来几十年的世界肯定不会这样发展"。[29]

在《脆弱的电网》成书后的几十年间，电网韧性的概念已经完善扩展至强化力、穿越力、恢复力、适应力四个维度。强化力是指能够吸收冲击并保持设计运营能力；穿越力是指危机管理能力，在系统不完全崩溃的情况下维持一些基本电气功能；恢复力是指尽快恢复系统和服务的能力；适应力是指从过去事件中吸取经验教训以提高未来系统韧性的能力。[30]

关于强化设施，联邦政府和大多数州已经采用了《国家电气安全标准》（the *National Electrical Safety Code*），该法规要求公用事业公司使用的电杆、电线、输电杆塔、绝缘体和其他元器件能够抵御大风、覆冰及其他威胁。美国风速和冬季温度地图中可以检索到这些标准，并且每五年更新一次，能够抵御 95%～97% 的恶劣情景。[31]

目前，许多公用事业公司已经能够预防强风暴下的长时间停电事故，并开始建设更多的防御措施，包括安装金属或混凝土电线杆、提高设备可以抵抗洪水的水位、更积极地修剪电力线路附近的树枝，并优化电网配置以具有更大的冗余和备用能力。沿海几个州的公共服务委员会正在监督其公用事业公司来实施设备强化计划，预计将投入数十亿美元，例如，新泽西州公用事业公司 PSEG 颁布了价值数十亿美元的 Energy Strong 计划。[32]

本质上看，强化设施是一种事前手段，而故障穿越是一种事中手段，可以在气象事件发生时调整运营并继续提供服务。这也需要在系统建设前就规划设计好，但同时还要具备事中进行实时处理的能力。智能输配电网调控系统安装了传感设备并具备处理计算功能，能够将电网"分段"成一个个小"孤岛"进行调控，这些孤岛能够持续运行或按照新的路线传输电力以进行"自我修复"（稍后将对此进行详细介绍）。故障穿越还包括一些其他手段，比如风暴应急预案和演习、预先安排可以实时响应的关键设备运维人员，以及其他能够使保障持续供电的手段。

韧性电网的第三个维度是快速恢复。虽然不一定起作用，但电力公司一贯做法是在停电之后尽快调动一切可用资源来恢复供电。一种实物保障形式是：公用事业公司不断增加储备和共享备用变压器。[33]美国三大公用事业集团都成立了互助小组，向遭受严重暴风雨侵袭的小组成员临时派遣维修人员和车辆。[34]

飓风艾琳过后，这些公司从北美洲各地向 14 个受风暴影响的州派遣了 70 000 名救援人员，应对飓风桑迪和飓风哈维时也类似。[35]计划演练、储存和预置燃料和部件、事前或事后迅速调配设备与人员以及建立备用通信系统等，都是快速反应体系的具体组成部分。

从技术上来说，智能电能表给公用事业公司带来很大效益——能够随时知道哪些用户暂停了服务（也就能知道哪些线路中断了）。例如，佛罗里达电力公司（Florida Power and Light，FPL）安装了智能电能表后，其在飓风艾尔玛（2017 年）后恢复速度比飓风威尔玛（2005 年）后的恢复速度提高了 4 倍。[36]许多公用事业公司已经将智能电能表系统、运维求援系统以及用户反馈平台整合在了一起，用户能够看到附近公用事业公司人员的维修进度，并获取最新的停电恢复预估信息。

FPL 是美国第一批试点应对风暴设施强化的公用事业公司之一。2005 年飓风威尔玛袭击佛罗里达州，导致 FPL 约 300 多万用户断电数周之后，佛罗里达州公共服务委员会通过了一项条例，要求公用事业公司根据滚动更新的规划进行应对风暴设施强化。[37] 飓风期间，1.1 万根电线杆被吹倒或折断，241 个变电站受到严重影响，100 座输电杆塔遭到破坏。[38]

2006 年，FPL 就开始强化其电力系统，到 2017 年时已经投入了 30 亿美元，并取得重大进展。具体来看，FPL 加固了 572 条为医院和公共安全办事处供电的主要电力线路，升级了 223 个变电站以及 2000 个交通信号灯，为 120 个加油站和 250 个杂货店配备了紧急备用电源，巡查了 120 万根电线杆、确保它们能够承受 150mile/h 的强风，并更换了无效的电线杆。[39]

2017 年 9 月，在应对飓风艾尔玛时，FPL 没有损失 1 根新增的混凝土电线杆，而且与威尔玛过境期间相比，损失的木质电线杆数量减少了 1 万根。尽管艾尔玛的强度比威尔玛要小，但相比来看，停电的用户更多了。FPL 近 90%、约 440 万用户停电。然而，强化设施似乎对于停电恢复时间产生了巨大的效果，艾尔玛过境后的平均停电时间减少了 50%，并且对电线杆和变电站的损坏也降低了。[40]

为什么 FPL 的强化设施工作并没有减少风暴下的停电数量，仍尚存争论。然而，大多数专家都认为，永远无法预测灾害行为、气象因素和其他危害以及其组合起来的事件将怎样影响系统，也无法预测出最坏的影响将集中在何处。此外，随着气候变化的加剧，强化设施将变得越来越昂贵，抵御灾害的成功率也会不断降低。国家科学院委员会总结，"如果气象事件愈发恶劣，就需要重新考虑电力基础设施设计中，对成本和效益的权衡了"。[41] Abi-Samra 博士更加直接地表述道，"已经显而易见的是，通过全面设施强化来应对极端天气……这几乎是不可能的"。[42] 幸运的是，强化设施并不是我们的唯一手段。

微电网革命

电网规模有大有小，小电网可以只有一栋建筑的规模，大电网也可以达到大陆面积的规模。独立电网的唯一基本特征是它需要保持连续的、高度精确的供需平衡。恶劣的气象以及其他许多事件都会造成停电事故，在电网中的某一节点造成电力中断，会迅速且不可预测地破坏整个电网的供需平衡。在电力中断的低压侧，由于供电被切断，不会再有任何的电力供应，供需不能平衡。由于电力中断低压侧的电力需求必须与当前的零供应相匹配，即需求减少到零，因此每个用户都会自动关停用电设备，出现局部停电。

在低压侧突然断电后，剩余电网（电力中断的高压侧）通过将发电量快速减少至一个较低的电力需求水平，以匹配仍然连接着的用电负荷，从而继续保持电网运作。如果与发电机快速上/下爬坡相比，需要调整的幅度很小的话，则系统运营商可以轻而易举地重新实现平衡，并且大多数情况下都会自动平衡。但如果一个或多个大型发电厂或输电线断电，突然出现的巨大供需缺口可能会超过系统自动平衡的能力。1965 年和 2003 年北美大停电的罪魁祸首就是这类连锁故障，这类停电所影响的用户能超过飓风桑迪的三倍。[43]

目前，除了输电网的末端，电网的其他地方都很少连接着发电机。因此，无论是短路故障还是 5 级飓风造成的断电，都会引起低压侧停电；而拥有更多发电资源的高压侧则易于重新平衡，其用户不会受到任何影响。

随着分布式发电和电储能的迅速普及，上述情况也在发生变化。这样就催生出一种微电网的理论概念，即低压侧电网与其余电网断开后，能够独立成网，并自动利用所拥有的小规模发电设备和电储能设备，来平衡连接在这一独立电网上的用电负荷。[44] 以这种方式设计的电网可称为分段电网或敏捷电网，有时也被称为分形电网（以自我复制的分形晶体结构命名）。[45]

如上文所述，能够实现自我平衡的电网的规模大小并无固有限制。通常来说，微电网这个术语可以指代相当于非洲一个小村庄、一所大学校园或军事基地规模的电网，但有时也可能相当于一座大城市或一个小国家。大型电网会被划分为多个百万级用户区域，即在第 4 章提到的平衡责任区（BAA），为防止连锁故障，这些平衡责任区可以独立运行。2004 年，当古斯塔夫飓风袭击路易斯安那州时，平衡责任区的运营商将电网大部分的未受损区域与受损区域断开连接，从而建立了一个巨大的临时微电网。[46]

嵌在大电网里的可以转为独立电网的规模也不一样。专家们设计了一系列的名称，来匹配这些部分的不同规模。社区电网、公用事业电网、微电网是主要的配电网形式，可以为城市社区内的成千上万的用户提供供电服务。通常认为微电网约为大学校园、购物中心或医院综合大楼这种规模，而为单个建筑物或建筑物某部分提供服务的微电网有时被称为纳米电网。[47]最开始，公用事业公司是大多数社区规模微电网的所有者，这些地区的电线、杆塔、变压设备等都归公用事业公司所有，因此，私人的、非公用事业的设备业主想要取而代之是非常困难的。未来公用事业公司的商业模式是一个极其重要的问题，将在本书第二部分中进行详细讨论。无论有没有社区微电网，在许多城市电网中，私人开发商也可能会尝试在公用线路和用户之间穿插建设他们拥有的微电网。

微电网的韧性效益非常显著。只要物理结构和电气结构保持完整并且燃料供应得到保障，微电网就可以提供电力服务。如果微电网仅服务于一个用户，也就是只提高了该用户的电网韧性，那这就是一个专用微电网。如果微电网是由社区、校园或城市中的多个用户组成，则这类微电网各成员之间能够实现韧性共享。除了能够预防局部停电外，微电网还可以帮助发生停电的大电网恢复供电。[48]

由于成本原因，许多微电网不足以提供正常状态下从大电网上获得的电力，因此当转换为微电网供电时，一些"非必要"的设备会自动关闭。尽管如此，对于医院、军事基地或社区中心，仅部分供电和完全无供电具有天壤之别。在飓风桑迪过境期间，纽约大学就展示了微电网韧性的生动例证。校园里配备的微电网能够在暴风雨期间保持供电，这也使纽约大学成为当时下曼哈顿区唯一一个灯火通明的区域。而位于其他区域的校医院没有电力供应，就需要派遣一个庞大的救护车队把病人转运到安全地点。[49]

普林斯顿大学也有一个校园微电网，在飓风桑迪过境时成功运行了 2 天。据普林斯顿新闻办公室称，在此期间，"普林斯顿大学成为一个'避难所'，警察、消防员、医护人员以及当地其他应急服务人员都把普林斯顿大学当作一个集结地和电话及其他设备的充电站"。[50]值得注意的是，普林斯顿大学的微电网只能满足大学一半的用电负荷，其余负荷要通过与周围大电网不断交换电力来满足。"我们并不将公用事业公司看作我们的对立面"，普林斯顿大学行政人员 Tom Nyquist 称，"在很多时候，微电网和大电网是并肩战斗的"。[51]

正如第 4 章所探讨的，大电网促进并发挥了发供电的规模经济效益和地理互补效益，这种情况可能在一段时间内会持续存在。虽然大电网有其固有的脆弱性，但同时也具有高韧性，如备用共享和快速黑启动的能力。为了兼顾两者，大多数微电网都希望能在天气晴朗时成为大电网的一部分，在大电网断电时能够独立运行（电力孤岛），然后在大电网恢复供电后重新加入电网。研究表明，分段电网不仅能够增强每段电网的韧性，还能降低整个电网发生连锁故障的可能性。[52]

将电网划分为可以独立运行的区域，这并不是一种全新的思想，但将本地配电网按照不同社区进行分割却是一场彻底的革命。四位电网专家曾写道："与其将电网构建成为一个整体的或分层的形态，不如将电网看作一系列独立或半独立系统协调运行的集合。这种划分的思想促使'如何从一开始构建电网'这个概念在发生根本改变……"[53]

不同形式的微电网可能会强化，也可能会破坏大电网的共享优势。社区或城市规模的微电网可以为辖区内每个用户提供更高的韧性，从而能够以更低成本实现可靠性共享。然而，大型社区内的小规模专用微电网反而可能扩大贫富差距。由微电网提供服务的一侧街道上的用户可能享有极高的可靠性，而由正常配电系统服务的另一侧街道用户则可能承担停电风险。微电网还将影响周边公用事业公司对微电网辖区内用户的营业收入，从而扩大公用事业公司用户之间支付费用的差异。

另一个显著的积极影响是：微电网赋予了行业将不同等级的电能质量和可靠性（Power Quality and Reliability，PQR）作为一种产品销售给有不同 PQR 需求用户的可能性。对电力波形要求极高、不能断电的企业，可以通过支付更高电费获得更高电能质量；而不要求完美波形或超高可靠性的用户，则无需支付多余费用。实际上，公用电网的供电服务只需满足 PQR 基准要求，如果用户愿意，可以支付更多费用以获取更高的电能质量和可靠性，就像在人寿保险市场一样。[54]

微电网产生的主要消极影响是：保持电力服务成本公平分摊变得更加困难。目前，监管机构主要是设定一个要求公用事业公司必须达到或超过的 PQR 基准。对于分段电网，监管机构就必须预测出以什么形式给微电网供多少电时，微电网才能正常与大电网进行交互。伊利诺伊州商业委员会最近开始考虑，而夏威夷目前正在考虑，必须干预微电网进行服务的时间和地点。[55]还有一个很棘手的问题，这在后面也会具体探讨，就是微电网需要在以业主利益最大化进行运行和保证所在大电网最优之间进行权衡。

分段电网和微电网的相关新技术还引发了一个强相关的概念兴起，通常称为自愈电网。自愈电网可以在发生故障后（由于恶劣天气或其他原因）进行自我诊断，并自动寻找通过重排线路连接关系而自动恢复供电的解决方案。图 5-4 展示了自愈电网如何自动修复本地配电网中的断电故障。

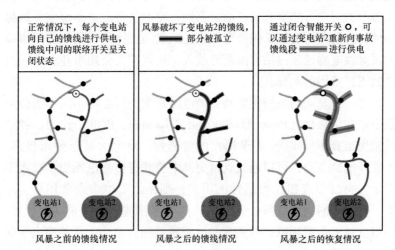

正常情况下，每个变电站向自己的馈线进行供电，馈线中间的联络开关呈关闭状态	风暴破坏了变电站2的馈线， ▬ 部分被孤立	通过闭合智能开关 ⊙ ，可以通过变电站2重新向事故馈线段 ▬ 进行供电
风暴之前的馈线情况	风暴之后的馈线情况	风暴之后的恢复情况

图 5-4 对自愈电网的简单说明

注：由 Craig Miller，Maurice Martin，David Pinney 和 George Walker 所著文献 "*Achieving a Resilient and Agile Grid*" 中图 2 和图 3 重新组合而成，© 2014 National Rural Electric Cooperative Association。

　　我偶然关注到了密苏里州布兰森市的一个游乐场，让我明白了敏捷型电网的价值所在。银元城公园是一家以 19 世纪 80 年代为主题的游乐场，"这是一个特殊的地方，在这里，时间仿佛静止，您和家人可尽情游乐、感受传统、分享回忆、拥抱彼此"。同时，银元城公园的用电量很大，每天有 40 多趟车次、多达 24 000 名游客前来游玩。特别是节假日期间，公园将布置 650 万盏彩灯。

　　银元城公园由怀特河谷电力合作社进行供电。随着公园的发展壮大，这家电力合作社意识到停电事故的可怕后果，包括人群安全和疏散难题等。数以千计的带着年幼儿童的家庭可能会被困在公园的高处，并长达数小时，而之后这些家庭还将在近乎黑暗的环境中进行撤离。

　　因此，怀特河谷电力合作社决定建设一个自愈电网为公园进行供电，具体是在公园周围布置了一个环形的简易电网，开关配备与图 5-4 类似。怀特河谷电力合作社的工程师 John

Bruns 告诉我，有一天晚上他正坐在电力控制室，门庭若市的公园突然发生了断电。当时公园里约有 6000 名游客，许多人正坐在游乐设施上或处于偏僻的建筑物里，而新安装的自愈系统还没有使用过。电网仅"思考"了几秒钟，就自动改变了公园的供电路线，电力恢复稳定供应。那天晚上银元城公园里的游客丝毫没有察觉这个事件。[56]

敏捷型电网所带来的影响远远超出了它的技术能力，后文将进行具体探讨。下面来看一下现代电网面临的第二个更大的威胁。

第 2 部分：黑客攻击对电网安全的威胁

2017 年 11 月 15 日上午，第一次攻击行动启动。运营商调度人员和信息通信人员观察到异常行为，能源管理系统和其他系统存在一些故障。攻击方在预定地点同时发动物理攻击，使用车辆运送爆炸品，致使发电和输电设施受损并瘫痪。这些攻击造成了当地以及全美若干局部范围的停电事故，但攻击的破坏力不足以引起连锁停电或波及全网。同时，有关物理攻击和网络攻击的新闻和社交媒体报道急剧增加。

在第二次行动中，可以清楚地看到，这些大规模协同攻击造成北美多个地区设施受影响。美国网络管理当局主持了一个全行业形势通报电话会议，提供共享信息，并通报受影响情况。其他关键基础设施部门（如天然气和通信）也受到影响，导致危机应对和恢复工作更加复杂。与会者持续分享信息，以确定网络攻击的传播媒介。业界还与当地执法部门和应急服务部门协同工作，以应对物理攻击。

11 月 16 日，第三次攻击行动打响。新闻视频和网络主管部门的广播电话提供了相关信息，总结了当晚的事件发展态势，并为新情况做好准备。在一些大型都市地区，系统运营商实施了低频减载和降低电压等应急措施，以保证系统的可靠性。网络主管部门召开电话会议，分析形势、向各方提供支持，及时发布公告在门户网站提供信息。到当天中午，事故修理队伍在恢复开关和隔离设备方面取得了进展，同时启动了电网互济方案。

现实中从未发生过对美国电网为期多天的连续攻击。这是 2017 年在弗吉尼亚州克莱恩市举行的北美电气控制室操作员培训演习的场景。该次名为 GridEx IV 的演习旨在找出电网薄弱环节，并提出完善行业应对网络攻击的措施建议。为了提升演习的真实感，参与方每天清晨都需要收看图 5-5 所示的模拟新闻广播，从而感受公众对这次事件的反应。

图 5-5　五点钟新闻？

来源：文献 *NERC*（2018）图 4.1。

电力系统被明确定为影响国家安全、健康和稳定的唯一的最重要的基础设施，当然也迅速成为境外敌人和私人黑客最经常进行网络攻击的目标之一。与其他数字化行业一样，公用事业公司也拥有许多数字化技术，包括电网运营系统（OT）以及常规业务 IT 系统，这也导致它们作为攻击目标的吸引力倍增。连续两年来，公用事业公司高管都将网络威胁列在首位。[57]早在 2014 年，报道至少发生过一次安全漏洞事件的公用事业公司占到全世界的 70%。[58] 相比之下，对电网进行物理攻击的成功案例，在发达国家却是极为罕见的，尽管电力系统实际上有几十万英里裸露在外的输电设施。[59]

最初由无政府主义分子、黑客和犯罪网络实施的网络攻击，越来越多地由训练有素的组织发起。《纽约时报》记者 David Sanger 也曾报道过黑客对破坏美国电网兴趣很高。[60] 普华永道的调查显示，为应对这些攻击，国家安全机构和电力行业内部已实施了一系列的措施，包括标准修订、流程优化、训练演习和统筹机制。北美电力可靠性委员会（North American Electric Reliability Corporation，NERC）发布并执行了网络安全标准，称为《关键基础设施保护规则》（Critical Infrastructure Protection，CIP），适用于所有大型发电机组和输电系统。由于美国电力法案的分层结构特点，并不强制要求配电系统运营商（即当地公用事业公司）或微电网实施前述标准；稍后我们会继续探讨这一重要差别。NERC 还运行着一个全天候的国家电网网络攻击监测中心，称为电力信息共享和分析中心（the Electricity Information Sharing and Analysis Center，E-ISAC）。当监测到可能存在黑客攻击或接收到攻击警报时，E-ISAC 会进行问题诊断并迅速向可能受到攻击的公用事业公司发出警告。

但这只是故事的开始。三位业内领先的计算机安全专家在 2015 年撰文指出，电力公司受到不同层次网络安全要求的太多约束：

> 首先，如果要构建一个可防御的电网，必须对每一层的复杂性进行测试。为此，必须评估所设计的各层（物理层、技术层、人力层和监管层）提供的业务价值和系统风险管控价值是否与维护该层所付出的努力水平相匹配，同时还要努力防范风险引起的复杂连锁反应。

> 例如，只要快速检查一下监管层情况，就会发现（2015 年）公用事业公司在一个满布标准规定、政策要求、指导方

针、合规性审计以及监管监督机构的竞争环境中运营。仅就电力部门而言，一份非详细的不完全清单就包括：国家标准和技术研究所（NIST）的《网络安全框架》（CSF）和 NISTIR 7628、能源部的电力行业网络安全能力成熟度模型（ES-C2M2）和风险管理流程（RMP）、行业技术协会颁布的若干项标准、电力信息共享和分析中心（ES-ISAC）和 ICS-CERT 发布的大量安全警报和信息公告，当然还包括高压主干电力系统可靠性的强制性安全要求 NERC CIPS 等。[62]

对于所有这些安全措施在多大程度上才是充分的和（或）有效的，人们各持己见。一方面，让公用事业公司的网络专家感到自豪的是，除了俄罗斯对乌克兰电力系统两次臭名昭著的黑客攻击外，公开报道的针对电网的网络攻击都未造成重大停电事故。[63]同时，他们认识到永远无法领先黑客一步，特别是来自敌对国家的支撑资源充足部门的网络攻击。从现在起，对电网的网络攻击就成了日常生活中的常见现象。

美国超大电网的哪一部分会是黑客的攻击目标呢？毫无疑问，大型发电厂机组停机会损害电网供应能力，但多数大电网通常都有相当多的备用发电容量，而且多数大型发电厂的拥有者都投资了网络防御和应对计划。许多输电系统中也存在一定富余容量，但变电站除外，这是一个引发高度关注的问题。输配电网络的配电部分似乎是一个低价值的目标，但却一直是众多网络战针对的重点对象。[64]每个配电网络为大约 5 万~500 万人提供服务，由少数几个降压变电站供电。这些变电站是大容量主网和配电网之间的唯一转换点，通常没有太多的备用容量。它们是传统非灵活电网的理想咽喉遏制点，损坏其中一个，通过该设施供应电力的用户都会陷入黑暗。这正是为什么俄罗斯对乌克兰的网络攻击以变电站为目标，而不是对准发电厂、输电线或升压变电站（尽管 2016 年的第二次攻击实际上以后者为目标）。[65]

公用电网设备往往可以使用几十年，而且大部分都是在数控技术、互联网技术和无线数字通信技术普及之前安装的。这种较为陈旧的设备通过手动或模拟电路（例如，硬接连线或无线电遥控）进行控制，因此本质上黑客是无法攻击的。最近，3 位安全作家半开玩笑地提醒我们，电视连续剧《太空堡垒卡拉狄加》的开头是 12 个殖民地舰队遭到敌方网络攻击的场景。舰队中的其他舰船都无法工作，但"卡拉狄加"号幸存了下来，因为它模拟控制系统还没有数字化升级。[66]这些安全专家和其他领域专家建议，公用事业公司要保留人工手动控制电网关键设备的能力或者备用模拟控制装置进行操控的能力，这些看似原始的措施却被他们称为"网络保护的黄金标准"。[67]

电力系统正处于数字化进程之中，最终会达到被笼统地称为智能电网的阶段，这只会让网络攻击的情况变得更糟。[68]智能电网的本质是通过网络感知和控制，使数十万个分布式电源和用电设备能够灵活、高效地联合优化。为此，需要在广阔地理区域范围内配置传感器、电源和控制设备，而所有这些设备都可以与系统其余部分进行通信互动。

对于职业黑客来说，每一件智能的、联网的设备都是一个可能的进入点和破坏点。从每个设备内部的计算机芯片到本地维修承包商的智能手机，制造和安装这种设备的整个供应链都是恶意软件或网络入侵的潜在目标。从标准的 Windows 操作系统到高度定制的应用程序，该供应链涵盖了大量的软件产品。智能电网还需要为多个系统提供充足的高速通信带宽；这也让每一个系统都有自己的受到攻击的要害。[69]网络安全专家 Erfan Ibrahim 说："如果问任何一家电力公司，转向智能电网是否会提高可靠性，他们的回答是：'不会'。""拿一根像电线这样简单的部件，然后加上一个非常复杂的电力控制系统，并不能使电线成为可靠性更高的电力载体。"[70]

在这些技术发展的背景下，灵活电网成为一种重要的电网韧性实现形式。就像严重风暴天气造成的物理破坏一样，如果网络攻击干扰了外部供应，造成供应中断，那么作为一个电力孤岛运行，是一个不错的临时解决方案。小规模电网系统还可以从数量上来确保安全，因为此类电网数量如此之多，黑客无法单独针对所有网络展开攻击。而相比整个输电或配电系统，破坏一个独立微电网的价值要小得多。因此，每项完整的网络安全战略计划，都将脱网孤岛现象作为一个重要的防御层级，美国军事基地和其他重要用户，如供水系统，越来越多地与网络安全更高的微电网连接在一起。[71]

虽然灵活性无疑增强了电网的网络韧性及物理韧性，但这并不意味着电网分块方式本身是无懈可击的。事实上，恰恰相反。[72]微电网能够独立运行发挥作用，仅仅是因为它们具有广泛的传感控制能力，以及工作时没有长延时或中断的通信网络。埃森哲公司的一位顾问最近指出："微电网（和智能电网）为网络犯罪分子提供了广泛的攻击对象。覆盖资产范围从工业网络组件（如可编程逻辑控制器和远程终端单元）一直到大众市场组件（如智能电能表和家用显示器）"，以及"随着微电网系统组件数量的增加，也越来越依赖网络的分布式主动控制，从而增加了网络攻击的潜在风险"。[73]微电网所用的设备和系统跟大型公用电网一样，存在相同的供应链安全问题，但（如上文所述）该系统的这一部分尚未存在可强制执行的网络安全标准。

在许多情况下，微电网使用商业上成熟的硬件和软件，以及不安全的互联网连接。很容易想象网络攻击者通过将恶意软件侵入所有这些系统中存在的商业设备（如商业路由器），从而渗透到成百上千个微电网中。思科和联邦调查局已经发现，有人用恶意软件感染了50多万台家用和商用路由器，一旦触发将拒绝服务。[74]智能（自动）表计系统作为所有微电网以及大型智能电网的必然组成部分，已被黑客成功入侵过多次。[75]

随着电网的各部分被地方社区和政府、大型房地产开发商和其他主体所拥有，这些利益相关方就不得不投资于网络防御，作为开展具体业务的一项必需的成本支出。如果网络威胁在配电层面变得更为普遍、影响面更大，那么各州将面临更大压力，不得不遵守全国性统一规则框架要求。[76]电网网络安全内容大都涉及开展持续监测、对攻击做出快速响应及不断更新设备和加强培训。即使对那些有能力组织培训和保留专用资源的大型公用事业公司来说，这也是一项重大挑战。如果没有旨在帮助小型电网的辅助网络抵御体系，那么这些所有权人就会发现这更是一项极具挑战性的工作（如果有可能的话）。发电领域可能不再具有规模经济性，但网络防御方面却有着明确且必要的范围经济性和规模经济性。

新型电网结构

创建一个灵活的高度分片电网的能力给电力行业带来了一些攸关生存的关键问题。目前，美国大约 4000 个局部配电系统的所有权人和运营商都在使用的通信与运营协议，都严格遵循工程法规和联邦法规。这些规则旨在使每个大型区域电网尽可能无缝运行、保持可靠性，并允许每个配电系统以尽可能低的价格为自己用户服务，而不是通过提高其他系统的成本或者降低可靠性等手段来服务用户。其他国家的情况也大致相同。[77]

每个国家的大电网，都有一个明确规定的控制层次。以美国为例，控制层次从国家层面的可靠性组织开始，一直延伸到整个北美大陆 11 个区域性的可靠性协调机构；然后继续扩展出 100 多个平衡机构，依此类推，直到全部配电系统的末端。每个大型电网都按照唯一的一组规则以及层次性权限结构运行，两者的设计都以实现可靠性最大化和成本最小化为既定目标。

高度分段化电网的运营和控制规范可能要复杂得多，而且还远未确定。首先也是最重要的一点，对于如何设置灵活决策权限，意见截然不同。一些专家建议修改目前的层次结构，当在与电网其余部分连接的同时，每一部分都将由比当前更为灵活的、层次更分明的自上而下的监测体系来支撑运行。[78]其他专家认为，无论是微电网还是整个配电系统，电网的每一部分都应例行担当自身监管职责，明晰交易意愿。这些监管建议有许多差异变化，各有自身技术和体制挑战。[79]

灵活性电网的控制体系架构，与其设计和运营中内在的目标及权衡问题密切相关。当前电网的设计目标是：以最低的合理成本来满足负荷需求，并实现安全运行。这些目标促使公用事业公司需要在容量受限的地方对系统进行扩展或加强管理，以便某个用户的电力使用不会取代或危害到其他用户。同样，为了阻止停电范围蔓延、防止过度"依赖系统"（即滥用电力系统导致整体电价上升），也需要付出巨大的努力。实现这一切的通信系统和控制系统，也都是专用的。

相比之下，NREL 电网架构师 Maurice Martin 指出，微电网联合并支持附近同等级的微电网的决策"可能不是二元的"。在提到将电网中的孤岛区域作为独立控制区时，他写道：

> 做出决策的算法可能需要考虑可靠性和经济性。此外，当控制区之间需要进行协同时，本地如何做出决策，这也是一个留待解决的问题。所有协同控制系统是否同步运行？或者，单个控制系统是否仍然可以选择做出本地决策（除了是否协同决策以外）？为了确定管理控制区行为的最佳算法（或多个算法），仍然有大量工作需要完成。[80]

Miller 等人指出，目前微电网项目主要由非公用事业公司建设，而且目标各不相同：

> 当前的微电网通常侧重于开发商的需求，一般是军事、机构或大工业的需求，而不是来自电网，这就导致微电网技术上强调发电而不是控制和集成。灵敏性电网要求将微电网开发的重点从开发商和关注发电转移到大规模电网利益同等重要上面，意识到鲁棒的共享的灵活性电网符合每个参与方的利益。[81]

本章的末尾部分将再次探讨这一重要理念。

灵活性电网面临的第三个主要挑战是：如何划分可独立运

行的电网分区。在一个高度灵活的电网中，每个分区的边界并不是固定的；电网需要分析停电模式，然后决定如何实现自我划分。一个高度灵活的电网在飓风摧毁部分系统后，可以多种方式实现网络重构恢复供电。分析和控制电网各部分的传感器和软件必须足够灵活，而且能够即时快速地重新自我配置。这对于必须以微秒级运行并具有高度安全通信链路的电网来说，是一个非常高的要求。现在电网的控制系统和通信系统被广泛地设置为严格遵循既定边界。改变已有边界范围、重新校准控制系统，进而平衡新的配置是一个巨大的技术挑战。至少在不久的将来，限制允许重构的电网边界，可以支持通信和控制系统自行处理事故，即可解决这一难题。

即使在人工智能辅助计算爆炸式增长的时代，未来灵活性电网的控制架构遭遇的挑战也不容小觑。一个由美国国家科学院杰出专家构成的研究小组，在经过长达 92 页的详细分析后，得出下列结论：

> 我们很容易认识到，不同的电网架构给现有的分析方法和具体实践带来了不同的数学和计算上的挑战。这些新架构包括多尺度系统，其时间范围介于相对较快的暂态稳定水平级的动态过程和较慢的目标优化之间。这些系统还包括了非线性动态系统，目前的做法是利用线性近似法，也包括大规模的复杂性，但很难完全模拟或完全理解在异常系统条件下可能发生的所有细微差别，即使这种差别很少发生，但必须坚决控制，以便始终保持系统可靠运行。在这些新架构中，已经趋向于在组件水平嵌入量测/计算/控制功能。因此，互联大电网系统的模型对于支持不同行业层之间的通信与信息交互就显得至关重要。主要挑战变成以下几个方面的组合：① 足够精确的与复杂互连大电网不同层级上的计算和决策相关的模型；② 足够精确的可以捕获相互依赖性/动态交互作用的模型；③ 能够满足自适应、鲁棒性的分布式协调控制要求的控制理论。最终，无

论是在快速自动控制领域还是规划设计工具方面，都需要采用先进的数学理论来设计计算方法，以支持各种时间尺度的决策。[82]

换句话说，这是一个很难解决的技术问题，我们甚至都没有弄清楚。此外，这些技术问题是政策制定者必须解决的重要问题。是否应允许电网的每一类分段（微电网、小城市电网、大城市电网和其他规模电网）根据不同的可靠性水平开展自行设计？对于需要电网相邻区域间互相配合才能阻止停电事故蔓延的场景，如何提供不同程度的支援？如果向相邻区域提供自愈功能意味着减少微电网内服务，那会造成何种后果？像这样的问题触及了"成为公用事业公司意味着什么"这一核心命题，在接下来的章节中我们会详细讨论这一话题。

电网融合发展

今天的电网是一个统一整体，几乎每个用户都会与之相连，并依赖电网得到各自所需的电力供应，而且可靠性水平基本一致。不管人们喜欢与否，未来电网将更像是一个"瑞士奶酪"模型。大型电网将成为最便宜的无碳能源来源，这也证明了其存在于全球竞相缓解气候变化的过程中的必要性。本地电网将会获得一些零散的用户，而后者甚至可以完全脱网，但是这种非全时段供应商模式（专业用户，定义详见第二部分）将变得非常普遍。在每个地方，电网都将由微电网、迷你型电网甚至纳米级电网拼接而成，尽管这些不同规模的电网可能是单独拥有或控制的，但几乎都是整个局部电网的组成部分之一。

与《太空堡垒卡拉狄加》（the *Battlestar Galactica*）中模拟的情况一样，全球气候变化、网络攻击威胁和升级后的小规模电网形成的综合效应很有可能会最终导致大部分大型电网被淘汰和关停。如果气候变化对电力行业的影响像现在的情景一样，那么在许多地方，火力发电厂即使没有碳排放，也依然是行不通的。最后，一些灾难事故将摧毁大电网的某一部分，这需要几个月甚至更长时间来进行修复。但在进行修复之前，专家们会利用人工智能辅助计算机模型进行充分分析（反之亦然），政策制定者们也会被告知，如果将整个电网重新整合为原来的方式，成本上并不合算。虽然可以轻而易举地预见到这种情况，但我也怀疑很多地区的统计数据显示了恰好相反的情况，并且在未来很长一段时间内，绝大部分的大电网仍将继续存在。

这些预言最终是否变成事实真的无关紧要。未来 30 年是我们必须驯服气候变化力量的关键时期，这期间肯定需要大电网。在此期间，必须千方百计地提高电网韧性、防范网络攻击。如果要分析 4000 个配电系统中的每一部分、确定能够划分出可运行子电网的边界，并安装所需的硬软件保障全部子电网正常工作，将付出几十年时间以及数十亿美元的代价。加利福尼亚监管机构的一份白皮书总结道："现在就开始，在一代人的时间内，我们可能会拥有一个更加灵活、敏捷的电网，并可以适应新的即插即用技术，旨在最大限度提高电网安全性和韧性。"[83]

同时，公用和私营微电网将缓慢地渗透到各个电网系统，而电网其余部分将逐步具备更高的可分段性和更强的自愈性。随着灵活性的增加，解决围绕电网终极目的的存在性问题的压力也会增加。我们是否还仍需要一个能以相似韧性水平为每个人提供大致相似服务的电力公用网络？我们将如何实现这一点呢？即城市可以永久脱离电网而其他城市则在情况每况愈下时与电网不同部分断开？哪些群体将拥有电网的哪些部分？谁来负责？

我们知道数以百万计的用户将能够生产部分自己所需的电力，而且现代电力行业也会提供许多新的应用和管理选择。但除了大电网和微电网必须共存这一事实，我们还需要了解其他更多的信息。从顶层设计开始，需要一个经济可靠的大电网，能够向城市提供大规模的百分之百的清洁电力。到 2050 年，我们是否会拥有能够做到这一点的经济适用型技术？是否可以把这些技术应用到通过输电线路彼此互联的真实系统之中？预计耗费数万亿美元的新建发电厂能否获得足够收益来确保投资切实可行？答案必须是肯定的，但我们怎么能确定呢？

第二部分

电网发展及挑战

第 6 章　大 电 网 脱 碳

这一情况正在稳步发生变化，但目前世界上大多数国家和地区电力系统的主要电力来源仍然依赖于煤炭、石油或燃气发电厂。截至 2016 年，在美国和欧洲化石能源电厂分别供应了 65% 和 43% 的电力。中国仍有近 70% 的电力来自煤炭。[1]无论是发达国家还是中国等发展中国家，都应持续降低化石能源发电的比例，但让人失望的是，在过去的几年里，该比例几乎没有变化。2014~2016 年，美国的天然气、煤炭和石油等化石能源发电比例仅下降了 1.7 个百分点，即从 67% 降至 65%，而欧洲基本没有下降，仍约为 24%、中国仅下降了 0.5%，降至 72.5%。[2]因此，我们需要大幅度地减少碳排放，尽快实现零排放。

　　[译者按] 英文原文为下降 1.7%，此表述有误，此处更正为 1.7 个百分点。

由于人类将需要这些发电厂继续提供能量，因此有必要替换或脱碳所有此类化石能源发电容量，并创造增长空间。[3]几十年来，科学家和工程师们一直在图纸上设计零碳排放的假想性发电机组和相关系统。但是，如果有人愿意的话，至少可以制造出一套容量足以满足全部需求的零碳发电系统（附带有线路、储能设备等）。然而，这也只是迈向真正解决方案的第一步。

下一步是利用更详细的可行性指标，特别是成本指标，来验证这些系统的技术可行性。对于一个国家或地区而言，未来都将有好几种可能奏效的系统方案。每一种可选系统方案，都有其预估的经济成本、环境成本、运营影响以及其他属性。当然，每种方案也都有自己的已知以及未知的风险，这些风险会影响系统性能或产生更高的成本。因此在政策选择和制度变革的准备阶段，必须进行评估权衡，并给出一条向前发展的道路建议。如果说第一步是工程可行性，那么第二步就是真正的系统规划，我们将在下一章节中详细讨论这个话题。

接下来是第三个阶段，即按照与规划相匹配的时间进度，淘汰或改造现有的化石能源发电厂。第四个阶段是确定建设、拥有和运营新增发电容量的利益主体，以及他们获得足够收益进而为相关活动提供资金支持的方式。这有时会与平均化电力成本或平准化电力成本等更为简单的衡量标准混淆，但第四阶段涉及的都是典型的战术操作问题，即到底是谁要向谁支付什么、损失方又会是谁，以及相关结果在财务上和制度上是否可行。接下来的章节将重点探讨第三阶段和第四阶段。虽然有关第一阶段的讨论可以提供一个良好的方向指南，但对于持续性行动，以上所有四个阶段都是必不可少的。

传统平衡范式

第一阶段，也就是技术可行性阶段的主要挑战，如何设计一个规模适当和技术可调的电力资源供应系统，在任何一个平衡区域中，大部分（尽管不是完全）的电力需求都需要系统进行有效控制加以保障，因此主要是必须建立充足容量的电源，并且可以适当调节出力来"跟踪负荷"。在某些情况下，系统调度人员还可以反向控制，即减少需求以达到平衡；我们稍后会谈到这一问题。

在发达国家，某一个平衡区域电力需求的年度时间分布模式的形状，类似于图 6-1 中锯齿状灰色线部分。图 6-1 显示了 2018 年美国大西洋中部电网（被称为"PJM"）实际的小时级负荷，这需要 PJM 系统的运营商控制旗下所有类型的发电机组进行连续的完全的出力匹配。

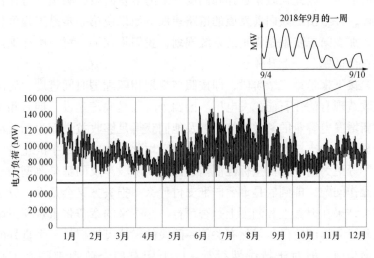

图 6-1 2018 年 PJM 区域电力负荷情况

数据来源：文献 *PJM*（*2019*）。

这种年度负荷模式具有所有现代经济体共有的几个特征。首先，负荷水平永远不会低于 55 496MW（图 6-1 中的粗黑线），因此总需求中有一个固定负荷量（线下的区域）是全年每天 24h 都需要供应的。由于这部分负荷永远不会变化，所以可由持续运行的基荷电厂供应，尽管不一定非得如此。基本负荷部分对应电量为 486TWh，或占到本年度 PJM 总电量的 60% 左右。从长远来说，这部分基荷电量远远超过了美国每年用电量的 10%，这对应一个全天候不间歇的巨大用能需求。

［译者按］英文原文为 55 496GW，此处译者更正为 55 496MW。

电力需求中的一部分负荷随着季节的变化而升降。在气候炎热、空调设备多、冬季又温和的地区，负荷水平会在夏季最热的时候逐渐上升达到夏季高峰，然后在相对温和的秋季逐渐下降、再小幅上升达到较低水平的冬季高峰。根据经验，将峰值负荷定义为每天逐时刻用电负荷的由高到低排列的前 10%，那么在图 6-1 中基准负荷部分上方标记的季节性用电量部分约为 243TWh（占总量的

30%），峰值用电量为 81TWh。在具有大量电加热设备而且夏季气温较低的寒冷气候区，如斯堪的纳维亚国家，夏季和冬季用电峰值大小是相反的，但基本模式保持不变。

随着需求的上升和下降，电力系统平衡每天都在发生（见图 6-1 右上方的插图）。虽然电力需求通常会随着季节更迭而逐渐增加，但一天之内，随着家庭作息的转变、企业的运营以及气温的升高，电力需求往往急速变化。系统运营商需要知道系统是否具备充分的快速爬坡资源，或者快速响应电源，以便随着负荷的快速增加而同步增加输出。在 PJM 一天运行中，平均每日高峰时段（最高 12h）的负荷上升约 22 000MW，这也是系统运营商每天必须平均增加和减少的电力供应规模。由于在同一时期，太阳能发电出力也会自然出现上升和下降变化，系统运营商在太阳能发电出力利用和快速爬坡资源调节之间进行了巧妙的操作配合，以互补满足负荷需求。

电网平衡的最后一个维度是暂态稳定性，用图 6-2 更容易说明。在图 6-2 中，电力系统的物理模拟物是由一系列不同大小的球，通过一系列橡皮筋悬挂在天花板上。小球象征着发电厂，每个小球的大小和质量与对应电源的大小成正比，而橡皮筋则表示着连接发电厂的输电线路。正常情况下，系统稳定运行，所有悬挂小球处在静止状态。当某一发电厂突然停运，或者有其他原因干扰系统时，就像是撞到其中一个球使其运动，或者把橡皮筋完全割断，在球掉到地板上时，系统其他部分做出反应。由于质量的重新排列，橡皮筋的张力发生了变化，其他的球开始按照自己的方式运动。如果所有的球都回到静止状态，那么系统就会稳定下来。如果第一个球的扰动引起的摆动过于剧烈，从而导致更多的橡皮筋断裂、小球掉下，系统就会变得不稳定，相当于实际系统正在遭受类似于大停电的故障。

传统电网采用可靠、经济的设计规范来解决电力平衡的以上四方面的问题，但是没有衡量利用化石能源的环境成本。占电力需求很大一部分的固定负荷由不可调节的基荷电厂供应，这些发电厂能够以最低的燃料成本生产出大量能量。季节性负荷和日常变化负荷由系统运营商控制的周期调节发电厂来实现平衡，主要是燃油电厂、燃气电厂和一些煤电厂，但也有水电和其他类型的发电厂。这就是系统平衡的工作原理，通过上爬坡和下爬坡来满足目前绝大部分的平衡需求。最后，日内快速变化的负荷通常由第三种类型的超可调发电厂（调峰电站）来平衡，调峰电站只在需要时才启动，通常是在特别热或冷的天气。

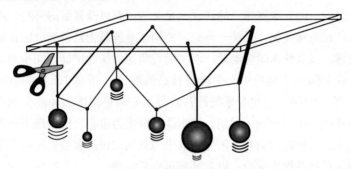

图 6-2　对电网稳定性的简单说明

注：引自文献 *Miller*（2018）。如图 6-2 所示，交流电网稳定性可以用一组由橡皮筋连接的不同质量的小球来展示，其中，小球代表发电厂，小球的质量相当于发电厂的装机容量，橡皮筋代表交流输电线，橡皮筋长度相当于输电线容量。如果其中任意两个球被切断（相当于两个发电厂同时发生故障），剩余的球重新分布排列而没有引起任何橡皮筋的断裂，即两个发电厂同时故障也不会引发输电线路过载，则系统满足稳定性要求。

　　一个多世纪以来，这三种类型电厂（一种便宜且不可调节、两种可调节）的优化布局是电力系统设计的核心。采用该方法所设计的电力系统能够可靠有效地平衡遇到的几乎每一种需求模式，而且在不考虑环境影响的前提下，供电成本总是以比现实中其他替代方案更低。当然，必须同时建立充足的输电能力来保障系统正常工作，我们稍后会谈论这一话题。更重要的是，正是这种设计范式（即基荷发电厂和可调节发电厂均由化石能源发电机组来提供动力）如此鲁棒和廉价，反而在脱碳发展要求下存在致命缺陷。

新型平衡范式

　　新的设计规范首先假设太阳能和风能将成为主要能源，因为它们已经是世界上最便宜的能源，而且是来源丰富、分布广泛的天然能源。水电仍然是可再生能源电力的最大来源，也将成为至关重要的来源。大多数地方遇到的问题是如何围绕这些发电能源建立一个规模适当的电力系统，以满足更大规模、更加多变的需求，并具有充裕的灵活性和稳定性。

　　显然，难以在这种新型电力系统设计上使用传统范式。风能和太阳能发电出力是不可控制的，除了机组处于关停状态，当然也不会释放出大量稳定的电能。图6-3和图6-4所示的加利福尼亚典型日逐小时风电和太阳能发电出力示意图说明了这一点。事实上，由于风永远不会以完美稳定的方式吹来，太阳能发电在夜间也不会产生任何电力，因此利用这些能源资源生产出大量稳定可靠的电能，本身就有点不太现实。

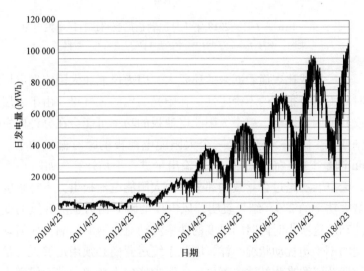

图6-3　2010年4月—2018年4月加利福尼亚州每日光伏发电量

来源：文献 *Joskow*（*2019*）中的加利福尼亚州 ISO 数据。

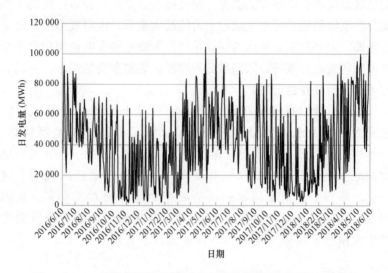

图 6-4　2016 年 7 月—2018 年 7 月加利福尼亚州每日风电发电量

来源：文献 *Joskow*（*2019*）中的加利福尼亚州 ISO 数据。

　　这一挑战比表面看起来的还要大，因为风能和太阳能发电厂的瞬时出力具有很大的不确定性。在阳光明媚的天气里，由于云层消逝或其他因素影响，单个太阳能电池板的功率可能会在分钟内发生急剧变化。图 6-5 显示了一个太阳能电池板的瞬时输出功率，每 1min 测量 1 次，而不是将 1h 的输出量进行平均计算。如图 6-5 所示，天空云层经过会导致相邻分钟内太阳能电池板出力下降幅度达到最大功率的 2/3。结果表明，风电厂的瞬时出力也随阵风的变化而波动。这些小时内时间尺度的功率波动对电网的影响与任何其他类型的不平衡扰动状况一样，因此系统运营商必须用足够大、足够快的调节资源来弥补这些可再生能源尖峰出力变化，进而保证出力曲线实现平滑变化。

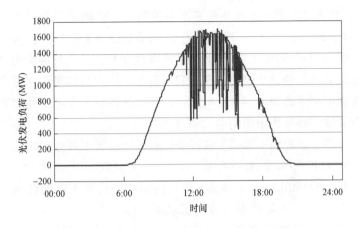

图 6-5　多云天气下光伏发电的分钟级出力曲线

来源：文献 *Federal Regulatory Commission*（2018）。

　　然后是季节性差异。如 PJM 负荷曲线所示，所有用电量中的
30%（243 TWh），随着季节变化而上升和下降。这相当于 77 个典
型的燃气发电厂，在一年 60% 的运行时间内产生的电量。除了碳排
放的化石能源发电厂之外，还必须准备好在夏冬季提供比春秋季更
多的可控电力，显然光靠风能和太阳能发电是做不到这一点的。

　　为了说明这一挑战，图 6-6 详细列出了 2019 年 2 月蒙大拿州
西北能源公司的零售用户负荷以及水电、煤电和太阳能发电的电量
情况。由最上面黑色波浪线表示的零售用户用电需求曲线，遵循着
常规的日内变化规律：每天上午增加、中午略有下降、晚上再次增
加，然后深夜继续下降。这是西北能源公司必须时时平衡的零售
负荷。

　　西北能源公司的基础负荷资源包括位于 Colstrip 煤电厂的
222MW 发电机组以及一个由 10 个水电厂组成的发电集群。这些发
电厂出力显示为图 6-6 中底部的两条灰色带，是相当稳定的。发电
厂还可以用于辅助平衡负荷，并可以通过调度来增加或减少出力。
西北能源公司经营范围内还没有安装太多的太阳能发电设备，但目
前的风电规模约为 378MW（预计到 2019 年底将有 159.5MW 并

网），其实际出力由底部灰色带上方的最浅灰色阴影部分代表。当
2 月风力较大时，风电厂可以产生与两类基础负荷电厂一样多的电
能，但如图 6-6 所示，风电出力具有强波动性，并且与负荷水平不
具备相关性。西北能源公司必须利用自备电厂和合约机组，以化石
能源和可再生能源的混合发电方式，来填补用绿色发电曲线和黑色
负荷曲线之间差距表示的电力缺口。[4]

在第 2 章我们了解到，气候变化和气候政策本身会影响未来几
十年电力负荷需求水平和形态。这一现象在波士顿大学 Cutler
Cleveland 教授和 Michael Walsh 教授的研究中得到了明确体现，他
们对波士顿 2050 年的电力负荷需求量进行了建模，届时大约 75%
的建筑都从燃气或燃油热泵转换为电热泵。图 6-7（"基准情
景"）中的左边分图显示了波士顿预计的 2050 年需求高峰时刻天
然气（黑线）和电力（浅灰色）使用量。在这个分图中，没有任
何专项气候政策会促使波士顿人选择从碳排放的热源转向 100% 无
碳的电热源。这张逐年的图表显示，在 2050 年波士顿寒冷的冬季，
预计用于供暖的天然气将大幅增加，而在当年相对温和的夏季，受
空调负荷影响，夏季高峰用电量仅小幅增加。

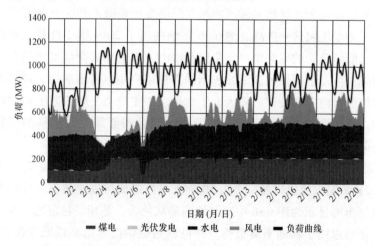

图 6-6　2019 年 2 月西北能源公司的小时级发电和用电负荷

来源：文献 *William W. Thompson*，*NorthWestern Energy*（2018）。

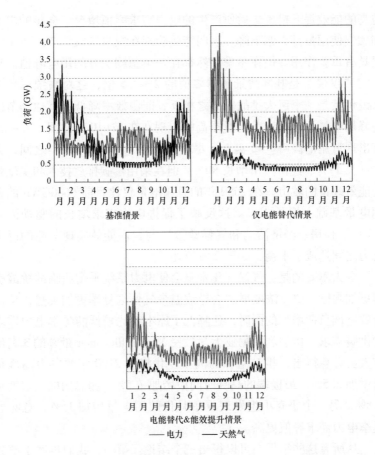

图 6-7 多种政策下波士顿市用于供暖和制冷的电力和天然气消费预测

来源：文献 *Cleveland* 等（*2019a*）图 39。

图 6-7 中的中间分图显示了当大多数住房仅改用电供暖而不提升能效水平的情况下，当地电网覆盖范围的电力需求会发生什么变化。高峰用电量增长 3 倍甚至 4 倍，从而在整个冬季形成了需要应对的更高、更不确定的季节峰值和日内峰值。当年剩下的其他时间里，尽管用电量也略有增长，但不存在特别严重的平衡挑战。

图 6-7 中最右边的分图突出了能效提升的重要作用，显示了在住宅和办公室等建筑处于高度隔热状态基础上，并采取其他成本效

益高的能效提升措施之后所产生的电力需求峰值情况。全年的电力和燃气使用量都大幅下降，表明能效管理在减少排放和节约成本方面具有重要作用。但在冬季仍然存在一个急剧上升的用电峰值。现在它"仅仅"是基准情景冬季峰值的2～2.5倍，这对系统运营商来说仍然是一个巨大挑战。与之相反，能源效率降低了其他季节的高峰用电量，包括以前的夏季高峰。现在在6～10月之间，几乎没有出现过用电高峰。事实上，尽管预计从2015～2050年之间，人口增长17%、经济产出增长80%，但在采用零碳排放技术和实施强力能效政策的城市，在2050年的总用电量仅比目前6600GWh的总用电量基础上增长12%。[5]这反映了促进电力需求增长的驱动因素（人口、住房、经济活动和气候政策）与提高能效实现节能的巨大潜力之间达成了平衡，如第2章所述。

令人不安的是，气候变化本身会使电力系统平衡面临的挑战变得更加艰巨。CO_2浓度增加会导致温带气候区夏季更加炎热，从而导致空调负荷增加的同时，还降低了原本就比较低的冬季电力需求和供暖需求。由加利福尼亚大学教授Max Auffhammer带领的3名研究人员计算得出，相对温和的气候变化将使2100年的电力高峰负荷增加3.5%，最极端的高峰时间段增加7.5%，而总用电量仅增加2.8%。[6]另一个研究小组发现夏季月份的用电量增加15%，意味着夏季电力需求峰值更高。[7]

从所有这些结果中可以得出三个结论。第一，我们再次了解到为什么能源效率被称为第一燃料：良好的能源政策应实行能源效率优先，并尽可能提高成本效益水平。[8]第二，气候变化政策促进电气化水平提升，具体措施包括电动汽车和电采暖，这将使日内和季内的电力需求更大、更不稳定。未来的大型电网和（特别是）小型电网必须针对更大的季内和日内负荷变化进行规划设计，我们将在第三部分中讨论电网优化的问题。第三，无碳电源已经增加了系统的波动，我们不应该再增加新的负荷波动而使平衡难度更大。考虑到这一点，我们需要从整体上规划气候政策、燃料供应和能源基础设施建设，而不是分系统地单独规划。例如，目前欧洲有300多个大型太阳能集中供热系统，它们将太阳能直接转化为热量，不涉及电气转换，其中一些系统还具有季节性储能功能。[9]若成本效益较高，这种供热系统可以更为方便经济地支撑电力系统平衡。

由于新设计范式涉及一揽子设计选项，这些设计选项必须针对实际的真实电力系统进行定制，因此不能简单地加以描述。如果非要用一句话概括，那就是：在用户所在地区，使用技术经济上可行的电源和储能方案的最佳组合，通过必要的输电线路进行连接，创建可靠的、平衡的、稳定的具有最低成本的电力系统。这是一个很难达成一致的主题，还涉及几个尚未解决的挑战；但有迹象表明，最终会奏效。[10]

新的方法并不试图将每一种新型无碳资源映射成一类传统设计范式的发电厂，尽管有时候会碰巧可行。但它会试图将可控性低的无碳资源与那些可控性高的含碳资源结合起来，找到一种安全可靠、经济高效的解决方案。然而，考虑一下新技术组合将如何提供与传统系统同类型的能源服务也是有帮助的，即使这些新技术并不是来自同一类型的发电厂。我们将持续需要大量的、稳定的、尽可能廉价的基础负荷需求供应；季节性变化的负荷需求规模几乎与稳定的基础负荷需求规模一样大，但是在夏季和冬季高峰时期要大得多，但也要由可调节且尽可能便宜的电力来供应；周内和日内的负荷需求规模相对较少，但要求电力供应必须具有高度的可调性；而理想情况下，稳定的电力供应来自于已安装的无碳资源，因它们提供能量或支撑平衡。

清洁电力解决方案

大量的不同类型的无碳发电技术和储能技术已经投入商业使用或正在开发之中。除了光伏发电和风电厂外，清洁电力来源包括核能、地热、聚光式太阳能光热发电、水力发电、生物燃料、可再生能源制氢、可再生天然气、具有碳捕集功能的化石能源发电厂以及燃料电池。许多专家不再使用前述三个传统分类方式，但出于最有利本文描述的目的，这种分类讨论形式仍将保留。[11]

　　储能技术的清单甚至更长，包括几十种不同类型的电化学类型。总体而言，有太多的方案需要进行详细论述，但通过回顾电力系统的几个关键组成部分，可以看到新的设计范式将如何发挥作用，以及在填补电力缺口和降低系统成本方面还需要开展哪些工作。

　　表6-1显示了未来无碳电网可能结合选择的几种主要方案。尽管表6-1按照在传统分类中的调峰、周期调节和基荷需求等方面主要贡献对资源方案进行了分类，但必须强调的是：大多数资源方案在多个类别能源服务中均有贡献，并且随着技术进步，贡献方向将发生持续迁移。本节的其余部分将逐个简要讨论这些方案的特点。

表6-1　　　　　主要的零碳电力资源及其涉及的能源服务

调峰资源（包括周调节、日调节以及日内调节）	• 灵活性需求（需求响应） • 抽水蓄能 • 电化学储能 • 储热
基荷资源	• 大型水电站 • 脱碳后的化石能源电厂（CCUS） • 核电站 • 联合周期调节
季节性调节资源	• 具有调节能力的水电站 • 跨区输送新能源 • 新能源制氢 • 脱碳后的化石能源电厂

峰值负荷资源

需求响应

　　第一个设计要务是针对波动的可再生能源，使其瞬时和日内发电功率与需求瞬时波动及更可预测的日内负荷爬坡幅度相匹配。其中一种方法是改变系统运营商能控制供应侧资源而不能控制需求侧资源的传统设计范式。在新的设计范式中，系统运营商可以转移单个平衡区域的部分负荷需求，即在可再生能源输出功率较低时，降低负荷需求并持续若干个小时，而在太阳能或风能较强时又允许提前或推迟几个小时提高负荷需求。这种行为的术语是灵活需求或需求响应（DR）。

系统运营商并不能通过随意按几下按钮就减少不同用户电能需求的方式来实现电力平衡。相反，他们所经营的市场将为有意向的，即按步骤减少的单位容量负荷需求支付的费用与为增加同样容量的电力供应支付的费用相同。购买负荷响应和增加电力供应的报价，每小时更新一次；每个小时的市场竞拍都将按照该小时的市场出清价格，支付给每个愿意以该价格或更低价出售服务的市场主体。毫无疑问，没有人愿意主动提出切断自身的全部电力供应服务，而是代而提出减少少量的电力供应服务。每个需求响应销售商必须至少提供 100kW 规模的负荷响应量，大约相当于 20 个家庭的负荷需求，但如此一来，只有在提供更多供应服务的情况下，市场管理成本才会变得更为合理。[12]

几十年前，电力行业就已经开始实施需求响应，但是随着技术的持续改进以及用户控制手段的广泛使用，已将需求响应带到前所未有的高度。成千上万的家庭已经购买了智能恒温器，可以直接与公用事业公司或私人能源管理人员开展通信。恒温器作为用户实施需求响应能力的一个案例，它们可以预测到未来一天中午时段电力价格会很高，那么就会在价格走高之前给房间多降温几摄氏度，然后在价格较高时段减少降温需求，这样既节省了金钱又降低了能耗。商业建筑甚至配备了更复杂的控制系统，可以远程监控楼内温度和光照水平，并可以进行程序优化，从而使得在高价格时段有策略地循环启停照明及暖通空调设备，而不会使温度、空气质量或光照水平跌出舒适范围。需求响应方案也开始被纳入到电动汽车充放电管理中，即能够在高价格时段稍微推迟或放慢充电速度，或者利用价格信号引导用户将充电操作完全转移到低负荷时段。

系统运营商可以用来平衡负荷的需求响应规模，显然取决于需求响应开始之前的系统实际负荷水平，否则就缺乏了该类措施的实施基础。这就导致在那些需要进行电力平衡的不同时刻，给应用需求响应措施增加了一些不确定性。系统运营商越来越善于使用需求响应，因为在技术支撑下，实现了对可减少负荷量的更好监测。同时，资源规模正在逐渐扩大，甚至与其他类型平衡资源规模相当。落基山研究所的一项研究估计，在需求允许灵活调整的情况下，到2050 年，得克萨斯州可以将其高峰负荷减少 24%。[13]美国已有的最大可调需求响应负荷规模达到 160GW 左右，是太阳能光伏发电总装机容量 64GW 的两倍多。[14]据能源影响合作伙伴组织（EIP）研究主任 Andy Lubershane 估计，到 2030 年，需求响应总规模将增长到237GW，接近整个美国电力负荷高峰需求的 1/3。[15]

重要的是，需求响应的性质决定了它不能用于平衡持续时间超长的需求。需求响应也是所有电力平衡技术中控制最复杂、分布最广泛、对实际情况最敏感的一种。尽管如此，几乎可以肯定的是，需求响应的超大规模以及低廉成本特性将助力其成为一种大型的、广泛使用的短期平衡资源。

抽水蓄能

抽水蓄能电站（PSH）在选定的时间从电网中获取电力，并用获取的电力将水从下水库抽到位置较高的上水库，相当于给一个超大型号电池充电。当需要电力时，上水库的水通过涡轮机顺着溢洪道流回下水库，相当于一个超大型号电池在放电。下水库可以与天然水系进行整合，但在美国更常见的模式是：上下两个水库形成一个相对孤立的"闭环"运行系统。

抽水蓄能电站规模通常小于带大型水库的水力发电站，其充放电周期为 6～20h。截至 2012 年，全世界抽水蓄能电站规模约150GW，可以储存约 1.5TWh 的电能；就美国而言，现有 43 个抽水蓄能电站总容量，相当于 22 个大型燃煤发电厂，可储存电能总规模约为 0.25TWh。[16]虽然这样大小的储能容量不足以应对季节性储能需求，但抽水蓄能电站具有很高的可调性，不仅适合在多云或无风天气中平衡风电和太阳能发电功率输出，而且也适用于应对日间和日内的新能源出力爬坡和波动情况。[17]

　　经过很长一段时间沉寂之后，现在美国的发展规划中突然布局了 48 个新建抽水蓄能电站项目，其中就包括华盛顿州价值 25 亿美元的 1200MW 项目和南加利福尼亚州价值 13 亿美元的 1300MW 项目。[18]在美国以外的其他国家和地区，中国自 2005 年以来，抽水蓄能电站容量的年均增长率达到 16%，并计划继续扩大规模，而所有这一切都是为了平衡同样快速增长的风电和太阳能发电。[19]2017 年欧洲新增抽水蓄能电站规模约 1200MW。[20]简而言之，抽水蓄能电站是一种成本得到全面验证的可靠的无碳峰值负荷储能资源，但其局限性在于站址选择对地理条件要求，以及建设周期与电网脱碳速度是否匹配。[21]

电化学储能和储热

　　第三个主要的日间和日内平衡资源是电力储能。储能技术通常分为四大类，即电磁储能技术、机械储能技术、电化学储能技术（也称为电池）和热储能技术。电磁储能主要涉及超级电容器，而机械储能形式有压缩空气储能、飞轮储能以及一些新技术。这些技术如果能够获得突破，将发挥重要作用，特别是在系统稳定性领域；但如果不能，那么在电能量平衡方面发挥的作用可能比较有限，压缩空气储能除外。[22]

　　电化学储能包括若干类常见的锂离子电池，以及不太常见的锌空气电池和钠硫电池。[23]世界各地许多高资质制造商和安装商旗下的电池容量已经达到几百兆瓦，特斯拉能源墙是这类电池中最广为人知的一个案例。例如，特斯拉最大的电化学储能容量为 100MW，位于澳大利亚的 Hornsdale 风电厂；太平洋燃气与电力公司已宣布计划与该地区一个 300MW 的短期储能电站签订合约。[24]

　　在大众的想象中，类似这样的电池，是开启全可再生能源电网的一把钥匙。将风电和太阳能发电与电池组合起来，可以实现电量存储、功率平滑和按需输出，这是最顺应自然的方法。在新兴国家中那些没有公用电网提供电力服务的地区，数以百万计的离网型乡村电力系统不就是这样运作的吗？2015年特斯拉首席执行官Elon Musk在揭晓能源墙产品时，曾鼓励采纳这一类理论设想，他说，光是这种电池就会"彻底改变世界的运作方式，改变电能在地球上的传输方式"。[25]

　　也许，未来的某一天会实现上述设想目标。但就目前而言，基本上所有可预见的电化学储能或机械储能仅限于提供小时级和日内的平衡资源，也许未来会延长到几天或一周。[26]这些技术根本无法提供平衡季节性负荷变化所需的几百亿千瓦时的电能，更不用说满足基础负荷所需。例如，最新的第二代能源墙规模为13.5kWh，所设计的完全放电时间约为3h。现在，大电网上几乎每一个大型蓄电池装置都能提供大约4h的电量，有些技术将其放电周期延长到8h。由于储电容量和放电周期过于有限，将需要数百万同样大小的电池连接在一起，才可以实现季节性储能或基荷性储能。斯坦福大学的一个研究小组开展了初步计算，估计需要特斯拉的"超级工厂"持续生产6500年，才能为美国一个100%可再生能源电网方案提供足够的锂离子电池。[27]

　　除了物流上的不可行之外，经济上的代价也令人望而生畏。电化学储能电池技术现在的成本约需要200～600美元/kWh，尽管对于许多应用场景来说具有经济性，但对于季节性平衡来说却并非如此。日内和小时级的电化学储能每天可以充放电一次，有时次数会更多；每一个充放周期都创造了在电力市场中获取收益或以其他方式提供价值的机会。相比之下，季节性储能就其运行特性而言，一年中只能跨季节充放电几次。由于每年的循环周期过少，因此成本必须接近5～10美元/kWh，电化学储能才具有经济性。在撰写本章节时，我在认识的储能专家中做了一个非正式调查，咨询他们："你认为电化学储能的成本在哪一年才可以达到5～10美元/kWh？"

每个专家竟然给出了一样的答案，那就是"永远都不会"！

别再异想天开了。电化学（和热储能）已经是非常好的周内平衡到瞬时平衡技术，而且每年都在不断升级性能和降低成本。到2040年，公用事业级锂离子电池成本预计将低于100美元/kWh，甚至可能达到75美元/kWh。[28]即使以目前的成本水平测算，这一类储能容量也将以每年1700MW（20%）的预测速度增长，其中约一半布局在美国，而电化学储能和热储能两类技术规模大致相当。[29]据报道，全球还有10多个超级电池工厂正在规划之中，而美国储能订单已经达到创纪录的33 000MW，[30]为了满足短期使用需求，电化学储能除了增加规模之外，别无他途。

虽然锂离子电池在目前的电化学储能销售中占据主导地位，但人们普遍认为，长期来看其他几种储能技术在实现数天到数周的电力平衡方面具有更大潜力。[31]锂离子电池在提供电动汽车所需的快速急增功率方面很有优势，但它本身并不适用于大规模、长时间、超低成本地储存电力。一家名为 Form Energy 的初创公司正在开发一种拥有自主知识产权的电化学储能电池。Form Energy 声称，该电池技术可存储数百小时的电能，成本不到10美元/kWh。[32]锌空气技术也有成功的希望。[33]另一种替代技术称为液流电池。液流电池通过在电池的阳极和阴极之间循环泵送电解液溶液；泵出的电解质溶液越多，储存的电能也就越多。因此，液流电池的容量及其放电持续时间等关键指标，可以作为主要设备储液罐（电池组一部分）体积大小的函数。液流电池的优势还在于电解质容易实现完全回收，不会出现锂离子电池随着时间推移而降解的问题，也不存在锂物质易发生爆炸性火灾的隐患。液流电池的使用寿命预计为20年或以上，至少是锂离子电池的两倍，这就非常接近大电网中的其他公用事业资产寿命。据 Frost & Sullivan 市场研究人员说，液流电池的发展正在掀起一场"无声的革命"，终将倾覆锂离子电池为主导的局面。[34]这似乎是可能的。根据国际可再生能源署（IRENA）的一份报告预测，到2030年液流电池的成本将降至108美元/kWh，低于预测的公用事业级锂离子电池成本，可能会实现前述的颠覆性目标。[35]不管长时间储能技术上的变革是否会发生，液流电池给其他电化学储能带来了更大的降低成本和提高性能的压力。这无疑是一个好消息。

利用热而不是化学物质来短期储存电力的方式，目前也正处于研发兴趣激增的阶段。抛开小规模的热储能技术不谈，聚焦于大电网领域应用来看，各公司现在主要使用或者测试聚光式太阳能发电厂附加熔融盐方式，而此类发电厂使用场镜产生高温太阳能热。令人惊讶的是，目前已有 3700MW 的热储能项目投入使用，大部分位于智利、南非、西班牙和以色列；而中国正通过建造 500MW 的热储能项目，大力推动该领域工作。[36]美国最大的热储能装置是 Solar Reserve，容量为 1100MW，远远大于已公布的超大型钒液流电池容量，放电时间为 10~12h，几乎比目前所有电化学储能放电时间都要长。[37]此外，据报告，热储能成本与抽水蓄能成本相当，热储能技术每天损失温度仅为 1℃，因此有可能适合季节性储能使用要求。

这些因素引发了很多技术专家的兴趣。Google X 实验室旗下的 Malta 项目已经获得了 Bill Gates 支持的风险投资基金的投资。Siemens Gamesa 已 经 在 宣 传 热 储 能 项 目，称 其 容 量 可 达 12 000MWh，是电化学储能容量的 10 倍。该公司的网站声称其热储能项目方案成本：

> ……将显著低于传统储能解决方案。即使在试验阶段，与其他现有储能技术相比，吉瓦时规模的商业项目也具有很强的竞争力。规模经济将大幅减少项目投资支出，同时还可以提高项目技术水平。[38]

许多使用熔融盐和其他材料的储热公司也在努力解决这一问题，其中德国就提出了将一座煤电厂改为大型热储能站的建议。[39]

虽然看起来，热储能技术前景很好，但因为许多技术问题尚未完全解决，还无法投入商业运营。但即使我们局限于需求响应、锂电池、锌空气电池、钠硫电池以及一些以当前成本可以实现商业化的液流电池，人们正在逐步达成一个共识，即无碳电网的高峰电力平衡是完全有可能实现的。Form Energy 首席执行官 Ted Wiley 说："多亏了锂离子电池，解决了日内的储能问题"。[40]这句话出自一家与锂电池竞争的液流电池公司的负责人之口，这确实是一个很高的赞誉。与传统模式下的锂离子电池的竞争对手调峰机组相比，甚至可以得出更有说服力的证据。按照当前以及预测的储能、太阳能发电和风电的价格，电力系统规划人员发现使用无碳调峰资源的成本要低于建设和运营传统调峰发电机组。Wood Mackenzie Power and Renewables 公司的储能部主管 Ravi Manghani 最近预测，如果未来 8 年电化学储能成本继续以每年 10%～12% 的速度下降，那么未来每 10 台新建调峰发电机组中，可能就有 8 台将被短期储能电站所取代。[41]最大胆的预测来自全球最大的风能和太阳能发电公司 NextEra 能源公司的首席执行官 James Robo，该公司计划到 2020 年投资 400 亿美元，他强调 "2020 年后，美国将可能不会再新建调峰发电机组，很可能只建造储能设施"。而这一点他早在 2010 年就说过。[42]

基荷资源

表 6-1 中间一行显示了可以用于满足巨大基荷电量需求的电力资源。正如我们在西北能源公司案例中所看到的那样，水电厂能够提供稳定而庞大的电量，足以被视为基荷电源。在发达国家，大型水电发展面临的主要问题是可开发场址已被全部使用，所以扩大水电来源的主要方式是在现有水坝基础上扩增新机组或者升级现有机组。[43]2006～2016 年，美国新增水电容量与新建两个大型煤电厂相当，而欧洲的水电新增容量更高。不过，几乎所有增加的水电容量都是通过对现有水坝进行小规模升级的形式实现的。[44]

第二个基荷电源选择是脱碳化石能源发电厂。今天，几乎所有关注能源问题的人都知道，从燃煤发电厂或燃气发电厂的排放物中去除 CO_2 是有可能的。捕获的 CO_2 可以用于制造水泥等惰性缓释产品，也可以密闭储存在地表深处。当然，这个过程的官方正式名称是碳捕集、利用与封存（CCUS）。

CCUS 的三个要素：捕集、利用与封存，都有开发和/或成本问题。在燃烧前或燃烧后捕集 CO_2 已在技术可行性上得到证实；但迄今为止，要将碳捕集设备安装在发电厂上以实现盈利，成本还是太高。即便如此，已经有 18 个燃烧后碳捕集项目投入运营，另有 25 个项目正在设计开发之中。[45]若干积极因素正在降低碳捕集成本壁垒，虽然速度还不够快。首先，一些降低成本的技术突破正在稳步取得进展和突破。[46]一家名为 NET Power 的公司正在得克萨斯州试验示范一座 25MW 容量的零碳排放化石能源发电厂，据项目发起人称，该发电厂最终可以与传统天然气发电厂发电成本相当。[47]另一家名为 Inventys 的公司刚刚获得了"全球清洁技术百强企业"称号，该公司的新型碳捕集技术使用了被称为功能化二氧化硅或金属有机框架的新材料，据称可以达到更高的捕集效率、实现更低的成本费用。[48]如果可以征收某种类型的碳税，并通过利用捕集的 CO_2 形成创收产品，那么 CCUS 经济效益也会得到改善。这也是当前许多正在研究的主要课题。[49]

在地下和海底地层中封存 CO_2 也在得到证实。世界范围内有一些适合的地点，包括枯竭废弃的油井、盐穴。[50]科学家们认为全球并不缺乏地质条件上满足封存要求的地点。美国地质调查局估计美国的封存 CO_2 的能力为"万亿吨级别"。[51]尽管由于担心可能开始泄漏，阿尔及利亚的一个封存设施被过早关闭，但到目前为止，碳封存似乎很少发生泄漏或灾难性事故。[52]除了泄漏问题外，在前述注入井和其他注入井中还观察到了诱发性的地震活动。[53]截至 2017 年，全球共有 13 个大型 CO_2 封存项目投入运营，其中美国 5 个、加拿大 4 个、挪威 2 个、澳大利亚、德国和中国各 1 个。这些项目大多分布在已经枯竭的油气储藏层和含盐含水层之间。[54]

这并不是说所有的科学问题或监管问题都已接近解决状态。如果想建立能够封存数百万吨至数十亿吨 CO_2 的碳封存设施，则需要对储运设施进行大量投资，还必须保证这些设施在一个世纪或更长时间内是安全的。没有哪一个政府有能力进行此类投资，私人开发商则需要确定一个能够吸引私人资本的监管框架和项目收益水平。

最近在这方面，已经实现了几个重大进展。2018 年，美国对 2024 年前开始建设的 CCUS 项目实行 50 美元/t 的税收抵免。有些国家正在探索是否可以通过启动 CCUS 中心，将多个邻近捕集源与共享封存设施整合起来，进而解决共享基础设施费用来源的问题。[55]也许制定法律规则才是最重要的事情，加利福尼亚州最近正式颁布了法规，允许商业 CO_2 封存设施可以获得"永久认证"，保证该设施有权获得可交易的低碳燃料标准信用证书，这些信用证书在过去一年的交易价格超过 122 美元/吨。[56]这些法律规则规定了对监控、保险、财务准备金和其他项目功能的要求，并将建立使私人开发商考虑投资的框架。[57]如果成本降低趋势和监管确定特性继续往前发展，带有 CCUS 功能的可调节天然气发电厂将成为重要的电力平衡资源，特别是在发达国家。[58]

核裂变发电厂也生产基荷电力，而且是无碳的（电厂建设过程除外）。目前可用的核电发电厂无法快速上下调节出力以跟踪负荷波动，因此它们只能在核燃料更换周期内稳定运行，生产出大量的无碳电力。这一点对于此类发电厂所在电力系统的脱碳进程来说，是一个非常有价值的贡献。美国在运核电站 59 座，每年可减少 5 亿 t 以上的 CO_2 排放，远超过迄今为止其他所有类型的可再生能源的碳减排总量。[59]

不管怎样，在可预见的未来，西方国家的公用事业公司和政府可能只会建造几座大型核电站。最近在美国和欧洲的新建核电站都出现了成本严重超支问题。美国唯一一座正在建设的核电站——沃格特勒核电站，目前估计耗资 250 亿美元，但距离竣工还有 4 年时间。[60]欧洲今年将新增两座核电站，竣工时间都比计划晚了 10 年左右，预算超支 2.5 倍。[61]如果没有政府出资保证，我所知道的大多数公用事业公司根本无力承担这样的成本和风险。[62]

新型核电类型，如钍反应堆，颇具发展潜力，但很可能要到很久以后才会实现商业化发展。然而，小型模块化核反应堆（SMR）可能会在未来十年内实现商业化，成为基荷电源的一个全新选择。美国一家名为纽斯凯尔公司最近宣布，将"按计划"在2020年之前获得美国核管理委员会的小型核反应堆机组的设计批准。犹他州市政公用事业公司的一家联营机构宣布，打算"在21世纪20年代"在本地建设12个新型小型模块化核反应堆机组。[63]只有等到这些机组成功建设并投入运营后，相关记录显示能够安全可靠地提供电力，并且发电成本与其他基荷电源方案基本相当，才能回应对小型模块化核反应堆商业可行性的关切。

回顾上一节内容，新设计范式并没有将视野局限于传统电厂类型划分之中。所以，满足基础负荷需求的最终方式，无疑要通过整合形成正确合理的电力资源结构。

周期调节资源与季节性调节资源

表6-1的第三行显示的资源，可以提供在日以上时间尺度内进行调节的电能，能够满足季节性电量需求，或者在太阳辐射和风力不强的几天或几周内提供电能。

这些资源中，居于首位的是带水库的大型水力发电站。在已经建有大型水电站的区域，或者可以付出较低经济和环境成本新建大型水电站的地方，能够实现当今可行的最大规模和最为经济的季节性储能目标。美国的一个大型水力发电厂——大古力水电站，每年发电量约为21TWh，占到PJM季节性电量需求的十分之一，价格在35美元/MWh。[64]魁北克水力发电公司的大型水电站发电量为176TWh、欧洲所有带水库的水力发电站总发电量达到180TWh，两者大致相当。[65]

表6-1中的第二个季节性/周期调节电量供应方案，是在一个较大范围的地理区域内整合风电、太阳能发电以及一些储能设备，自然地形成一个更加可控的季节性电能供应单元。正如在第4章

"电网互联与效益"中所强调的，输电通道的重要作用之一是充分利用风能和太阳能资源的地理分散性实现有效互补。这一想法从理论上讲是合理的，但是要形成量级上大致合适的综合电站，需要非常大的一个区域来收集风能和太阳能，容量要远远大于只为满足本地负荷所需容量，同时还要建设大规模输电线路和配置大容量储能设施。斯坦福大学 Matthew Shaner 团队利用持续 36 年的天气数据计算出，如果在整个美国地区风电和太阳能发电装机建设没有上限，对连接这些发电厂的输电线路也没有限制，并且有足够的储能容量可以存储从 12h 到 32 天不等的全美需求电量，那么就可以满足美国全年的总用电需求。[66]（例如，能够满足全美 12 小时电力需求的储能容量，相当于特斯拉电池"超级工厂"150 年的储能产品容量，或者 20 倍的美国现有短期抽水蓄能电站规模容量。[67]）

想象一下，这些假设情景都代表着一种信仰的巨大飞跃。首先，在 Shaner 研究的多类情景中，必须在全国各地建设风电和太阳能发电厂，而且必建的风电和太阳能发电装机规模是峰值负荷水平的 2~3 倍。这些容量中的大部分电力将只用于满足发生频次较低的峰值负荷需求，因此如何为大量闲置的容量支付费用将是一个巨大挑战。此外，还得能够建造一个覆盖全国的超大规模输电系统。这一操作需要弱联系电网扩展规划过程发生彻底转变，特别是在美国，这点我们将在下一章进行讨论。考虑这些挑战以及相关的高昂成本，使得前面方法不可能成为一种选择，但该方法所包含的要素都将会成为低碳未来的组成部分。换言之，扩大输电容量在常规意义上属于工具包的一部分；第 7 章中还要介绍一些特殊情况。[68]

利用风电和太阳能发电制氢是大规模利用风光能源的另外一种可能形式。备用或专用的可再生能源发电机组所提供的电力，可直接用于将水电解成氢和氧，也可以将甲烷分解成氢和二氧化碳，然后采用 CCUS 进行必要的脱碳。所产生的氢，可以以纯气体、纯液体或其他化学物质形式（如甲烷或氨）储存，必要时还可以运输。氢气可以持续数月地储存在储气罐或大型盐穴中，类似今天的储气田，这也是理想的季节性储能方式。当需要用电的时候，已存储的氢气可以根据需要在发电厂或燃料电池中准确地转换为无碳电力。所有这些关于氢电双循环的过程，通常会被简称为 P2G2P 或电转气转电。

制氢是一个引发关注的应用案例，因为 P2G2P 技术链的每一个环节的有效性都已得到证明，现在问题集中在应用规模相对偏小。与 CCUS 方案相比，更为重要的是，随着制氢规模按照数量级快速增加，所建立的资本高度密集型的新基础设施能够支撑大规模量产和输送，成本必将大幅下降，这也是可再生能源制氢方案的关键所在。

P2G2P 过程有制氢、运输、储存和再发电四个主要阶段。根据用于水裂解制氢的可再生能源发电成本估算，美国通过电解水制氢的能源成本大约是天然气制氢的 5 倍。这是电转气转电方法的致命弱点，企业们正在努力大幅降低这一成本。2018 年一家名为 HyTech 的公司被清洁能源博客作者 David Roberts "编入史册"，因为该公司声称发明了一种电解槽，"利用大约 1/3 的功率，产生氢气的速度是类似电解器的 3～4 倍"。Roberts 写道。"这意味着制氢成本正在逐步下降"。[69] 同时，氢气的运输和存储设施已经以较低的成本开展大规模建设，因此只会增加少量成本。新型储能和运输材料的广泛使用和深度创新，有可能会更进一步地降低成本。

再发电是最后一个阶段。到目前为止，还没有商业化运行的氢能发电站，但是德国 Kraftwerk Forschung 公司声称，旗下现有的 200MW 汽轮机发电厂可以使用富氢燃料；通用电气公司声称，旗下汽轮机发电厂也可以使用富氢燃料。[70] 因为现在氢能发电成本太贵了，不值得建造一个大型燃氢发电厂。然而，几十年来，燃烧氢气锅炉技术早已成熟，当燃料成本使燃氢发电厂具有经济效益时，届时可能就不存在难以逾越的技术壁垒。[71]

从这个讨论中可以明显看出，P2G2P 过程的问题是扩大规模和降低成本。最近两名德国研究人员经过仔细研究得出结论，P2G2P

过程"在目前的市场条件下是不盈利的；即使在最乐观的假设下亦是如此⋯⋯电转气发电厂需要使用非常低廉的电力才能运行若干小时，但这一价格目前在欧洲并不能达成"。[72]然而，他们最近在《自然·能源》杂志上发表的一项研究，考虑成本继续保持目前下降趋势，分析比较了德国和美国得克萨斯州一个完整循环 P2G2P 成本。作者的结论是："可再生能源制氢在细分市场中的应用已经具备成本竞争力，如果最近的市场趋势继续下去、目前的政策支持机制维持不变，预计在十年内工业规模级应用将具有竞争力"。[73]但需要记住的是，从头开始建立一套全新的基础设施会涉及很高的进入壁垒，因为基础设施的本质属性要求只有在高利用率情况下才可能具有经济效益。

一个可取之处是氢气作为一种用途非常广泛的燃料，既可用于燃料电池汽车的清洁运输，也可以作为许多工业过程的热源。如此一来，氢能相关基础设施与其他大多数电力系统领域的投资不同，后者几乎完全由电网进行投资建设和费用支付。借助普遍使用的供应和输送基础设施，大规模制氢经济性将获得电力以外部门和应用的收益支持。这使得更难以逐个比较氢能和其他季节性储能方案的成本高低，并突出了多部门开展能源综合规划的重要性，我们马上就会谈论这一问题。

考虑到用途及储存转化形式的多样性，支持者们认为氢燃料的经济性将稳步提高，预计在本世纪 30 年代，就可以达到完全商业可行的程度。未来对氢能相关技术的商业投资肯定会增加，尤其是在澳大利亚和日本，氢气行业看涨预期强烈。在总结可再生能源制氢的最新发展情况时，著名期刊《自然·能源》的编辑们得出结论，这些发展"为氢能将在能源系统脱碳方面发挥重要作用的观点提供了依据"。[74]或者，正如氢能委员会的 Pierre-Etienne Franc 所说，"2020～2030 年的氢能发展，将如同 20 世纪 90 年代太阳能发电和风电的发展一样"。[75]

从设想到方案

从上面讨论中可以明显看出，已经有许多经济可靠并且能够稳步取代化石能源发电的无碳发电方式和电力平衡方案。然而，在基础负荷供应和季节性储能方面也存在一些关键制约。许多工具要么太新，要么太昂贵，都不适合当下使用。

这也表明迫切需要继续加大研发强度，特别是在基荷供应和季节性储能方面，确保越来越多的技术应用更广泛、价格更低廉。目前，还没有一个不受使用场合限制而且成本接近当前水平的清洁电力工具包。尽管有很多工具原型和示范试点，但是在达到大规模应用、经过可靠性和耐久性测试以及成本合理之前，新技术无法用于构建真正的大电网系统。

在清洁电力技术方面，促进技术进步和成本降低的政策现在已得到充分认可，也不存在政治争议。公共基金在支持能源基础科学研发工作方面的作用是不可替代的，除了脱碳之外，还有助于提高总体竞争实力、改善 STEM（科学、技术、工程和数学）教育水平、提高经济竞争力、创造更好的就业机会。对于技术未经证实或成本较高的早期项目，仔细监测其公共联合基金支持力度和风险保证水平，也是必不可少的重要环节。各国政府在召集利益相关方、组建联盟并促进合作，帮助制定或修订标准、推动知识产权保护、提供技术援助以及授权共享使用测试实验室等方面发挥了关键作用，同时也在许多新技术实现市场化之前给予有效支持。[76]

尽管早在几十年前，研发工作在气候政策中的关键作用就得到了认可，但直到现在，才逐渐引起应有的足够重视。部分国家如中国和德国，多年来一直是能源技术研发的强有力投资者。美国在经济危机之后，仿照美国国防部的对应军事机构，成立了能源部先进能源研究计划署（ARPA-E），其任务是"通过研发全新的能源生产、储存和使用方式，推进对私营部门投资来说还为时尚早的极具发展潜力和重大影响的能源技术"。[77]

此后不久，微软创始人、亿万富翁 Bill Gates 开始关注气候变化和能源技术。Gates 得出的结论是：能源技术研发水平远远低于应对气候变化所需水平。除了承诺投资 20 亿美元用于能源研发之外，他还协助组建了突破能源联盟，该联盟"致力于开发新技术，改变人类生活、饮食、工作、出行和生产方式，从而阻止气候变化带来的破坏性影响"。同时还有一个相互关联的私人投资基金，规模达到几十亿美元。[78] Gates 当时解释说，"投资于激进的、野心勃勃的能源科技公司，是全世界以可承受的成本获得气候变化解决方案的唯一途径"。[79]

但 Gates 并没有就此止步。由于了解到公共部门在研发中的关键作用，他开始了一项个人使命，那就是说服西方政府领导人应该将各自用于支持能源研发的公共资金规模增加 1 倍。他的成功，不仅证明了他的坚韧品质，而且意味着研发重要性得到各国领导人广泛认可。2015 年 11 月 30 日，在巴黎气候峰会开幕时，Gates 与奥巴马总统以及其他 15 位国家领导人一起站在舞台上，发起了 Mission Innovation 宣言，多国共同倡议"每个成员国承诺到 2023 年将能源研发资金投入增加 1 倍"（见图 6-8）。[80]

图 6-8　2015 年创新使命发布会

注：引自文献 *Mission Innovation*（*n. d.*）。15 个国家的领导人与 Bill Gates 一起，在巴黎气候峰会上启动"创新使命"，每个成员国共同承诺到 2023 年其能源研发预算翻一番。

从方案到实施

当能源领域关键研发工作持续推进之时，我们如何才能相信，一个经济可承受的脱碳大电网很快就会具备可行性，而且能以当前技术继续朝着实现目标前进呢？

首先，几个水力资源丰富的国家差不多已经拥有接近无碳的电力系统，如挪威（截至 2016 年，98% 的化石能源已被淘汰）和巴西（80% 的化石能源已被淘汰）；在核电方面投资巨大的法国，也达到了 80% 的化石能源淘汰率。[81] 2016 年，葡萄牙电力系统在只依靠风电、太阳能发电和水电电力下，创造了连续运营 107h 的纪录，尽管该国可再生能源比重仅为 48% 左右。[82] 2015 年，德国的电力系统创造了本国运行纪录，依靠占比 78% 的可再生能源运行了 1h。2016 年，丹麦风电生产的电量超过了全国 317h 的电量需求。[83]

这一进展，正促使许多国家和地区政府领导人承诺到 2050 年或之前创建 100% 的无碳电力系统。截至本书撰写之时，已有 8 个国家、4 个美国州和 32 个大城市承诺到 2050 年或者更短时间内实现碳中和。[84]

研究人员已经对美国等大型电力系统未来完全没有化石能源发电厂的情景进行了多次模拟。[85] 这些模拟预测未来一年中每小时的风电、水电和太阳能发电出力，并确定保障各类电源出力与对应小时负荷完全匹配所需的储能规模、输电容量和其他资源量水平。已建立的模拟模型经过编程优化，可增加充足的储能、输电容量和其他平衡资源，以及新增更多的太阳能发电、风电和输电线路，直至每小时都达到平衡状态。具备可以模拟一年或更长时间的无碳系统平衡情况的能力，就可以证明像美国这样的国家不需要化石能源也能实现电力供需平衡。

这些模拟结果在科学技术界和能源政策界引起了很大的争议。[86] 对于那些只包括可再生能源电力和储能设备，断然排除对带有 CCUS 的化石能源发电厂以及核电厂的模拟，如斯坦福大学教授 Mark Jacobson 和他的同事所做的工作，就受到了强烈的批评。这是因为只有在建设大规模季节性储能设施的成本水平远低于当前、许多新增输电线路能得到有效建设，以及生物燃料电厂等其他可调节的无碳发电技术得到广泛应用的情况下，才能以经济的方式实现电力平衡。批评者认为，由于这些假设都存在极大的不确定性，因此轻易向公众保证 100% 的可再生能源系统是技术可行且经济可负担的系统，这是一种误导。[87]

所有这些模拟揭示了一个受到广泛认可的规律，与可再生能源占比 80% 的案例相比，电力系统实现完全脱碳困难极大和代价极高。几乎所有模拟都显示，将电力系统中最后占比 20% 的化石能源取代是最为困难和最为昂贵的，因为这是满足季节性峰值负荷所需的电源，并且需要超大容量的储能设备、超建可再生能源装机、和/或更大规模传输容量。我们在本章前面提到过的 Matthew Shaner 所开展的 100% 可再生能源电力系统模拟，需要能连续供应 32 天负荷需求的储能容量，那相当于特斯拉超级工厂储能设备年产量的 6500 倍；如果模拟中没有假设放松新增输电容量的约束，则所需的储能规模水平无疑还会增加。[88]

本章讨论中已明确指出，若要构建可行的无碳电网，就必须进行技术变革并降低成本。然而，如果发生技术变革，证明其可行性的模拟本身并不具有误导性。就像其他预测工作一样，它们是在一组假设条件下对未来电力系统的描述。人们可以对每一位研究者所做的特定假设条件提出异议；而我也确信人们不会全部认同所有假设条件。但只要这些假设条件的合理性得到了明确解释，那么模拟结果就会有参考价值。另外，尽管可以模拟实现一个不使用核能或带有 CCUS 的化石能源的电力平衡系统，但是并不意味着在现实世界的约束下决策者会在加速脱碳过程中将这些技术排除在外。

如果有什么共同点的话，那就是这些模拟结果及相关批评都是有价值的，因为它们明确了要使这些无碳系统在未来成为现实需要做出的最重要变革方向。其中一些变革，如现成的长时间储能，将需要持续的投资以及全套的研发政策来推动发生。另一些变革，则要求在市场机制和规划流程方面进行与研发类型不同的变革。这些模拟都不能反映未来大电网系统的商业结构、融资、规划或监管情况，也没有反映现有的化石能源发电厂如何关闭。实际上，对前述模拟结果的批评只是因为没有考虑到能源系统重构速度的现实约束，无论是来自财务、管理还是其他方面。[89] 尽管如此，鉴于技术进步速度以及现实世界中系统变化，这些模拟和其他证据清楚地指向一个结论：从技术上讲，更多的是何时构建无碳电力系统的问题而非是否构建的问题。但请记住，目前讨论，还只是处于第一阶段。

第7章 电网规划与扩展

  提升输电能力是实现电力系统扩展的第三种选择，但出于两方面原因考虑，又与其他类型大电网资源不同：首先，输电系统与传统公用事业一样受到全面费率监管，除此之外还要接受广泛监管；其次，输电系统必须从区域系统整体角度进行规划和建设。无论政府批准的供电服务区域宽泛与否，任何主体均不可单方面决定系统中是否新增线路。因为，几乎每个平衡区域（BA）内都有多个输电商，各自管辖的系统之间互相紧密关联，任何重大电力项目增设均会影响整个区域的潮流和设施运行情况。若某一输电商要增加电力项目，则必须和 BA 运营者经过研究和模拟，事先达成一致意见，确保不会损害系统任何部位功能。一旦发现系统薄弱环节，就必须对受损部分加以修复，但极有可能涉及另一个输电商的领域。

  与大型发电机相比，绝大多数输电线路的成本并不高，并且技术故障的风险相对较小。只要没有遇上摧毁性的超级风暴气候，现代输电线路可以确保长期高效运作，而且也是一种联系发电机、储电设备和分布式能源资源（DER）相对经济可行的方式。在美国、欧洲和澳大利亚的电费账单中，平均每位用户支付的输电系统费用比例仅为 10%，9%～30% 和 5%～12%，而且有证据表明这些费用还能大幅削减。[1]

  因此，构建完全去碳化所需的电网，与其说是成本问题，不如说是实现系统精准的规划、融资和建造所面临的挑战问题。在大多数国家尤其是美国，大电网扩展的规划和落地等过程相互独立、联系薄弱。在美国，涉及大型电网扩展项目流程都包含三大要素，即规划、选址审批和大型线路投融资机制。

更重要的是，输电规划转变为一项工程实践，与能源和气候政策几乎没有正式关联。输电规划主要在电力行业内部完成，较难反映未来能源政策变化，距离助力制订政策更远。应当将输电规划看作是满足电力需求的一种被动作为，无论电力需求源自更大的经济体还是政治体。特别是在美国，这种积极气候议程与电网规划之间的脱钩问题，必须被更为综合的能源规划框架来取代解决。

电网扩展的三类直接障碍——规划、选址和投资——都是当前电力行业政治生态的症结所在。相当比例的利益相关方都倾向于抵制大多数新建大型输电线路，而且每一方都言之凿凿、理由充分。它们往往具有足够强大的政治力量，可以减缓或缩减许多规划提议的新建线路。这个联盟目标并非一成不变，许多受到团体支持的特定项目都最后得以建成，但带来的影响却极大地限制了电网扩展流程改进与规模预期。事实上，本章的标题源于一位环保主义者的声明：她不想生活在满是新建架空电缆组成的"铝网天空下"。[2]

尽管存在诸多障碍，但在发达经济体内，每年仍有相当数量的输电系统建成投运。除政府和农村电力项目之外，美国公用事业领域每年在输电方面的支出约为 200 亿美元；截至 2017 年，全美公用事业累计新建电力线路长达 2800mile，足以东西横跨整个美国。[3] 2017年，欧洲新建交流线路长度仅为 164mile。在美国，许多线路都采用加强型短线路，以提升可靠性或者替代退役电站，但都不是以减排为目的。

同时，正如第 6 章所述，在传统电力分析方式所采用的季节性/基荷平衡方案选项中，输电是其中的关键部分。几乎所有相关研究都表明，如果要实现最低成本的去碳化，除了充分配置平衡资源与利用分布式能源资源外，还需要大量新建输电线路。[4] 例如，由 Alexander MacDonald 领导的团队发现，美国电力系统如果要实现去碳化，最经济的方式就是新建 2.1 万 mile 的大容量输电线路。[5]（有趣的是，这与美国在 2012～2017 年间新建线路的总长度基本一样）。[6] 欧洲方面的研究也发现，要实现欧盟碳排放目标就必须继续扩建电网；其中一项研究结论显示，如果不新增输电线路，那么到

2040 年实现气候变化目标，需要每年增加 430 亿欧元费用。[7]

尽管前述研究多指出需要新建更多的输电线路，但普遍仅限于课题研究，缺乏足够详细的或者可实施的规划。因此，我们无法严格评估当前的电网扩展规划与可负担、可靠的零碳排放系统之间的差距。特别是在美国，我们必须更清楚地了解需要具体做什么，以及采取什么样合法可行的流程，才能尽快实现大电网去碳化目标。

无碳电网的规划

由于电网设施使用寿命达数十年，新增线路会影响到整个区域范围内其他线路的潮流，因此必须对比涵盖未来至少 20 年发展期的若干可行的区域级电网扩展规划。规划流程从系统各环节进行全面预测开始，包括未来需求模式、分布式能源资源建设、平衡资源成本和特性、化石能源成本、新增其他大型电站或线路、电力市场规则变化以及许多其他输入因素影响。这些假设用于设置多个分析场景，涉及建议新增电网方案，以及新增电源和其他资源方案，需要规划方从合理成本角度来考虑保障电力系统平衡。通常采用复杂模拟分析模型来检验各类场景，即测试大电网在天气、需求和故障等各类工况出现大范围变化下的运行表现。除了验证运行可靠性外，规划方还会对有无新建线路的不同场景开展成本效益的比较。

规划实践的挑战在于必须与高技术含量的潮流分析工作相结合，这只有电网工程师和电力专业相关领域专家才能真正理解，潮流分析还与未来能源与气候政策基本假设以及多类型电源成本预测相关。规划流程的第一阶段是研究设置各类分析场景，包括 20 年甚至更长时间的数十种假设。在理想状况下，场景设定需要与监管者、决策者、专家以及广大的利益相关方咨询协商。第二阶段中，由工程师开展高技术含量的仿真建模以及成本效益计算。第三阶段是讨论分析所有结果，并确定在最终的正式规划中应包含哪些新增电力设施。

由于电网是一个整合了涉及电力消费利用所有相关环节的系统，

因此输电规划也囊括了发电规划、气候政策、分布式能源资源市场政策以及规划等内容。电网扩展场景反映了各级政府对未来数十年间拟颁布政策的基本设想，甚至包括那些输电系统和电力监管方可能很少或者根本没有投入的政策。若以上都能妥善落地，将成为实现大电网去碳化和结构性演变的多层次、多政府部门的规划。[8]

规划者和决策者开始意识到这一点，并创建了更宽泛和透明的流程，从而更好地把技术研究与未来政策场景结合起来。一个比较好的输电规划，不应该局限于电力领域，需要考虑综合能源和气候变化因素影响。当然，无论是否认识到这一点，高技术含量的电网研究工作仍将继续开展。这些实践无法提供一个平台，让涉及电力行业结构、功能或环境影响的每一项重大讨论，都能在电网规划采用的假设和场景中得以体现。[9]

争议通常始于通过何种场景中的假设政策和输出结果，能够最大限度地应用分布式能源资源和提升能源效率，并且对大电网扩展需求最小。在倾向于小规模"软途径"的利益相关方的推动下，规划者要确保分布式能源资源的成本不被高估，而自身减少新建线路的需求也不会被低估。例如，塞拉俱乐部长期以来的政策就是"除非经公开披露并证实所提需求无法通过保守的小规模替代方案予以满足，否则大型涉能设施的选址工作不应开展"。[10]不过，分布式能源资源规模预测潜力及替代输电能力都在飞速发展，将其纳入已经非常复杂的电网模拟中并不容易。[11]

只要存在一种假设，关于未来政策和技术的争论就不会停止，包括是否假设核电站继续运行（或者新建核电站）、是否化石能源电厂进行碳捕获和封存变为可行、不同成本水平下的海上风电可开发规模、是否颁布碳排放限额或碳税，当然还有电储能成本与可用性。在规划过程中，前述每一类选项背后都有支持者，他们无不希望规划者所做假设有利于自己偏好技术或政策。

伴随模拟而来的收益与成本估算也是导致争议的来源，因为往往据此最终排除较差计划。2015 年，Brattle 公司发布的美国输电行业的报告中，列出了新建输电线路的 26 大好处，包括提升系统可靠性、加强电力市场竞争力、降低可再生能源发电价格等。[12]除了可靠性之外，许多类似的好处并不是由规划者来衡量的，因为利益相关方在没有就更具争议的经济性和政策性假设达成一致的情况下，无法对衡量或设定价值达成共识。

尽管关于效益的定义争论不休，但输电线路的确因穿越土地和社区而带来成本。这些成本同样难以量化，在影响到重要自然区域时更是如此。成本问题通常在规划阶段之后才要考虑，特别是核准许可阶段需要考虑，即便如此，也会不可避免地影响到规划过程。当前，我们需要输电规划的主要原因是避免气候变化带来难以想象的巨大环境成本，但对于公民和决策者而言，他们很难把握和比较输电带来的气候效益与其他环境效益。[13]

最后，长距离输电线路产生的经济影响自然会遭到当地民众的反对。除了不受邻避效应症候群的欢迎外，相比任何类型当地资源的开发，无论是临近的海上风电站，还是当地的分布式能源资源，或者任何可能替代新建线路的选择，通过输电线路长距离配置资源所创造的经济活动和就业机会都要少。在欧洲亦是如此，欧盟规划者支持的跨国项目遭到了当地公民的抵制，他们质疑："这条线路对我们有什么真正的好处"？[14]

在美国，输电规划是由系统运营商和输电业主组成的区域性组织来完成的。在过去的十年间，随着联邦监管机构一系列要求加大开放性和其他改进措施的具体指令的发布，这一流程得以明显改观。[15]尽管如此，实际过程中仍然面临冗长繁琐、过于技术性并且局限于单一地区等问题。甚至没有任何官方机构试图制订一个跨地区的规划，更不用说全国范围乃至大陆范围的计划。[16]更要命的是，美国的区域规划是完全"不具备约束力的"，这意味着不会要求公用事业公司或其他机构来承建规划中的线路，即便纳入规划也并不意味着将获得任何许可或审批。

在欧洲，欧盟 28 个成员国国内所建的电网很少有与邻国相连的，导致系统规模太小，无法实现供电成本最低或者可再生能源高效接纳。而在气候政策的关键性得到认可之前，欧盟的目标之一曾是加强成员国之间电网互联，并建立起统一庞大的泛欧电力市场。

将气候目标作为欧盟政策的核心之一，促使欧盟将先前的市场一体化目标与气候政策相结合。这为实现强大的综合能源系统规划和政策框架提供了最好的规模化发展示例。"欧盟十年电网发展规划"（TYNDP）是一年两次的流程，遵循了场景设置、规划方案成本比较、规划要素选择三个典型规划阶段。然而，评估中选择的所有场景都明确地反映出欧盟到 2050 年实现碳排放减少 80%～95% 的目标（近期最新表述为碳中和）。[17]三大长期场景（分布式发电、可持续转型、全球气候行动）在 2040 年的用电量水平非常接近，主要不同点在于布局的分布式光伏发电规模以及电制氢和生物制甲烷的规模。[18]

与所有标准流程一样，TYNDP 的主导者广泛听取了利益相关方和业内专家意见，对宏观经济趋势、交通技术换代（如采用电动汽车）以及建筑工业领域用电开展预测，还对无碳发电技术和储能的可用性与成本做出了必要假设，形成了自己的低碳政策工具箱。值得注意的是，整个规划工作与欧盟对天然气系统的平行规划工作相结合，这样规划者能更全面地分析氢气、沼气等各类选项，以及它们与电力系统的关联。[19]同样重要的是，欧盟政策制订机构与规划机构以及欧盟电力监管机构开展深入合作，在两年的进程中几乎每 4～6 周就召开一次联席会议。[20]

牛津能源研究所研究员 Alexander Scheibe 解释说，三阶段规划流程卓有成效，在全欧盟的规划中"所有项目……都能有效促进欧盟能源政策目标的实现"。[21]Scheibe 接着指出了 TYNDP 流程的另一个极为重要的方面，尽管规划不具备官方约束力，但欧盟通过共同出资的输电线路或储能设施对规划予以支持，形成"共同利益项目"。这笔资金相当于项目成本的 50%，同时经过流程优化，可以将项目核准许可周期从十年左右缩短到约三年半。[22]

到目前为止，虽然 TYNDP 规划流程还没有创造出任何电网建设的奇迹，但它预示着一个政策驱动的综合电网规划时代的来临。这是向前迈出了一大步。此外，欧盟显然打算进一步强化规划执行，以实现气候目标。这是 2020 年内下一个半年度计划的路线图，目前正在筹备研讨会，以"辨识……社会价值以及相应的政治目标如何在模型中得到反映，以及如何推进最具雄心的 TYNDP 场景以使更符合《巴黎协议》要求"。[23]

邻避效应的影响

输电线路选址的审批流程因所需的核准文件数量、涉及的政府机构、审批时间长度以及较低的整体成功率而备受关注。在美国，因审批需要得到太多的联邦、州和地方政府批准，甚至不得不为拟新建线路的开发商编制了冗长又详细的流程说明手册。表 7-1 列出了犹他州官方指南中最重大新建线路所需的联邦审批清单，忽略了数十个州和地方政府的要求。表 7-1 的第二行显示，涉及联邦行动或土地的任何线路都需要出具环境影响报告，而报告可能需要数年时间才能完成。除此之外，表 7-1 还显示了可能需要按照 19 项不同的联邦规定、由 8 个以上联邦机构进行的审批，包括《濒危物种法》和《清洁水法》。一家专业的输电贸易集团在经历过输电审批许可流程之后，甚至研发了一版类似流行桌游《滑道梯子棋》的游戏。

表 7-1 **联邦许可和法规要求**

部门	适用性	规章制度	所需研究/许可/咨询
历史文物保藏顾问委员会	未适用	1966 年国家历史保护法案	106 节咨询
国家环境质量委员会	未适用	国家环境政策法案	环境影响报告——主要联邦行动
			环境评估——次要联邦行动
			排除的对象

后碳时代的电力

续表

部门	适用性	规章制度	所需研究/许可/咨询
联邦通信委员会	未适用	1934 年美国通信法,《美国联邦法规》第 47 篇第 15.1 节	需要做是否产生景观障碍的咨询
美国农业部	美国森林服务部	1976 年联邦土地政策和管理法	特殊使用许可
			临时使用授权
	自然资源保护局	耕地保护法	未适用
	农村公用事业服务机构	1936 年农村电力法案	借款人的融资申请
美国国防部	美国陆军工程兵团	清洁水法	404 节——流入或流出美国水域
		河流和港口法	10 节——影响航道、位置或通航水域状况
	军事设施	《美国法典》第 10 卷第 2668 条	通行权的授权
美国能源部	美国联邦能源管理委员会	联邦电力法中的 201、205、206 节和 216(a)节	价格报备
	西部区域电力局	作为美国能源部的一部分于 1977 年成立。美国恢复和再投资法案（ARRA）中 402 节	需要遵照国家环境政策法
美国内政部	印第安事务局	《美国联邦法规》（CFR）第 25 篇第 169 节（在印第安人保留地上的通行权）	需要遵照国家环境政策法
	美国土地管理局	1976 年联邦土地政策和管理法	通行权准许

· 120 ·

部门	适用性	规章制度	所需研究/许可/咨询
美国内政部	美国垦务局	《美国联邦法规》第 43 篇第 429.3 节	通行权准许
	鱼类和野生动物管理局	美国濒危物种法	咨询鱼类及野生动物的服务（如适用，附带携带许可证）
		金鹫、白头鹰保护法	与鱼类及野生动物的服务相协调（如适用，附带携带许可证）
		候鸟协定法案	与鱼类及野生动物的服务相协调（如适用，附带携带许可证）
		国家野生动物保护区	过境通行权授权书和特殊使用许可证
	国家公园管理局	《美国法典》第 15 卷局长令第 53 条（特别公园使用许可）10.2.1 节中的直线通行权	通行权准许

来源：文献 *Utah Office of Energy Development*（2013）和文献 *California Public Utilities Commission*（2009）。

　　在得到联邦政府批准之后，还有数不胜数的州、郡和市政府的批准。许多州都设有能源设施选址委员会或理事会，必须由他们进行广泛调查后方能获得州府层面许可。俄勒冈州能源设施选址委员会规定了 7 个阶段的申请和审批流程，包括司法形式的听证会，最终形成一份可以上诉至俄勒冈州最高法院的法令。[24] 如果没有州府层面的选址机构总体协调，一条新建线路必须取得十几个甚至更多的州机构出具的单独许可，类似于表 7-1 中的联邦政府机构组成。当然，之后还需要郡和市的审批：包括区域和土地使用审批、工程建造许可、挖掘与修路许可等，而且输电线路穿过的每一个郡和市都有这些审批环节。

在许多国家，许可流程很容易导致新线路开发失败，而在西方国家中，美国的审批程序层次最复杂、时间最拖沓。犹他州和加利福尼亚州对于新建线路的官方许可审批时间分别为 5 年和 7 年，而实际时间会更长。[25] 跨越多个州的线路开发和许可时间往往长达十年甚至更久，例如，TransWest Express 线路的开发耗费了 13 年时间。[26] 欧盟最近规定，各成员国必须制订具有最长审批时限约束的快速选址流程。[27] 欧盟通过对服务去碳化的电网扩展工程审查发现，2012 年启动的重大项目平均延迟时间为 3 年，主要原因之一就是"冗长的许可程序"。[28]

新增输电线路建设前需要跨越的最后一个障碍是输电费用核准。输电是一项批发服务，只向依靠大电网传输来使用、生产或购买电力的对象收取费用，即针对配电设施事业单位和放松管制的零售商/能源服务公司（ESCO）。他们通常按照购买的每兆瓦时电量支付单一的输电费用，用于分摊系统内连接所有电源的输电设施成本。然而，每个系统都会与其他系统相连，从一个或两个系统购电的买家，还必须支付穿越其他系统电网费用，甚至是覆盖全区域输电地理路径的费用。

当一个新输电设施投入运营时，所有者向监管机构申请将其增添到作为费用测算基础的总线路库中。如果成本足够大，监管机构就会更新系统计费水平。如果设施都在同一个所有者系统内，唯一可能有重大调整的费用就是该系统的费率水平。这种情况相对容易处理，因为在同一个系统内的线路往往会带来电力可靠性效益或者就近实现电力资源整合，从而产生本地发展效益。在大多数情况下，关于是否可以完全规避本条线路建设或者选择其他替代方式的争论，在这条线路投入运营伊始就已经解决，迫切要做的是核定该线路的输电费率。

但如果涉及跨区线路，也就是说线路因其长度跨越了多个州和多个输电商，那么一切就变得非常困难。在这种情况下，电网监管机构必须确定与新线路关联的各系统输电费率的调整幅度，一方面各系统都可能从新线路产生的效益中分得一杯羹，另一方面各系统都应该为新线路使用支付一定的费用。这种跨区域成本分摊势必引发区域主管部门、输电商和其他利益相关方之间新一轮旷日持久的谈判或诉讼。由于美国的规划由区域主管部门编制，输电费率也由区域主管部门自行决定，因此一旦有线路跨越区域边界，相关费率问题就需要两个正式的费率制定机构出面沟通解决。

如前文所述，欧盟通过设立专项基金方式来帮助投资"共同利益项目"（projects of common interest，PCIs），部分解决了问题，主要针对跨越多个欧盟国家或提供全区域利益的输电项目。[29]欧盟还设立了其他几个机构为 PCI 项目提供资金支持。[30]尽管如此，根据欧盟议会 2017 年的一份报告显示，跨国线路仍然"受到国家利益冲突以及跨国项目的行政监管复杂性的阻碍"。[31]

在上述所有因素的综合作用下，一旦涉及大规模长距离新建输电线路，输电规划出台和流程实施力度会被显著削弱。然而，的确有一类新建线路可以为电力紧缺的偏远城市提供了最经济无碳电力供应，自然地，也就引出了"超级电网"话题。

探索超级电网

出于采取必要应对气候变化行动的需要，电力规划者和政策制定者开始考虑在现有电网的基础上，直接增加跨洲的、大部分由新建线路构成的庞大电力网，以作为陆续逐一新建线路的替代方案。电力"极客"们把类似于这样的新增电力网络部分称为"电网重叠"，不过在大众媒体上通常被称为"超级电网"。NREL 设想的超级电网概念方案展示了由 20 条大容量输电线路连接的 19 个大型输电枢纽构成。枢纽设想布局在美国的主要城市或者可再生能源发电集中的区域附近，例如，美国中部的大风地带。大西洋和太平洋沿岸的枢纽发挥着双重功能，即城市的输电枢纽站和海上风电的电力汇集点。超级电网由一组输电回路构成，可以根据不同供需模式选择差异化的输电路径。整个网络将"高于"现有整体电网，类似于超级高速公路的级别居于主干道路之上，实际上就是一个大容量的跨州电力高速公路系统。

超级电网通常建议采用直流线路而不是交流线路，因为前者在远距离大规模输电方面的成本更低，这在两类超级电网中的电网概念中都得到强调。[32]电压等级 345kV 的交流输电线路成本接近 1500 美元／（mile·MW）。相同容量的 600kV 直流线路（不含换流站）成本仅为每英里 537 美元。[33]超级电网的显著特点之一是由大型直流线路连接实现的电力网络，而不仅仅是一个点对点的传统直流输电系统，因此能提供电网互联与效益一章中介绍的所有可靠性和多样性的好处。但是，直流输电技术在组网（强大的互联性）方面并不是最合适的技术方案，尽管工程师们正朝着直流电网的目标稳步前进。[34]另一方面，相比交流技术，直流线路能更好地围绕电网进行输电，因此看起来直流超级电网是支撑发电基地与城市之间实现大规模可再生电力输送的理想选择。

同时，大量的点对点直流线路正在建设中，其中许多线路会把可再生能源从资源富集地区输送到电网的其他地区。欧洲正在建造 62 条直流线路，其中大多数都是跨国海底电缆，以帮助汇集利用可再生能源电力和抽水蓄能。[35]美国东西海岸的几家公用事业公司还在运营较为老旧的直流线路，有一条穿越旧金山湾较新的线路，另外在纽芬兰和新斯科舍之间也刚刚新增了一条。[36]目前为止，领先的是中国国家电网有限公司，目前运营着 21 条此类大容量直流线路，其中一些线路长度甚至超过美国东西海岸距离，并据报道仅在 2019 年就规划批准了 3 条新增直流线路。[37]这些线路互相之间没有联网，但随着系统规模持续扩展和直流技术不断成熟，中国有计划朝实现联网方向推进。

在世界上新能源资源条件最好的地区，风电和太阳能发电价格仅为 1～4 美分/kWh，不到中等资源条件地区风能和太阳能发电成本的一半。中国国家电网公司前董事长、全球能源互联网发展合作组织主席刘振亚指出，撒哈拉沙漠地区拥有地球上 8% 的太阳能资源量，能够满足全世界的瞬时电力需求。[38]如果长距离大容量输电增加的成本只有每度电几分钱，那么大型直流线路就可能把资源富集地区的风能和太阳能输送到落地电价低于当地可再生能源发电价格的其他任何地方，当然也就不再存在发展可再生能源面临的屋顶空间或其他局部限制。气候政策制定者需要反躬自省，即便在最大限度利用分布式资源情况下，如果能用大量廉价的电力供应来降低碳排放，不是更好吗？哪怕这意味着要应对所有关于超级电网强烈质疑和抵制。

从本质来看，超级电网穿越了若干个州或国家，影响了成千上万甚至可能数百万的土地所有者，耗资高达数千亿美元（在 MacDonald 提议中为 5400 亿美元）。考虑到单条跨区域线路在规划、审批和成本疏导中遭遇的所有延误，一个庞大的多线路扩展规划可能导致这些问题成倍增加，建设超级电网会是一个好点子吗？

如果有答案的话，答案就来自 Dwight Eisenhower 的名言："倘若一个问题不能得到解决，那就把它扩大化"。[39]北美超级电网是极为庞大而大胆的项目，如果能得到美国总统的鼎力支持，如作为热议的"绿色新政"的一部分，那么项目可能会有起色。事实上，奥巴马总统在 2008 年的竞选纲领中就提过超级电网，不过他上任后并没有认真推动这项事业。

在美国以外，已经有些国家提出了建立全国性或跨国超级电网，还有一些国家如中国已经着手建造初期工程。[40]在美国，北美超级电网（NAS）是被最集中研究的对象，这是由气候研究所和其他几个非政府组织提出的一项建议，而有趣的是，这项建议并非由公用事业公司或可再生能源公司提出。该建议方案包括 52 个枢纽节点在内、覆盖全美的电力网络，总耗资为 5400 亿美元（不含获取通行权所需的成本）。[41]方案的支持者声称，该想法将成为"现有系统的坚强骨干网架……并将提供灵活性和可靠性，保障整个经济体用电需求"。[42]资金来源将是"基于用户的私人收费，无需公共资金"，不过也提到可能会纳入政府信贷担保和其他联邦金融政策支持。[43]

尽管有 Eisenhower 的论断，但超级电网方案以及其他任何类似方案在实施中都面临着巨大挑战。目前没有任何法律机制或成型制度能约束全国性的能源或输电规划，制订实际规划并克服无法避免的数十个法律障碍的过程可能需要数十年时间。即便 NAS 的支持者也承认，其想法"本身就存在可行性方面挑战，而且具体运作可能会导致各种环境影响，影响性质和范围从轻微不利到较高收益不能一一定论"。[44]规划、设计和许可大概要数百万美元的政府投入，之后民营企业才会愿意跟进，并承担投资风险。同时，解决类似谁将对具体路线拥有最终决定权，以及如何在不造成严重延误的情况下对决议提出申诉等法律问题都离不开政治妥协，迄今为止这种挑战已经让每一届原本跃跃欲试的政府都打了退堂鼓。[45]

超级电网成本巨大，加之考虑可能出现的规划或实施错误，会让许多电力专家在建议继续新建大型直流输电线路上面止步，至多每次新增1~2条。这样，超级电网可以分阶段实现，同时加大廉价可再生能源电力的普及性。中国正是遵循这样的发展路径，全球能源互联网发展合作组织（GEIDCO）关于全球超级电网的概念建议，就是明确分成多个阶段加以实施。

总而言之，超级电网是规模空前、非有既无做法：① 其提供的输电量大致相当于未来数十年间以最低成本实现去碳化目标所需的电量；② 作为一项国家事业，即便实施的挑战超出想象，也是在受控范围内的。国家以及国际组织领导人必须评估这一切的可能性，然后投入勇气、技能甚至运气。超级电网的分析或规划也应该与涉及所有经济部门的国家综合气候战略紧密联系。这就需要有一个更为综合的规划为将来各行各业的电力需求增长规模、布局与时序提供基础支撑。

电网扩展的未来

如果要按计划尽快推进去碳化，实现输电和气候综合规划对于下游的大规模分布式能源资源、更多的平衡电站以及创新商业模式来说是必不可少的，我们将在接下来几章开展探讨。如果没有更好的综合规划，我们甚至无法预测具体需要多少输电线路以及建设地点。欧洲、澳大利亚等国家已开始妥善应对这些问题，而美国却远远落后了。

多年以来，对于改善美国输电规划许可进程，已经提出诸多建议。20 世纪 60 年代，美国联邦机构实际上已经制订了一份不具约束力的中长期电网规划。随着区域规划制度在美国固定化，目前大多数注意力都集中在改善许可流程以及增加跨区域规划层面等方面。包括本人在内，不少人提出了利用区域契约与合作方式，在规划阶段就促成某一区域内各个州之间达成经济妥协，这样许可流程就能从主要受影响的州的高层负责人签字审批开始。[46]改善选址的建议侧重于在各州内部建立简明的许可机构，能够针对已经获得联邦批准的输电线路予以地区授权。[47]

美国的政治现实是：实现任何改进的最大希望来源于总统对大规模气候行动的强有力领导。输电规划及电网本身并不是目的，它们是任何一个具有完备性、可行性的气候行动计划中的关键部分。正如欧洲进程表现的那样，一个完善的综合规划完全有可能在应对气候变化和其他社会目标的引导下，推动开展具有实操性的项目。如果美国领导人能创造出一种协调经济利益的稳固、公平的方法，并由此产生合理的投资回报，后面的工作就可以交给受监管的民营资本、公共资本和监管方来共同完成。

第8章 大型电网的多重责任

除了大力发展必要技术、设计一体化系统并建设所需电网外，还必须有出资方为新增投资买单。大型电网所涉及的每一类资源都有所有者，除非他们相信或确信能收回投资，否则绝不会投资建设。在大型脱碳电网建设过程中，为新增资产进行融资，与设计新增环节或获取建造许可一样，都面临着严峻挑战。

从极其关键的所有权角度来看，构建大型电网所需的大型发电厂及其他环节资源所有权形式存在三种类型：第一类，在美国和欧洲以外的一些国家/地区，存在由投资者所有的监管类公用事业公司（IOU），它们通过小型电网输配电力，拥有大量自备发电厂、大规模储能设施和输电线路；第二类，由政府机构所有，如美国田纳西河谷管理局或欧洲和亚洲的国家公用事业单位等；[1] 第三类，独立发电商（IPP），此类资源隶属于专门从事建设和运营大型发电厂以及其他大型基础设施的独立公司，IPP 面向已解除价格监管或实现"自由化"竞争的大型电力市场。

拥有放松管制的电力资产已然成为一宗大业务。大众可能从未听说过的 IPP 公司，在全球拥有并经营着价值数十亿美元的电力设施，其中有些是化石能源发电设施，有些是可再生能源发电设施。依托美国公用事业而发展壮大的两家公司，即 NextEra 能源公司（资产 990 亿美元）和 Exelon 电力公司（资产 1160 亿美元），已跻身普拉特（Platt）全球 25 强能源公司之列。[2] 欧洲巨头法国 ENGIE 集团在全球不下 40 个国家或地区开展业务。[3] 分属于 IOU、公用事业单位及 IPP 等不同所有权类型的公司，在美国和欧洲等地区拥有近 20 000 家各种类型的发电厂。[4] 在美国，公用事业公司和公用事业单位拥有 1804 家在运火电厂，IPP 公司拥有 631 家同类电厂；[5]而在将 IPP 所有权作为电力系统资源必备原则的欧洲，公用事业单位和公用事业部门拥有 8121 家火电厂，IPP 拥有 2839 家。[6]

　　在使用碳捕捉技术改造传统化石能源发电厂变为商业可行模式之前，脱碳，就意味着化石能源发电厂的被关闭和被替代，也意味着要构建一种截然不同的新型电力系统。正如目前所见，在找到技术可行且成本合理的无碳电力和输电方法来替代传统化石能源发电厂前，还有大量工作需要推进。在大型电网脱碳化进程的第二阶段，各地区必须针对如何利用本地和外部资源，如何适应政治和组织偏好进行评估，并制定定制化方案。任何可行方案的第三阶段都必将与财务有关：方案中涉及的新增资源所需资金将由谁募集以及如何募集？需要付出多少成本才能完全淘汰当前的化石能源发电厂？

发电厂提前退役

　　就财务层面而言，每座发电厂都是实体资产负债表上的资产，需要偿还相关债务，也会拥有显性或隐性股权持有人（包括政府），后者要依靠发电厂营业收入来获取收益和/或为公共基础服务筹集资金。对于有义务提供充足电力供应的 IOU 和公用事业单位而言，发电厂提前退役将会对其财务状况造成双重打击，不仅是原来具有高收益的资产清零，而且还需要引进大量新投资或签署新合约来实现有效替代。当替代供应方案比利用当前资源资本投入更密集或代价更昂贵时，例如，针对某些基础负荷和季节性需求的供能方案，财务挑战只会加剧。

　　提前退役发电厂的财政机制在很大程度上取决于发电厂所有权类型。推动化石能源发电厂提前退役，政府可采取多种行动。落基山研究所（RMI）的《煤炭过渡指南》列出了 10 种类型的政策，从政府直接命令到无偿关闭，再到出台降低发电厂经济性的政策以及政府全盘接管。[7]

　　如发电厂所有权归属于受监管的 IOU，则发电厂提前退役造成的财务影响主要涉及五大团体。其中的两大团体为公用事业公司的股东和债券持有人、消费者。前者由公用事业公司的管理方代表，而后者，也就是消费者，则由监管机构代表，有时也由独立消费者代表。此外，受影响的员工及其工会对发电厂退役关停的担忧是可以理解的，不过邻近社区的领导人也会产生类似担忧，因为所在社区依赖发电厂运营产生的税收和相关经济活动。[8]

　　为了避免延误和诉讼，这五大团体须就关停一家当地化石能源发电厂的方案达成一致，包括为替代电力提供资金支持、继续偿还有关债券、给股东提供可接受的利润、为员工制订过渡计划、稳定价格及向行政区域政府提供某种税收或发展补偿。当相关团体就解决上述需求的方案达成共识时，也就实现了公平过渡。

　　目前，人们已经开发了几种财务工具，减少甚至消除监管类的公用事业单位因发电厂提早退役导致的收益影响。监管机构可以批准调整公用事业设施的收费标准，以加快发电厂资产折旧，也可以创建小型"监管资产"，在实际发电厂关闭后，将继续作为发电厂盈利发挥作用，或者发行特殊的抵押债券以补偿发电厂在关闭前预计产生的收益。[9]这些措施均会增加消费者支出，从而补偿投资者，但综合考虑前述支出及新的可再生能源电力投资后，总账面所受影响通常会减弱，因为来自可再生能源的电力往往比退役的化石能源发电厂更廉价。财务措施还包括用于员工再培训及发展经济的资金。[10]

　　就人而言，提前关闭发电厂最棘手的方面莫过于对下岗职工和邻近社区造成的影响。在许多农村地区，大型发电厂是当地最大的用人单位和纳税主体。跟其他大型基础设施一样，发电厂在其周边形成了一个商业生态系统，直接或间接为大多数人提供就业机会，又可为地方非能源企业和政府服务源源不断地带来收入。因此，关停发电厂所造成的经济影响远远超出了发电厂员工的范围，还会波及他们的家庭，以及当地其他企业和像医疗保健等基础社区服务。在美国，许多拥有火电厂的社区已因经济活动的减少（包括采煤）而凋敝，深陷毒品横行和其他严峻社会问题的泥潭。

这些客观事实正促使气候政策制定者和倡导者们努力寻找减少甚至消除化石能源发电厂关停对当地经济社会影响的战略。一个国际研究小组，即"煤炭转型项目"，在针对全球提前关闭的发电厂进行广泛研究后，确定了 7 种"经济韧性与转型"战略，见表 8-1。其他团体也收集了大量有关社区如何应对煤电及煤矿关停的案例研究。[11]

表 8-1　　　　　　　　　煤电关停后的社区恢复计划

计划名称	简要描述
"相关产业多元化"	发展不涉及煤炭的相关产业
"巧妙聚焦"	发展发挥本地竞争优势的产业，比如铁路、地方特产
扶持地方创业者	为新创企业提供科技及资金支持
改善本地基础设施	新建能够吸引新业务的基础设施，比如办公场地或无线网络
提升软实力	新建便民设施，比如学校和公园
吸引公共服务机构落地	本地拥有军事基地、政府机构、学校或医院
吸引国家创新或能源转型项目落地	本地拥有 CCUS 电厂、工业示范及其他大型先进能源项目

来源：文献 Based on Sartor（2018）。

前两种发展战略有很多案例，相关的产业多样化及智能专业化，或正在讨论中或已部署实施。在美国、欧洲和中国，人们对煤电加以改造，令其改用天然气。当然，这并非完全脱碳（因为没有CCUS），但确实可使化石能源发电厂继续运转更长一段时间。[12]其他经济发展战略包括将发电厂用地改建其他工业电力设施，因为这些场地通常具有完善的基础设施优势，例如，深水港和坚强输电网络。美国电化学协会（AES）前高管 Robert Hemphill 先生曾提议，利用关停的加利福尼亚发电厂，开展太阳能海水淡化。马萨诸塞州当局正将前布莱顿燃煤发电厂改造成海上风电支持中心。[13]

除了场地功能重新定位，转型战略越趋于分散化，难度往往越会增加。许多国家或地区，已经制订相关计划来培训和援助因煤炭转型而被迫下岗的工人，例如，美国阿巴拉契亚地区委员会（U. S. Appalachian Regional Commission，ARC）。[14]此外，除了发布辅助材料和制定地方战略外，该委员会还为员工再培训计划实施、受影响社区新产业发展及助推经济恢复和转型的基础设施建设提供资金。在法国，政府提出了"转型合约"，旨在向该国4座剩余煤电厂的所在社区提供帮助。[15]美国前副总统戈尔在其《24小时气候现实》（2018年）中，提出了一项极具吸引力的再培训计划，即参考加拿大阿尔伯塔省对下岗的油气工人进行培训，使其成为风电厂的骨干技术人员。[16]

由于各种原因，与其他两类所有权形式的基础设施相比，提前关闭IOU类型发电厂更为容易。该公用事业单位拥有许多非发电厂类的资产，可以持续发展业务和保障收入来源，同时对替代电力的投资也可能成为新的业务和利润来源。如前所述，IOU可将更便宜的可再生能源与投资者补偿措施相结合，最终生成的总纳税人账单，与继续发展化石能源发电厂业务类似，从而缓解纳税人代表及投资者的担忧（为公正的转型方案提供资金支持）。[17]

2018年Xcel Energy公司的Commanche 1、2关停计划就是一个很好案例；Commanche 1、2是位于科罗拉多州普韦布洛的两家燃煤发电厂。该公用事业公司提议提前约十年关闭660MW发电厂，并用新增1100MW的风电机组、750MW太阳能发电机组、380MW可调节天然气机组和一定规模电储能（这也是实现电网清洁化的常规工具组合，详情请参阅第6章）来代替。[18]由于科罗拉多州的风电和太阳能发电成本下跌到低于燃煤发电厂的水平，因此该公用事业单位制订了一项有效计划，旨在通过加速折旧来偿还投资者，同时又不会对电费产生太大影响。

Xcel Energy公司的计划十分有效，它缓解了关停煤电对普韦布洛地区造成的经济影响，如不是此计划支持，将因关停Commanche电站失去80个高薪工作。[19]该公司将旗下三家太阳能发电厂中的两家部署在普韦布洛地区，这也是这项计划的关键所在。

此外，普韦布洛地区拥有一家钢制风电塔制造商，预计它也将从 Xcel Energy 公司的新增风电装备采购中受益。该地区经济发展部主任 Chris Markuson 先生指出，该计划实施后，普韦布洛地区税收的总净收益将达到 140 万美元，这对于一个同时失去两个大型发电厂的社区而言，无疑是一个双赢结果。Markuson 表示，他希望新增发电厂能"使普韦布洛成为可再生能源开发的主要地区"。[20]尽管如此，Xcel Energy 公司的计划还是遭到了国际电气工人兄弟会（IBEW）和当地消费者团体的反对，后者担心该计划将导致电价上升。[21]

提前关闭发电厂甚至对公共事业所有制发电厂带来严重影响，包括农村电力合作社在内。这些公用事业单位归社区所有，因此很难承受电厂提前关闭可能带来的经济打击。他们既无第三方资产持有人来帮助降低损失，也无联邦或州授权的税收自由度，因此不具备制定税收相关的财务策略来缓解电价费率影响条件。但即便如此，不断降低的太阳能和风能发电成本，以及火电对当地和全球气候影响引发的广泛关注，都在促使人们考虑提前关闭化石能源发电厂。佛罗里达州的奥兰多公用事业单位就是一个案例，该单位正着手提前关闭 Stanton 一号和二号机组。[22]

最难关闭的一类发电厂要数独立发电商（IPP）。这些发电厂的所有者是不受监管的营利性公司，受发电成本与长期合约及现货市场销售价格之差的盈利所驱动。如果化石能源发电厂无法持续产生收益，他们极有可能会将它尽快关闭。然而，许多传统的独立发电商，要么是以低发电成本交易的煤电，仍可产生一定利润，或是可产生丰厚利润的燃气电厂。此外，独立发电商既无义务也无机会用新的创收电厂来代替已关闭的发电厂；他们必须竞争每一个售电机会。

这种情况的存在，使政策制定者没有采取任何措施，来鼓励独立发电商提前关闭发电厂。在落基山研究所（RMI）关于提前关闭发电厂的指南中，适用于自由化市场的大多数方法都涉及强制关闭发电厂或改变发电厂运营的经济状况，通过降低利润率促使发电厂所有者采取行动。由于独立发电商的运作方式不同于 IOU、公用事业公司和电力合作社，因此帮助转移企业劳动力及缓解社区经济影响的义务通常也较少。

最近实际或预期的发电厂关停模式差异，跟发电厂所有权不同紧密关联。在美国，2007~2016 年期间，煤电退役中，受监管的发电厂占到 63%，至少还有 9 家受监管公用事业单位宣布将进一步关停旗下发电厂。[23]Xcel Energy 公司首席执行官 Ben Folke 代表大多数企业发言，当然也包括受监管公用事业公司；他最近表示："毫无疑问，我们肯定要关停公司旗下的煤电，这只是时间问题"。[24]美国的燃煤独立发电商正逐步关闭发电厂，据说正在扩大计划退役发电厂规模。在大多数发电厂为独立发电商或公有制电厂的欧洲，政府强制性命令是发电厂关闭的主要推动方式。欧洲 11 个国家宣布了到 2030 年或更早的阶段性退役计划，涉及规模占到欧洲煤电容量的 21%，另有 5 个国家正考虑出台类似措施。[25]

最近，有关发电厂转型的主题正悄然发生着变化，其中就涉及燃气发电厂的提前关闭。2019 年 6 月，Michael Bloomberg 在麻省理工学院的致辞中表示，他的基金会正在将其资助项目的名字从 Beyond Coal（超越煤炭）更改为 Beyond Carbon（超越碳）——这无疑是将关停燃气发电厂方面"摆在台面"上的信号。[26]正如在第 6 章中我们看到的那样，电力系统规划和建模分析人员正努力规划和模拟全脱碳的电力系统。

电力市场与电厂财务运营

寻找有兴趣将发电厂、输电线路和储能整合并打造无碳电网的投资者似乎完全不是问题。只要有需求，谁不想投资无碳资产并以实惠价格提供必要服务呢？

理论上讲，这完全正确——这世界不乏有对投资清洁能源感兴趣的资本。问题在于，风险和收益是否对等，是否足以支持投资者开具支票。当涉及实际融资情况时，监管机制和公共政策就决定了风险/收益状况，而公共资本和风险担保必须能填补缺口。

在现代产业中，电力资产主要通过三种方式融资。受监管的公用事业公司通过发行股票（就 IOU 而言）和债券来进行"资产负债表融资"。由于监管机构监督公用事业公司投资，因此可提供意向性担保——尽管并不完全确定，即监管可确保公用事业收入足够充足，可为投资者提供合理回报。[27]与潜在的收入担保相比，受监管的公用事业公司定价结构细节对投资者的吸引力较小。如果将无碳电网资产纳入监管机构批准的公用事业投资计划，那么从公用事业庞大的投资者群体中募集资金将毫无困难。[28]实际上，公用事业单位和其他根据公用事业部门授权运营的电力零售商，不是被鼓励而是被要求着投资。这些"负荷服务实体"中的大多数都必须向监管机构证明，他们拥有与预期负荷峰值要求规模相匹配的发电厂，或者已与具备该实力的发电厂签署了协议。无论是通过所有权形式还是合约形式，支撑满足系统"资源充足性"要求的发电厂，极少碰到融资困难的问题。[29]

在放松管制（重组、自由化）的市场中，金融家的角色更为特别。在这些市场中，每种电力资产都应该参与市场竞争，证明其存在的合理性，因此一个项目只有一次融资机会。要获得清洁电网资产的股本或债务，必须用合理收益来说服投资者，但这一点无人能保证。要预测投资者的利润，你就必须估算具有数十年资产寿命中的项目成本和收入。估算风能或太阳能发电厂等资产的建设和运营成本并不难，但收入呢？

在自由市场中，电力资源通过三种机制来销售三种不同的产品来获利。传统产品为电能量、容量以及各地区仅由一个电网运营商购买的一小类专门的电力服务。稍后我们将看到，扩展和重新定义第三类电力服务至关重要，今天它们被称为辅助服务。但在可预见的将来，几乎所有的收入都将源于电能量和容量市场。

作为优先销售机制，这些产品可在短期市场或现货市场上进行交易。人们针对放松管制（自由化、重组）的大型电网的每个部分，创建了集中式现货市场，发电厂可在此交易兆瓦时电能量。因实质技术原因，允许进入该市场的所有兆瓦时都为等值电量。电量可以按小时、天、月或更长时间出售。在国家监管机构的监督下，独立市场运营商可根据买卖双方的出价进行匹配，并确定每时、每天和每月的市场价格。

如果现货市场电力价格足够高，且在未来 5~10 年内也能保持高位，那么电厂建设者可能会决定冒险贷款建设发电厂、储能设备、输电线路或其他电网资产，而且按小时加以出售电力。在行业内，这些被称为独立工厂或独立线路。[30] 小时级电价始终在变动，但随着系统内可用发电厂数量的减少，这些集约式市场中的电力价格应趋向更高，并会在激烈的市场竞争下继续飙升。由哈佛大学教授 Bill Hogan 领导的专家团队认为，吸引新增发电厂投资的关键是，在需求旺盛时允许现货价格升至非常高的水平，这一方法被贴上"稀缺定价"的标签。[31]

稀缺定价引发的管理问题是，监管机构必须做好准备，允许价格经常飙升至 10 美元/kWh，甚至更高——该价格为当前零售价的 40 倍，以向潜在发电厂建设者发出信号，证明他们将获得充足的利润。同时，除其他不可抗因素之外，监管机构还必须保证，消费者在价格飙升期间支付的高昂价格确实能带来新的装机容量，而非仅仅是为现有发电厂所有者带来超额利润。[32] 到目前为止，各个地方的监管机构都不允许价格达到不受控制的峰值，而是仅允许价格上涨至接近 1~3 美元/kWh 的上限。[33]

在美国，得克萨斯州是稀缺定价方法应用的典型代表，那里现货电力市场的电价上限高达 9 美元/kWh。该州就新增发电厂的建设是否充足这一问题的辩论一直争吵不休。自 2015 年以来，几乎所有新增装机容量均是风力发电和太阳能发电，均受到外部合约的约束。尽管如此，该州一直都是稀缺电价的坚定拥护者，且在持续加以改进。[34] 即使没有实现全面的稀缺定价，德国和西班牙也有若干独立发电厂在快速发展，同时欧盟电力行业的一些投资者期望，随着时间的推移，将有更多资本注入这一领域。[35]

尽管有例外情况，但利益相关者普遍认为，仅依靠电力现货市场的收入和稀缺定价，依然无法快速有效地实现脱碳。在某种程度上来讲，这是因为将全部电量卖给短期现货市场的机会风险远远超出了市场价格的波动风险。现货市场风险包括电厂投标可能根本未投中；可能无法为所售电力找到买家；或者即便找到了买家，也无法将电卖给对方，因为根本就没有可用的输电线路。可以肯定的是，现货市场规则和其他可能影响市场价格或销售机会的政策会随着时间而改变。美国国家实验室的一个专家小组总结道："实际上，稀缺定价的随机性和波动性，使得新一代电力设施投资变得十分困难且充满风险"。[36]

那些在当前现货能源拍卖中提供电力的资源，进一步削弱了通过现货能源价格为全新无碳资源融资的难度。由于风能和太阳能发电厂的燃料成本为零，因此不受监管的风电和太阳能发电商能以接近零的价格，在现货市场中出售电力。这自然会拉低电力的市场价格，令潜在卖家的收入受损。为了使相关讨论更容易理解，请参阅附录 B 查看该现象详细信息。目前的重点是：随着风电和太阳能发电电力的稳定增长，现货市场电力价格将下降至更低水平，除非从根本上重新设计相关市场机制。

在考虑建立新的无碳系统前，限价能源市场的收入通常甚至也不能支持新增发电厂的建设。这就令监管机构和政策制定者比较担心，是否还有充足电源来保障用户需求。放松管制的想法是：大型电力零售商将汇总广大消费者的需求，而这些零售商在大电网市场上的购买将推高价格，令供应商获利。这也是正常市场运作的方式；然而，由于各种原因，包括价格上限设定，电力现货市场的价格不够高，无法保证充足的电源新建规模。在对电力市场状况进行深入回顾后，Paul Joskow 教授——电力经济学院长及电力放松管制的主要设计师之一——得出了如下结论：仅调整现货市场并不能取代其他气候政策，更不能消除对电力容量市场或合约的需求。他强调说："我们迟早会面对这个问题"。[37]因此，在重组后的大电网中，将使用容量市场和合约等两种机制来确保充足电力资源供应。

长期市场的利弊权衡

第二种销售机制为长期合约——一种在重组市场中，吸引投资的最快、最可靠方式。就发电厂而言，合约通常被称为购电协议（PPAs）。通常，购电协议会规定从发电厂购买大部分电量和容量，而相关费用取决于各种性能要求。"承购"购电协议，就会以合约规定的价格购买了可再生能源电厂的大部分电量，实际上也保证了该发电厂新增机组的建设。[38]这同样适用于各种类型的储能资源、非监管类输电线路以及许多其他长生命周期的电力资产。因此，绝大多数独立发电商电量都通过购电协议销售，而非在现货市场上以按小时交易的形式出售。在大多数重组市场中，长期合约交易收入占总收入的 90%~95%。[39]

迄今为止，美国最成功的清洁能源政策之一是《可再生能源配额制》（RPS），它要求电力零售商签署长期的绿色电力合约，以迅速促成新增发电厂的融资。[40]另外，越来越多的可再生能源电力，由企业和其他用户自愿购买，同样依靠可促进新增发电厂投资建设的长期合约。2018 年，美国新增的大型太阳能发电和风电规模达到 11 500MW，其中超一半的规模（6500MW）通过与大型企业用户签订长期合约达成购买协议。[41]当技术相对较新且未经充分验证，或对技术未来需求难以预测时，长期合约形式对于加快技术应用显得尤为重要。在第一代无碳和近无碳电网中，这种情况时常发生。[42]

合约能高度确保收入，这使得它们在确保投资方面能够发挥重要作用，然而，这也是合约最薄弱的环节。当价格或市场条件发生变化时——尤其是当技术变革或供过于求导致价格随时间下滑时，受合约约束的购买者就会陷入成本过高或技术低劣的困境。确实，一些燃煤独立发电商之所以能继续运营，是因为拥有长期销售合约；正因为有了这些合约的保障，它们才能继续享受原本在市场上无法获得的价格。即使是一家以现有价格购买太阳能发电电力的公司，也不得不遵从于这样一个事实：若干年后，电力价格将下滑，而公司支付的价格比新签订合约公司支付的价格更高。而且由于合约通常包含买卖双方协商确定的特殊约定，因此这些双边文件很难相互比较，或转让给第三方，也就不利于市场流动。

在第3章，我们回顾了能源需求预测方面不如人意的过往成绩，他们糟糕的表现超出了许多政府制定的能源规划和相关政策的预测范围。[43]长期合约得以签署确定，通常也是这些规划或政策促成的结果之一。当这种情况发生时，电力价格随后大幅下跌，买方（通常是配电公司）和促使合约签署的有关政策，都因消费者支付了高价而受到严厉批评。以西班牙为例，2004年政府强制配电公司以固定价格购买太阳能发电电力，但是后来政府认为这些合约价格过于昂贵并拒绝支付，引发了大规模诉讼活动。[44]在20世纪90年代也曾发生此类问题，而且问题更为严峻。当时联邦《公用事业监管政策法》（PURPA）要求公用事业公司与热电联产和早期可再生能源发电厂签署长达20年的采购合约。这些合约为第一代独立发电商提供了资金，这是PURPA法案的目标。但是，合约规定价格和市场价格之间差距不断加大，导致公用事业公司和消费者均对相关要求抱怨不停。[45]

在某些政策领域，由于这段过往历史，还让人们对任何形式的政府规划以及与之有关的长期合约和项目产生了一种负面联想。因为上述种种缺陷都不可避免，使得人们应尽量依赖长期没有锁定价格的竞争性市场来摆脱影响，换言之，将更多的风险转嫁给竞争性卖家，而非公用事业公司和纳税人。此外，对于一个地区而言，围绕最可承担、最可靠的无碳资源结构，仍然存在许多问题，因此，即使是最好的规划，也可能错判技术、成本或其他要素的变化。

可以通过竞争性报价来规避某些合约问题，现在这已成为一种适用于所有情况的常规操作。当然，缩短合约期限，也可在一定程度达到目的。正因为人们对合约的担忧，导致了另一种收入担保机制的产生，可以为某些新的清洁能源项目筹集资金，那就是容量市场。支撑容量市场背后的理念是，参考长期合约下的年度结算方式，创造一种类似的标准化产品。卖方无需签订长期合约，而是在区域拍卖中，为存量发电厂和规划新增发电厂的容量招标。存在容量需求的购买者，可提出未来几年的容量需求。拍卖运营商针对未来各年度容量需求情况，选择最便宜实惠的容量供应报价，这些容量加起来等于买家的总需求，最高容量需求（市场出清）价格将提供给所有竞标成功的供应商。容量市场由中立代理商，例如，区域输电运营商（美国）或政府（英国）运营，通常会针对未来 3 ~ 5 年交付的容量需求。美国拥有 3 个容量市场，每一个都覆盖了大片区域；而欧盟约有 15 个容量市场，每个市场都集中面向单个欧盟成员国。[46]。

容量市场听起来很简单，而且能提供实质性好处，但在建设运营过程中可引发一系列备受争议的问题。最重要的是，其中一些问题，涉及容量市场的竞争目标与脱碳推进政策之间的深层次冲突。

像大多数市场一样，容量拍卖的基本目的是从价格最低（由当前市场体系认可）的供应商那里购买。未定价的外部因素，如碳税，不在计算之列。除非标准化所拍卖的容量属性，否则无法确定最便宜的产品；而且，数十年以来，常规电源容量一直是行业中的标准产品，因此这是合理的开始方式。如果真的想找到最便宜的产品，可以让符合标准属性的每种容量产品都进入市场。

前几代容量市场（我们今天依托的市场）有意识地将容量定义为按需提供电力所必备的基础能力，也就是全球最大容量市场运营商 PJM 所说的："电力供应商按需提供能量的承诺"。[47]"这些资源包括增量发电机组和存量发电机组、现有发电机组升级，需求响应（消费者减少用电量获得收益），能源效率和输电方式升级"。[48]简而言之，几乎任何未来可按需提供能量的大型供应主体，或保证一年中的任何时候都能大幅减少需求的负荷主体，都可在现代最好的容量拍卖中出价。[49]

正如人们所期望的那样，向所有类型资源开放的容量市场，通常能找到比简单建造新发电厂（任一类型）要划算得多的解决方案。需求响应和能源效率项目通常会获胜，因为比新建发电厂便宜——即使它们的贡献只能维持几年。随着这些市场找到大量廉价有效的短期资源，容量价格也会随之降低，这就使得全新的无碳的电源容量更难吸引到投资。

在这种市场中，人们仅根据报价评估化石能源发电厂。现有的一些化石能源发电厂能以极低价格参加容量拍卖，这意味着它们很可能成为获胜集团中一分子而赢得容量费用，从而延长了使用寿命。如今，需求响应和一些节能资源的价格也相对低廉，因此通常也能取胜。就价格较高的化石能源发电机组而言，仅当市场出清价相对较高时，它们的出价才能竞标成功。同样，由于技术成熟度仍待提高，发展规模需要扩大，新型无碳资源价格也可能更高。

由于容量市场寻求的是最便宜而非最低碳的容量，因此它们没有理由促进脱碳。实际上，这些市场已确保需求响应措施可替代部分化石能源发电厂容量，因此肯定具有一定的环境效益。[50]然而，当前容量市场一些固有特征，往往不能充分支持可再生能源。正如第6章所述，无碳电力的两个主要来源（风能和太阳能）的容量在本质上是可变的。按照容量定义，要求按需提供1MW的单位机组容量，但是具有1MW容量的风电机组或太阳能发电站，却无法保证提供1MW的容量。而且，必须在不同位置部署约3~10MW装机容量，才能够确保始终按需提供至少1MW的电力。[51]从容量供应的角度来看，风电厂和太阳能发电厂并不能像在前述单独电量市场中出售的"可用"电量一样便宜。换言之，按照整个发电厂购买容量服务的基本思想，仍然是第6章所述传统设计范式的延续。在新的设计范式中，各类容量资源被整合以确保可靠供应，而非一次就要购买一座发电厂。

当前容量市场的其他功能特征也不起作用。[52]由于技术原因，容量市场的最终价格往往会剧烈波动且难以预测，有时2年间就会出现显著变化。在美国最大的拍卖市场中拍卖，价格在2011~2012年间直线下跌了85%，但在2013年就几乎翻了一番，然后又在2014年飙升了近500%。[53]

此外，在美国容量市场上最长只能出售 5 年的容量，一般情况下只有 2 年或 3 年。这两个特征都能帮助长生命周期的新型清洁能源项目尽可能便宜地获得融资。

最近许多拍卖结果也证明了这一点。PJM 的上一次拍卖发生在 2018 年，分别售出了约 5000MW 和 30 000MW 的现有燃煤发电厂和燃气发电厂容量，占所有中标标的总容量的 75% 以上。约 14 000MW 的需求响应和能源效率资源也得以顺利拍卖，但只有 205MW 的光伏电站容量售出。风电表现略好，有 1300MW。[54]同样，在英国 2020~2021 年度的容量拍卖中，85% 的中标容量来自现有燃煤、天然气和核电站。其余中标者包括 2 个新增燃气发电厂和 500MW 电化学储能电站。一位电力公司高管在拍卖会上指出，拍得的现存燃煤机组容量是新增燃气机组容量的 20 倍，这也传达出一个信号，人们"愿意将这些旧燃煤机组资产抛出，直至最终不得不结束"。[55]

完善长期市场机制

气候行动支持者们对这些交易结果极为震惊。他们不断施压，呼吁改变和寻找容量市场替代方案，以此助推煤电退役并加速应用新型清洁能源，进而在经济性和可靠性之间达到平衡。市场设计者们则以两种截然不同的方式做出回应。首先是要认识到当前容量的标准定义已经过时，并不适用未来。正如美国的一位专家组指出的那样："容量从来就不是一个明确术语，它受到利益相关者的影响；受实现利益平衡的驱动，利益相关者只会支持传统资源，而非新技术"。[56]

理论上，为了纠正这一点，应将容量的一般性概念分解为多个更为复杂且适当的产品，这些产品应体现未来系统设计师用来规划新范式电力系统的重要"属性"。例如，容量拍卖不会奖励那些可迅速调整出力，以平衡风电和太阳能发电波动的发电厂；然而，这种快速爬坡能力是电化学储能和水力发电厂的宝贵属性，而非火电厂。另一个想法是按季节定义容量单位，允许风电和太阳能发电发挥其季节性优势。[57]理论上，通过将容量分解为多个复杂的产品，并按所需量进行售买，那么容量市场预计可为更多新类型资源应用提供资金。

实际上，随着分类的持续细化，能量和容量市场之间的分界线将逐渐模糊，形成一系列相互关联的"电力服务市场"。它们的名字听上去十分陌生，例如，同步惯性响应和稳态无功功率。[58]被称为能量市场的剩余产品的未来价格，可能会继续被风能和太阳能推向低谷。但如果一切按预期运行，其他电力服务新产品必将产生足够收益，促进最低成本电力系统设计所需的每一类新型电力资产的建设。

到目前为止，几乎所有人都同意，容量和能量市场必将细分，但这是一个缓慢且时走时停的过程。[59]每个新定义的、相对陌生的电力产品市场都必须有相应市场规则来规范，包括进行检验，以确保新市场形成具有竞争力的定价方案；如果市场需求量不能有效满足，则需加大供应支持。加利福尼亚州市场运营商认为，在 2011年购售快速调节资源是个好主意，并向美国联邦监管机构请求增加此类产品，并最终在 2016 年 11 月获得批准。[60]同时，化石能源倡导者往往会竭尽所能，减缓任何可能损害其盈利前景的新产品面世或市场规则变化。在最好的情况下，只是规则改变缓慢；而在最坏的情况下，他们甚至会采取行动，阻止气候政策出台。

一些电力市场机制设计师对该建议的反应非常直截了当：如果无碳是想要的容量资源属性，可以直接评估它。针对所有碳排放发电厂制定碳价，并强制它们对此买单，这将使这些资源变得更昂贵，无法在市场中竞争成功。若能通过直接或自动方式达成的目的，就不要试图采用间接方式，通过提高电价和创建有效市场就可以将化石能源的价格提高至足以使这些资源停产的水平。这样一来，既可提高经济效率，又能实现零碳排放。

实际上，绝大多数国家和"地区"已经采用了多种形式的碳定价机制。据世界银行最新统计显示，到目前为止，45 个国家和 25

个地区已采用或计划采用某种形式的碳价。统计数据显示，到2020年，全球约1/5的温室气体排放将因碳价而得到抑制。[61] 然而，到目前为止，仅有6个国家将碳价定在40美元/t或更高水平——该水平已接近碳排放的社会成本，可促进快速周转。多位专家还提出了其他巧妙方法，比如将碳价自动纳入电量和容量市场拍卖中，但到目前为止尚未被采用。[62]

特别是在美国，真正意义上的碳定价，似乎还有很长的路要走，这很难安抚气候行动支持者。但是，当辩论范围进一步扩大，将其他数十种州和联邦政策的影响考虑在内时，情况变得愈发模糊。这些政策影响了容量供应商可能愿意参与竞标的价格。清洁能源反对者认为，容量市场对它们持有偏见，因为太阳能和风能发电享受了税收抵免、研发补贴和其他利好政策，从而能在价格上低于不享受上述政策的电力资源。此外，化石能源支持者指出，当清洁能源项目因某一州可再生能源配额政策为其部分电力获得合约时，那么该项目剩余电力将得到有效补贴，进而能以不合理的低价出售。对此，清洁能源的支持者反驳道，化石能源和核能已经获得了数十年的州和联邦补贴，而火电厂无法估价的负外部性要显著高于可再生能源发电，但由于化石能源发电厂的补贴不直接、不明显，因此通常未纳入辩论范畴。

这场激烈争议的最后一个内容涉及是否应禁止或惩罚某地区容量的买卖双方绕过容量市场订立双边合约。公共政策阻止意向购买者和意向出售者自愿达成双方均认可的协议，这一点似乎很奇怪。但实际上，这样的政策少之又少。在美国，某些区域的容量市场上实施了此类规则，这是因为除非所有买卖双方都在同一集中市场上开展交易，否则容量拍卖价格将不会有效或公平。可以预见的是，无论价格如何锁定，希望订立稳定长期合约的买卖双方都不认可这些要求。因为它们在脱碳方面，显得无济于事，但就平衡而言，似乎也毫无用处。[63]

除了各容量卖方得到了无数和多样的正面和负面补贴外，这还引发了一个难题。一方面，大多数市场机制设计者都希望每个主体

在同一市场内交易，但各种竞标者都有（或据说都拥有）各种形式
的补贴。美国监管机构在价格合理的前提下，批准了这些市场，他
们采取了禁止卖方利用已确定补贴来降低出价的规则。换言之，监
管机构强制要求一些受"补贴"投标人的出价，不得低于他们认定
的、对其他"无补贴"投标人公平的最低价格。所有这一切必须在
监管机构还试图确保拍卖不受大型买家或卖家垄断势力、求购或供
应信息不足或任何其他结构性市场力量的约束时才能进行。[64]

在美国和欧盟，这一做法已被证明是解决激烈争端和诉讼的有
效办法——在这些争端和诉讼中，化石能源利益与清洁能源利益互
相冲突。长期以来，对于哪类能源享受了最多补贴这一问题，人们
一直众说纷纭。但当美国的可再生能源配额制（RPS）和税收抵免
被列为必须计及的主要补贴时，这对美国的清洁能源尤为不利。举
例而言，联邦能源管理委员会（FERC）最近命令 PJM 容量市场在
其下一次拍卖中将所有可再生能源补贴计算在内，以此作为推广煤
炭政策的其中一个环节，这立即引起清洁能源支持者的不满。[65]同
时，在欧洲，欧盟委员会正探讨于 2025 后限制部分或全部燃煤发
电厂容量投标的提议。[66]

围绕这一系列相互关联的议题和争议，即如何协调大电网容量
市场及实现气候更快改善，形成了 4 类主要观点。争论主要围绕 2
个关键维度，具体参见图 8-1 两个轴所示内容。图 8-1 纵轴把那些

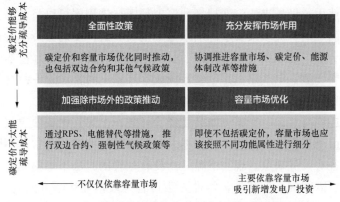

图 8-1　关于协调气候政策和容量市场的四种主流思想

将碳定价视为重要必备条件的人与认为碳定价不可行因此不予重视的人一分为二。前者认为，没有碳定价，脱碳势必失败；后者认为，其他政策和市场必将发挥大作用。图 8-1 横轴则将那些认为通过容量市场产品分解和其他修补方法，可令容量市场比长期合约发挥更好作用的人与那些持相反意见的人一分为二。

最近，"美国电力计划"的综合研究团体发布了一系列具体的长期市场改革提案，涵盖了象限的下半部分（即尽管他们完全支持碳价，但不需要碳定价）。[67] 一项由市场专家 Rob Gramlich 和 Michael Hogan 提出的方案完全避免了集中式容量市场，转而提出了分布式的双边合约制市场。[68] 每个垂直一体化的公用事业单位或放松管制的电力零售商，都必须就契合当地、州和联邦气候及其他政策的电力供应进行谈判并签署合约。一个州可以要求电力销售商到 2040 年仅提供无碳能源，而另一州则可能定期滚动开展能源或综合资源规划，从而制定所需的最低成本购买原则，例如 xMW 的可再生能源规模、yMW 的储能规模和 zMW 的需求响应规模。Brendan Pierpont 也提出了类似建议，即增加一个集中度更高的合约确定流程。请参见图 8-1 左下象限来查看详情。

图 8-1 右下角的对比提案来自专家 Steve Corneli 和 Eric Gimon。[69] 这两个提案都提到了针对长期（容量）资源的集中式区域采购机制。为了确定采购容量资源类型和规模，独立的区域拍卖运营商使用了最先进的电网规划和模拟程序，该程序可以将电力部门必须满足的各类政策要求都纳入考虑范畴。选择要购买资源的流程与第 7 章中建议的输电线路规划流程非常相似——因为它本应如此，要知道输电线路只是创建最低成本零碳电网要求的一种（尽管也是独特的）资源。

也许有一天，专家可能会凭经验证明，上述其中一项建议可在所有市场有效发挥作用，但我本人对此持怀疑态度。通常，不同的提案各有其优缺点。现实情况是：没有完善的方法来筹集无碳电网资源所需的资金。此外，每种方法自有其政治经济学方面的意义，这就使其中一个或多个方法要么取消禁用，要么进展极为缓慢。然而，在实施容量市场的地方，一套最佳实践的方案正在稳步推行。这些最佳实践方案中包括允许需求响应和能源效率资源进入容量市场；允许在容量市场外达成双边合约；在进口电力可提供可比安全性时，允许其参与竞争；公平地对待容量可变的可再生能源投标人；分别识别和奖励环境效益属性；持续拍卖，以确保新资源得以融资。[70]

长期市场方法无法在所有地区占据主导地位的一个重要原因是：每个地区的大电网资源融资方法必须与行业内分销方和销售方进行有效联动，因为必须是后者最终从市场用户获取的收入来支付这一切。换言之，该行业上游的架构模式、管理模式和商业模式必须在政治、经济和技术三个层面，与构成行业下游的分销机构和零售商尽可能地无缝协同工作。鉴于碳减排的迫切性，当务之急是找到一种能以实惠价格，尽快降低排放的方法，这与阶段 1 中系统设计者的目标不谋而合。

大型电网的未来

与我们即将探讨的小型电网公共设施不同的是：无人预计大型电网发电商或输电商的商业模式将遭受巨大破坏。在为数不多的几个本地发电充裕的地区，大型电网可能面临萎缩境遇并因此被重新整合。然而，正如第 2 章和第 3 章所述，未来几十年内，大电网的力量注定会在大多数地方继续发展壮大。大电网商业模式将不可避免地变得更为复杂，但从本质上讲，它们将从合约、现货市场和/或固定费率基准中获益。如果到 2050 年，现今在世界各地活跃的许多发电公司依然能领衔行业，我绝不会感到惊讶。这种相对安全的增长情景说明了为什么大电网领域对追求高稳定性的长期投资者具有强大吸引力。

然而，大型电网也必须经历物理形态和制度的转型。它必须迅速淘汰或改造成千上万的燃煤电厂和燃气电厂，并用无碳发电机组和平衡资源迅速取代。支持这些发电厂的输电系统需要依托更宏观长远的综合计划，来适应这种快速变化。此外，各区域还必须重塑长期容量融资机制，为完全脱碳的电力系统募集充足资金。这些变化本身并非发电公司的新商业模式，而是形成收入、风险状况及可投资性的制度和流程改革。这些制度和流程不可避免地与我们将在第三部分探讨的新业务模式和治理模式发生关联。因此，大型电网公司和机构正努力应对自身显著变化的同时，也面临着更大的挑战及下游业务中断等问题——现在，我们将高度关注这些挑战和机遇。

第三部分

后碳时代的公用事业
运营及监管模式

第9章　公用事业的创新维度

美国共有 174 家私营配电公司（IOUs），此外，有 827 个配电系统归市政当局和其他政府机构所有，还有 809 个配电系统属于用户所有电力合作社。[1]这些配电商在形式和规模上不断扩张，遍布全美各地。在 33 个欧盟国家中，配电运营商构成情况也几乎一样的主体多元。曾有欧盟研究小组写道：一些成员国拥有数百家配电系统运营商，而其他成员国可能只有一两家。[2]德国有 900 家，而英国只有 14 家。[3]澳大利亚有 18 家，日本有 10 家，韩国有 1 家。[4]

未来配电商的管理运营工作将充满挑战。随着用户一方面愈发倾向于实现电力自发自用，另一方面又被入局竞争的新一代灵活便捷的数字行业对手所吸引，传统配电商的售电量或输电量或持平甚至下降。迄今为止，大部分竞争来自业内不太知名的后起之秀，但诸如亚马逊、谷歌以及其他大型公用事业公司也在密切关注配电领域。同时，决策者会要求利用清洁能源供电，增强系统抵御风暴和网络攻击能力，推动节约能源和其他公共产品，还要开拓市场实现创新，并继续以尽可能低的价格提供电力普遍服务。电网各节点市场空间都正处于被微电网分离的边缘，自身仍需要数百万美元新增投资加以补强。这还只是在考虑社会政治发展趋势之前所面临的情况，我们将在后面几章中继续进行讨论。因此，当全球咨询公司普华永道（PWC）报告称，公用事业管理人员"对……部门面临的几乎所有主要风险的担忧正在加剧"时，也就不足为奇了。[5]

如今，电力公司绝大多数情况下通过售电或输电来赚钱。为使公用事业公司能够正常收回已经支付的所有合理成本，并获得公平的投资回报率或费率基准，售电或输电价格由监管机构设定。这就为经常提到的激励措施出台提供了支撑，促使公用事业公司选择资本密集型解决方案，而不是更廉价的非资本收购方式（用业界术语来说，就是用资本支出取代运营支出）来提高利润。监管机构已经非常善于应对这种趋势，但不管做得多好，真正的问题在于：当某种出售产品销量稳中有降，而赚取利润的唯一办法，又只能是内置在销售价格中固定部分时，你会怎么做？

　　无需紧张，我们应该清楚的是：普通私营电力公司的业务运营还算顺利。电费在家庭平均预算中的占比是 1.03%，已降到 30 年以来的最低水平。平均电费没有太大变化，但其他大部分家庭消费支出却增加了不少。天然气是美国使用最多的电厂燃料，其成本实际上已经大幅下降，这抑制了第二大燃料（煤）成本的增长，同时可再生能源的成本也在大幅下降，包括较低的利率和工资增长率在内，所有这些都降低了公用事业公司实际平均成本，即使当收入持平的时候，也不寻常的拉大了成本和收入之差。

　　电力公用事业公司主要通过投资可再生能源、智能电网技术和增强自愈力来填补这一差额。电力公用事业公司投资预算达到了2008 年经济危机以来的最高点。[6] 由于这些投资提高了费率基准，进而增加了利润，使得相关公司经历了价格稳定但利润增加的黄金时期。以新泽西州一家知名电力公司为例，华尔街分析师描述了其近期发展计划：

　　　　PSE&G 今早提交了一份价值 36 亿美元的《清洁能源未来计划》。这项计划连同价值 25 亿美元的《能源强化二期计划》，预计将推动该电力公司达到其 8% ~ 10% 的基本增长目标。与分析日最初预计的 29 亿美元相比，该计划增加了 7.21 亿美元的 "能源云"（AMI）支出。这项计划，因与 Murphy 州长推动的建设一个更清洁的新泽西目标相一致，应该可以得到强有力的政府支持。因此新泽西州内完成资本运作不是问题，但让用户买单是主要限制因素。[7]

加之许多其他资产类别不稳定性增加、利润降低，美国公用事业股票最近表现非常好。自 2012 年以来，普通电力公司的累积投资回报率非常可观，达到了 76%。[8]

从长期来看，投资预期远没有那么稳定。正如我们所见，用户很有可能增加自发自用比例，并使大电网被众多微电网分离开来。这些趋势意味着输电量不会增加，电力系统运行将更加复杂和昂贵。按照美元计算，电力公用事业公司面临的挑战是找到新收入来源和股价增长方法。正如接下来的两章将说明的那样，每一种新商业模式增加预期收入的方法各不相同。但挑战不仅仅限于财务方面：建立在销售更多电量的基础之上的传统商业模式，已不再能描述电力公司新型多元化的核心使命。

电力公用事业公司正试图寻找从旧商业模式过渡到新发展目标的实现途径（如图 9-1 所示）。图 9-1 所示假想空间的三个轴代表电力公司调整其经营策略的三个主要方向。[9]图 9-1 的维度涵盖了公共设施管理自身必须首先解决的基本问题：电网监管业务模型是什么（如果有的话）？将从事哪些不受监管的业务？最后，应从何处着手实施呢？

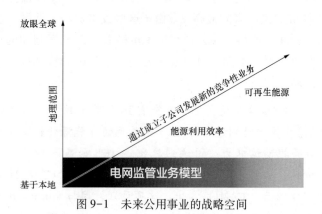

图 9-1　未来公用事业的战略空间

商业模式类型

战略选择中第一个也是最基本的维度是电力公用事业公司作为受监管或公有配电商未来的发展方向。尽管微电网和分布式发电（DG）正在减少电网绝对自然垄断，但这项业务仍将在很长一段时间内受到监管。如果电力公用事业公司打算继续经营配电系统，那么就需要制定一个满足监管机构所有政策目标要求的商业计划，并同时能够为股东带来足够回报。

在《智能电力》一书中，我提出了两种可能会对未来产生积极影响的新商业/监管模式：第一种为智能聚合商（SI），第二种为综合能源服务公司（ESU）。这两种商业模式都是为了明确配电系统在应对电力行业主要转型挑战中的角色定位而设计的。这两种商业/监管模式背后的理念是，电力公司和监管机构不再按千瓦时来监管、定价和销售主要产品，某家公司称之为"产品思维"。[10] 然而，这两种模式中提供的替代传统售电的方案有很大不同。

SI 行业设想由不受监管的能源服务公司组成富有生机的能源生态系统，这些公司除出售电量以外，还将提供节能服务产品、可再生能源和其他非能源产品，如家居安防系统。这类具有竞争力的多产品零售商，需要智能、可控且富集信息的配电系统来提供服务。这些公司可以通过多个沟通渠道广泛接触用户，但却只能靠一套输电线路来提供支撑。现在，许多专家提出了公用事业公司执行此类商业模式的其他形式，并将它们命名为网络协调器、平台型公用事业、市场顾问等。

在这种模式下，电力公用事业公司主要依靠复杂局势下有利的外部政策和市场条件，来应对行业转型带来的挑战。能源脱碳资金主要来自强制性规定或买卖双方的收费，例如，智能聚合商创建的交易平台。另外，智能聚合商还必须通过投资配电系统以及创建本地市场和实现集中采购，提高自愈水平和分布式能源资源整合能力。

ESU 这种商业/监管模式几乎是"智能聚合商"的镜像。在这种情况下，除了出售电力之外，电力公司还向个人用户提供服务。有关监管机构允许电力公用事业公司在审批的条款和价格下，向用户出售能效产品、能源管理、电动汽车充电服务、节能设备和可再生能源。ESU 还必须像 SI 一样，运营一个智能的现代电网，但其主要收入来源不是使用该电网的其他公司，而是购买各式各样零售能源服务的个人用户。

此外，ESU 还解决了转型面临的主要挑战，但它的作用更具全局性，而不是便利性，能够"控制"实现供给侧脱碳减排、增强电网自愈能力和提升分布式能源整合水平，当然，必须在监管和市场激励设计上反映这些额外增加的职责。

SI 和 ESU 是简化的受监管商业模式——这实际上是近乎戏谑的说法。图 9-2 展示了各种配电公司采用的商业模式所排列成的一个更精细的模式图谱。图谱中衡量变化的关键指标是配电商自行向零售电力用户提供服务的程度，通常被称为用户参与度。图 9-2 横坐标指标向左移动表示电力公司用户参与度下降，直至最后完全退出这个行业。图谱中每一种商业模式都附带对应的监管或监督体系，以及由周边能源服务公司（非监管附属公司或完全独立的第三方机构）组成的有些许不同的生态系统。

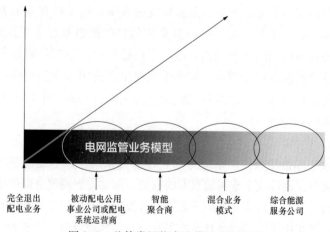

图 9-2　监管类网络商业模式主要类型

在模型的最右端，ESU 配电商们正如描述的那样选择（并在法律允许下）向用户出售全方位的能源服务。这些服务可能主要来自关系密切的合伙公司，但该电力公司被视为 B2C（企业对消费者）提供商，最重要的是被视为品牌商。ESU 周围生态系统由两种类型公司组成：一种是电力公司的各种服务的产业链上的一环（在消费者看来，它们不是一个独立的品牌），另一种是电力公司品牌的竞争对手。

图 9-2 中接下来的部分涉及一类电力公司，他们认为自己不是直接服务供应商，却是其他供应商提供能源服务中不可或缺的部分。这可以被称为"直接面向用户"或"已建立强有力伙伴关系"的智能聚合商，但本书中使用"混合"一词来描述这个模式。混合模式中的供应商并不拥有或冠名他们提供的大部分服务，但他们与独立品牌形成强有力的合作伙伴关系，有时还会与这些"首选供应商"联合创立品牌。这个生态系统与 ESU 所构成的生态圈相似，只是公共设施整合没那么严格。

图 9-2 的下一部分为智能聚合商，指的是继续充当平台和网络协调器，但放弃用户主要交易品牌身份的电力公用事业公司。大多数能源消费者选择与非监管的独立服务提供商进行交易，购买电力和所有其他相关产品（ESCOs），而 SI 在零售客户看不到的幕后完成输电和电网管理。该电力公司主要与有竞争力的第三方主体进行交易，因此它现在属于 B2B（企业对企业）供应商或批发品牌，而不是零售品牌。这是至此商业模式图谱中最大的一个转变。

图 9-2 向左的下一部分是与独立（非盈利）配电系统运营商（DSO）配合的被动所有权商业模式。在这种模式中，配电公司拥有但不经营自有配电系统，因此实际上根本不与零售电力用户打交道。[11]这模仿了现行的大电网商业/监管模式。在大多数大电网中，允许公用事业公司同时发电和输电，但不允许他们经营输电业务，因为可能会偏袒附属发电公司。例如，假设没有独立监管，电力公司可以经营其输电系统，使得具有竞争关系的发电商在某些时段难以销售电力，而该公司所属的电厂却可以轻松实现。

监管机构可以对这种歧视进行监督。事实上，大多数西方国家都有一套广泛的、强制执行的规定，要求"开放使用"输电系统。然而，某些领域的决策者们并不愿意仅仅依靠监督，因此进一步要求输电业主将日常运营权交给专门的非营利系统运营商，缩写为TSO、ISO、RTO或TO。无论任何发电商使用相关输电线路，都要继续向输电业主支付核准的输电费用，但是对使用线路的用户没有控制权。输电业主的工作变成了维护或更换现有的线路，并根据需要规划和建设新的线路。本书将这种情况形容为一种被动所有权。拥有输电系统的电力公司不希望失去输电线路的日常管理权，但他们同意将此作为被彻底禁止同时拥有发电权的替代之选。

建立配电系统运营商的思路同样适用于配电系统及其周边市场。[12]非监管的配电公司附属机构将成为活跃的竞争性能源服务销售商，而其他公用事业公司将用自己的配电商品牌提供这些服务。就像并入大电网的受到歧视的发电公司一样，配电商也可以通过本地配电网规划设计，使其无法兼容竞争对手的充电设施，从而有利于自己的充电桩品牌，进而对竞争对手（比如）的汽车充电设施产生歧视。为了防止发生这种情况，一些专家建议配电系统将控制权直接转让给类似输电系统运营商（TSOs）的独立非营利运营商。这种商业模式可以使公用事业公司继续从事配电业务，但却难以维系。他们的作用将逐步简化，最终与具有完全系统管理权限的配电系统运营商合作，实现维护配电系统，以及规划和建设新增容量等功能。

到目前为止，决策者们尚未在世界任何地方采用被动配电商或DSO的商业模式。很大程度上是因为考虑本地的每家电力公司都积累了非常专业的知识技能，包括系统如何工作、如何在暴风雨来时应急运行、事后如何恢复以及许多其他详细的功能。在DSO模式下，首先需要弄清楚如何将当前电力公司的实时经营活动加以有效区分，一部分由DSOs处理，另一部分由公用事业公司持有，进而避免两者因在如何分配任务方面存在差距或摩擦造成灾难性后果。[13]许多电力公司员工有着长期的工作经历和深厚的系统知识，难以实现完全转型，因此他们将不得不划转到 DSO。

建立和维持独立 DSO 的成本也让决策者们有些犹豫。要创建 DSO，必须先建立一个新的、完全独立的配电系统控制中心，然后从附近各个电力公司的当前控制室接管主要控制权，同时后者将继续提供一些功能从而继续维持运营。除了复制设施的直接成本之外，构建 DSO 所需的通信和控制系统相当复杂，涉及大量的系统备份和安全防护。此方法同样适用于创建独立的 TSOs，这些机构通常需要花费数亿美元来建设和运营。[14]没人能确切说出 DSOs 最终要增加每个用户多少美金的花费。

问责制也是个问题，尤其对于可靠、弹性供电等重要功能。在目前的体制下，监管机构和地方主管部门对任何一个领域的电力问题均执行单点责任制。在 DSO 结构出现问题后，监管机构必须弄清楚问题出在哪里、谁该承担责任以及如何解决问题——这是一个极为困难又极具争议的过程。经过广泛深入考虑，纽约州监管机构得出结论认为，采用 DSO 结构风险太大不能保障可靠性，易受扰动，而且可能应用成本过高。[15]同样，澳大利亚能源市场运营商得出结论认为："尚不清楚这样增加复杂性并把相关成本疏导给用户承担……是否会被批准"。[16]

公用电力和合作社

国有电力公司与合营电力公司也通过售电收回成本，所以面临的大部分阻力与私营配电公司（IOUs）相同。尽管它们可能不会感到将商业模式沿着 ESU-SI 轴方向发展的太大压力，但无疑，私营配电公司与用户互动方式的改变，将会在国有电力公司与合营电力公司同用户之间引发类似效应，而且它们也需要相时而动，不能固步自封。另外，国有电力公司与合营电力公司还受到社区购电等新动向的积极影响，因为这些动向更加侧重新增电力供应而非配电。[17]

由非利益相关专家组成的研究团队近期发表了一份报告，将市政公用事业和合作社商业模式变化的影响因素与私营配电公司的影响因素进行了比较。从消极的一面来看，专家们指出，市政公用事业和合作社有时受到其对发电厂或供电合约的所有权、运营相关政治限制、投资资本稀缺性以及短期内尽可能保持低水平费率等的制约。从积极的一面来看，这些类型的公用事业公司没有利益的驱使，因此可以按他们认为会为用户们带来更多便利的方式自由地采取行动。因为他们是非营利实体，所以无需面对赚取股本回报的压力，尽管这样做也没给他们提供缓冲以备不时之需。相比于私营配电公司，政府业主或债权人不太可能允许他们破产。尽管如此，他们需要偿还债务，还有新增投资费用账单要支付。此外，这一类公用事业公司通常不需要监管机构的许可，就可以改变商业模式或运营模式，因此他们比典型的"私营配电公司—监管机构"模式转变得快。[18]

从某种程度上来说，公用电力公司与电力合作社已经转向了一种新的商业模式，他们大多倾向于综合能源服务 ESU 模式。西雅图城市之光（Seattle City Light）电力公司和科罗拉多州科林斯堡市（Fort Collins）这两家市政公用事业公司转向 ESU 商业模式的步伐比美国几乎所有私营配电公司都要快。例如，科林斯堡全市能源政策将能源效率和交通运输改革行动直接与公用事业运营商整合。[19]美国公用电力协会（APPA）在调查了替代商业模式后认为："让公用事业公司发挥关键作用，社区会得到更好的服务"。[20]美国电力合作社同业公会为 ESU 商业模式提出了更有力的理由，称其为"以用户为中心的公用事业公司"。[21]在即将到来的转型中，公用电力公司与电力合作社也可能有其他扩张机遇。我们稍后再对这个话题进行讨论。

最后，这些新的商业模式不能保证次次奏效。毋庸置疑，还存在监管机构和利益相关者日后无法在互相冲突的利益之间求得平衡的情况。这种情况发生时，私营配电公司的领导者很可能会认为，在任何模式下从事配电业务都是不值得的。关门停业并不可取，但他们可能会另找一家愿意购买的私营配电公司出售资产，或者转让给国有电力公司或电力合作社。[22]

新产品及战略

　　除了配电业务/监管模式，私营配电公司还需要考虑两个战略因素。首先是发展不受监管的多样化产品。尽管在公用事业圈之外还没有被广泛讨论，但许多私营配电公司普遍已经开始这样做了，其中有些正在飞速开展。GTM 研究显示，自 2010 年以来，欧洲和北美公用事业公司已向 130 多家分布式能源公司投资逾 29 亿美元，交易的范围和规模都在加快扩张。法国 ENGIE 集团作为最活跃的收购者，惊人地收购了 15 家独立的小公司。美国 Exelon 电力公司紧随其后，收购了 13 家。42 家公用事业公司进行了不受监管的分布式能源资源投资；其中 10 家进行了 5 项或更多的投资。[23]关于法国 ENGIE 集团，埃森哲咨询公司写道：

> 　　面对重大的市场转型，ENGIE 寻求重新审视其零售业务，改变其商业用户和住宅用户的数字化体验。它的转型包括重新定义传统商品服务的提供过程，如销售天然气和电力。此外，还包括设计新的服务品种来拓展市场，挑战竞争对手和新进入者，并最终使 ENGIE 准备就绪，进入新的市场和地区。这样便可以为电动汽车和自动驾驶汽车的新时代提供服务，以用户喜闻乐见的方式迎接即将到来的家庭能源解决方案浪潮，并帮助用户开展能源转型项目。[24]

　　公用事业公司不仅仅收购其他公司，它们还在自己的内部开设新事业部，为外部孵化机构提供资金，并建立投资基金和联盟。国家电网（National Grid）在硅谷设立了一家不受监管的新产品合资企业；Exelon 电力公司既设有外部投资基金，也设有内部孵化机构；许多其他公用事业公司也纷纷效仿。我所供职的能源影响合作伙伴组织（Energy Impact Partners）是一个由 14 家公用事业公司组建的联盟，它们持有超过 25 家清洁能源初创公司的股份，全部致力于增加配电系统用户收益和创新营收机会。[25]

战略空间的第三个维度是经营的地理范围。受监管的公用事业公司在法律上受到指定服务区域的限制，该服务区域通常是某个州（美国）或国家/地区（欧盟、亚洲）中的一块连续的区域。然而，公用事业控股公司如今可能会在各个地点收购许多配电网，且每个配电网都服从当地或该国监管机构的管理。这里仅仅列举其中几个例子：沃伦·巴菲特（Warren Buffet）的伯克希尔哈撒韦公司（Berkshire Hathaway）在美国拥有4家大型公用事业公司，在英国拥有1家；美国Exelon电力公司在美国不同的州拥有6个大型配电网；意大利大型公用事业公司Enel控股9个国家的20多家配电商。[26]自1990年左右以来，在美国拥有一家或多家配电商的公司数量从100多家锐减到49家——仅在过去10年里就有16家消失。[27]欧洲也发生了类似的合并。

显然，电力公用事业公司通过收购另一个配电网，即可进入新的地理区域。同样，决定进入某个非监管的行业会极大地影响甚至支配地域经营活动。无论是进入靠近配电区域的单一市场还是全球市场网络，新项目都要跟随战略和商机。然而，监管机构可能不赞成新公司与附属的受监管配电商在同一服务领域开展业务，因而将地域经营活动局限在没有受监管的附属公司运营的地方。这可能对实现新企业和受监管的附属企业之间的协同效益有所影响——我们将在接下来的两章中再讨论这个主题。

在这个总体战略空间中，许多公用事业公司已经开启旅程，从一个象限走向另一个象限。像威斯康星州联合能源公司（Alliant Energy）已经宣布打算转向ESU模式，保留他们的地域运营范围，避开与非监管的附属公司竞争。德国最大的公用事业公司E. On倾向于SI模式，芝加哥联邦爱迪生公司（Commonwealth Edison）也是如此。澳大利亚"发电零售商"（gentailer）AGL卖掉了旗下受监管的输配电网，并在图9-1中yz平面上出售有竞争力的能源服务。Avangrid将自己拆分成输配电网（受监管的公用事业）和可再生能源（非监管）两大事业部。许多公用事业公司已经在辖区或全球扩张。两位欧洲专家写道："过去 20 年来，许多欧洲公用事业公司已经达到了高度国际化。甚至像瑞士公用事业公司 Axpo 这样的小企业（基于 2015 年的公司数据），也参与了 20 多个市场。现在，16 个欧洲公用事业公司的一半公司其一半以上的收入来自国外"[28]。综合型公用事业公司也将经营活动组成受监管事业部和非监管事业部。例如，总部位于意大利的公用事业企业集团 Enel 现设有 4 个全球业务部门：拥有并运营传统电厂的发电事业部；可再生能源事业部；持有受监管配电商股份的基础设施和电网事业部；以及 Enel X 事业部，其目的是高度重视用户、以数字化加速价值实现。[29]

聚焦客户喜好

电力用户在这一切中处于什么位置呢？图 9-1 用单调的商学院术语描述商业模式图谱，好像电力用户就是这些新公司车轮上的被动运转的齿轮似的。对于用户来说，这些模式不是战略空间中的抽象点，而是对他们所购买的产品、提供产品的供货商以及他们作为能源消费者可得到的全面用户体验的描述。在综合能源服务 ESU 模式下，用户将电力公司视为某种一站式服务点，电能以及电动汽车充电和智能家居管理等各种其他相关产品，都能通过电线传输进来（图 9-3 最上面一行）。

在各种模式下，用户倾向于从他们的 ESU 公用事业公司购买所有能源服务，而不是从一家节能服务公司（ESCO）（中间一行）或从每种主要能源服务类型的专业提供商（底下一行）那里购买。在最后一种模式下，用户们从有竞争力的电力零售商那里购电、从太阳能公司购买太阳能电池板、从 Ecobee 或 Nest 公司购买智能恒温器等。

正如用户现在看到的那样，公用事业业务布局类似于图 9-3 的第一行或第三行。如果你居住在传统的受监管的电力服务区域，那么你唯一的选择就是从当地电力公司购买捆绑式电力商品和输送服务。如果所在区域的公用事业单位扩张以提供其他服务，就将变成综合能源服务 ESU，并且开始看起来像在图 9-3 第一行。如果再允许选择零售业态，那么周边能源电力服务环境看起来就像是图 9-3 第三行：既可以另行选择供电商，也可以从当地有竞争力的专业零售商那里选其他服务。对于公用事业的策略分析师来说，非常重要的问题是：拥有这两种选择的用户是否会因另一种监管较松且服务品种丰富而受到吸引。还是，他们希望自己的公用事业公司进行业务扩张进而提供更多的服务吗？

消费者视角	电力产品	本地光伏发电	电动汽车充电	基于建筑能源管理的智能家居	电力传输服务
公用事业公司是我唯一的能源服务来源	HOMETOWN Energy	HOMETOWN Energy	HOMETOWN Energy	HOMETOWN Energy	HOMETOWN Energy
Chesco 公司是我唯一选择	CHESCO Total Energy Services	CHESCO Total Energy Services	CHESCO Total Energy Services	CHESCO Total Energy Services	HOMETOWN Energy
可以选择多个能源服务独立供应商	HOMETOWN Energy	LOCAL Solar Power	LOCAL Electric Vehicle Charging	SMART Building Energy Management	HOMETOWN Energy

图 9-3　用户视角下的公用事业部门的商业模式

我们可以从针对电力用户偏好和满意度调查结果中得到问题答案。各电力公司会定期进行相关调查，绝大多数调查发现，影响满意度最重要的一个决定性因素是价格是否低廉，或者更准确地说，是每月的电费账单是否便宜。不管供电商是市政机构、受监管的公用事业公司还是非监管的零售商，满意度都会随着价格上涨而下降。然而，我们还不知道图 9-1 中的商业模式是否会系统性地产生低成本和优质服务的最佳组合，或者结果是否会因公用事业公司、州、国家而异。总之，存在太多令人困惑的未知情况导致无法做出确切预测。

从用户满意度调查或业内众所周知的 CSAT（Civil Services Aptitude Test）中可以获得一些额外的提示。几十年来，所有类型的电力公司都利用市场调查公司来收集 CSAT 评分，据此将自己与其他类型的面向用户的公司、当前的其他公用事业公司进行排名对比。这些统计数据主要表明电力公用事业公司在用户满意度方面的排名低于其他大多数行业。J. D. Power 公司 2017 年的一项排名显示，电力公用事业公司在 21 个行业公司排名中几乎垫底（720分），低于航空公司（760 分）和汽车商（820 分）。[30] 在过去 5 年中，可能因为没有涨价，电力公用事业公司得分明显提高，但仍远低于其他大多数部门。

许多策略分析师都引用这些数字并表明电力用户会欢迎电力供应替代方案。然而，当用户被问及他们对目前供电商的满意度时，汇总结果却显示出不同的结论。德勤咨询公司（Deloitte Consulting）的调查发现，73% 的电力用户将他们的电力供应商评为优秀或非常好；只有 4% 的用户认为不好或很差。智能电网消费者协会（Smart Energy Consumer Collaborative，SECC）发现"非常满意和比较满意"大致相同，"不满意"低于 10%。许多公用事业公司都见证了各自未公开的 CSAT 得分在过去的几年中悄然上升。只有当用户被细分成不同的营销群体对象时，人们才会发现一些不足之处，正如智能电网消费者协会在对话中提到的一类群体，定义为"行动者和颠覆者"，他们具有"有选择地参与、受过大学教育、失业"特点。[31] 有趣的是，在这些分年龄段调查中，千禧一代报告的满意度几乎与老年用户相同。

大多数面向用户的企业正在加紧创建一种新的用户体验，以数字化方式实现所有类型的业务交互，不限时间也不限设备，尤其强调在手机上实现。企业与用户沟通的方式多种多样，而且大量个体间交互数据可以实现收集和分析，这导致可以用复杂的方式观察和衡量用户体验。埃森哲咨询公司给电力公用事业公司的最新建议是：应该使用详细的可测量数据（比如 KPIs 数据），让用户不只是满意，甚至强烈感觉到品牌亲和力，而且一直喜爱：

> 为了成为以用户体验为导向的组织，并提高用户亲密度和黏性，能源供应商需要在记分卡中采用前瞻性用户体验关键绩

效指标。用户会将自己对能源供应商的体验与对其他服务提供商（如零售银行或 Uber 汽车服务）的体验进行对比。能源供应商现在正同所有行业的用户体验领导者竞争。仅仅创造人们喜欢的东西是不够的，能源供应商还需要精心设计人们可能热爱的体验。[32]

埃森哲咨询公司还为用户提供了一个"喜爱指标"，公用事业公司可以据此评价各自的服务被喜爱程度。

尽管获取电力服务的潜在渠道增多，但最相关的信息也许来自一种调查，即询问电力用户对从其他供电商购买有多大兴趣。当然，结果肯定是喜忧参半的。最近的一项调查表明，相比其他供电商，69%的用户更喜欢当前的电力公司；但在另一项调查中，73%的用户表示将"考虑选择公用设备/电力供应商以外的供应商，即零售商、电话服务商、有线服务供应商或网站"。在一项调查中，当被问及他们最喜欢的太阳能电池板供应商、储能供应商或风电厂商时，用户分别以 57∶45、56∶43 和 51∶40 投票支持他们当前的公用事业公司，而不是"独立能源服务公司"。[33]

在另外一项相关的活动中，SECC 询问用户，相比从其他地方，他们是否更愿意从当地公用事业公司运营的网络平台上购买与能源相关的产品和服务。只有 23%的用户强烈推荐公用事业平台，这让SECC 得出结论："能源供应商需要争夺他们在平台支持的产品和服务中的份额"。埃森哲咨询公司进行的更为详细的调查结果显示，在提供关键的现代激励因素（如"无缝用户体验"和"针对个人生活方式的产品和服务"）方面，大约 2/3 的时间内公用事业公司表现更为出色或良好。

如果说这些不够精确的结果暗示了什么，那就是用户的意见并不统一，而且他们还没做出最后决定。在过去的几十年里，我们的购物体验发生了翻天覆地的变化，从社区商店到百货公司再到商场最后到电子商务。随着数字化和通信技术发展的加速，购电体验肯定会以我们无法预测的方式发生变化。[34]目前，用户显然愿意从公用事业公司购买各种各样的能源相关产品，但他们显然也愿意选择替代方案。如果公用事业公司和合营电力公司在监管部门的允许下可以凭借具有竞争力的价格提供多种服务。凭借公用事业公司良好的声誉，他们可以转向 ESU 模式。但是这些电力公司几乎没有这种打算，更不用说在这个赛道上取胜了。

第10章 真正的智能电网

电力公用事业公司演变成智能聚合商（SI）时，其商业模式也在向前述商业模式图谱中心趋近。电力公用事业公司暂时退出零售电力用户交易，将市场完全交移给有竞争力的电力和相关服务供应商，我们称之为节能服务公司或ESCOs。[1]

支持节能服务公司的智能聚合商行业的未来与一种普遍持有的观点紧密关联，即当前的公用事业公司无法向用户提供高尖端、大规模的定制产品，像埃森哲咨询公司在第9章中描述的那一类产品，也无法进入由一群雄心勃勃的竞争对手瓜分的市场，主要有以下3个原因。

首先，一个多世纪以来，电力公用事业公司一直提供单一的同质服务，几乎不与用户直接互动，也没有实现产品多样化。它们也不需要建立品牌忠诚度，或者引入市场营销，而这又是新兴能源服务市场中两项至关重要的关键技能。它们既没有企业文化优势，也没有能力吸引用户或提供创新产品，尤其在公司私营化、数字化加速发展趋势下，这些劣势将更为加剧。与此同时，现代电力用户的偏好变得更加复杂多元。正如埃森哲咨询公司所说：

> 尽管涉及能源时，价格仍是底线，但电力用户表现出了意识形态的转变。他们越来越希望获得符合个人价值观的定制产品、服务和体验。今天的用户比过去更理智，他们接触着前所未有的信息，并逐渐通过线上和社交渠道扩大话语权……由于新型能源管理技术出现、能源使用信息剧增、微型发电选择可行以及能源供给认识加深，与新型能源相关的价值主张可能性呈现指数级增长。对于能源供应商来说，挑战在于如何深入了

解特定用户群体的价值观演变，并找到新方法来参与和利用这些不断变化的意识形态。[2]

其次，受监管的电力公用事业公司所提供每一种产品及相应的收费标准，通常都要通过审批程序，而这个过程往往漫长且高度政治化。[3]然而，任何大规模定制 SI 市场中，都会有数百种飞速变换的服务选项。实际上，在瞬息万变的市场环境下，监管机构不可能预先批准用户可能想要的每个服务套餐的定价和条款。即使有监管机构能够做到，所需的时间和资源以及可能涉及价格或服务方面的政治妥协，也会使得事与愿违，与通过市场自发解决问题效果相差甚远。

最后，数百万电力用户将成为部分发电商或产消者。电力公用事业公司现在提供的捆绑式服务，必须包括一定经济措施，允许用户自发自用部分或大部分电力，并且能够交易剩余电力。电力公用事业公司和监管机构可以管理"单边"市场，在这个市场中，所有用户都从所属的公用事业公司购买电力，但这并不意味着公用事业公司可以成功管理由数以千计的屋顶太阳能电力卖家和数以百万计的电动汽车车主（通过汽车把电卖回给电网）组成的市场。正如某个专家组写道："此时对于数以千计（如果不是数百万）的分布式能源资源（DER）来说，由电力公用事业公司直接控制管理既不实际也不可取"。[4]

出于上述原因，智能聚合商公用事业公司并不打算成为捆绑式定制产品的供应商；它管理配电网，以便具有竞争力的节能服务公司能很好地提供服务。图 10-1 用示例说明了该类公用事业公司在应用场景中发挥的作用，因此有时也称为交易式公用事业、平台公用事业、产消者公用事业、网络协调器等其他名称。[5]

图 10-1 顶部显示的家庭和企业产消者，通过节能服务公司买卖电力，或者直接与其他产消者交易（详见下文）。这些交易的标志是图 10-1 中以节能服务公司为起点、转向各个用户的直线。从理论上讲，所有这些电力服务的定价与节能服务公司和产消者之间的所有其他交易，都是不受监管和控制的，这使得用户和节能服务

公司可以尝试改善用户体验。

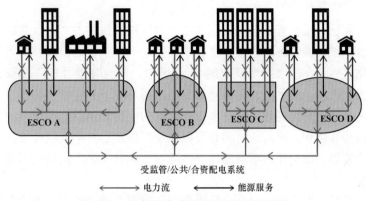

图 10-1　智能聚合商领域的下游产业结构

　　当然，所有由节能服务公司和产消者买卖的电力只有沿着一条路径流动：这条路径是由服务当地的配电网决定的。由于节能服务公司必须使用本地电网来向周围输送电力，所以不得不支付输电服务费。这使得节能服务公司成为智能聚合商电力公司的主要、也可能是唯一的收入来源。节能服务公司每次使用电网，都得向智能聚合商支付一笔固定的费用——主要是输送从每一个产消者用户（黑线）那里转移或购买的电力，以及输送供应给用户的剩余电力，可能大部分来自大电网（灰线）。监管机构在这方面的主要工作是核定节能服务公司为不同类型的用户或用途支付的价格，以及设置节能服务公司使用电网应适用的其他规则。

　　图 10-1 中智能聚合商行业可以看作如图 10-2 所示的 3 个相互作用、相互依赖的交易层次：第一层代表产消者和节能服务公司之间的市场；第二层代表节能服务公司和公用事业公司之间的互动，由监管机构或其他监督机构负责管理和定价，这一层还包括用户和私有微电网；第三层代表配电公司、大电网和节能服务公司之间的大规模互动，我们所谓的大电网即其他人所说的电力批发市场。

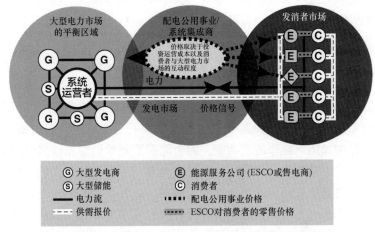

图 10-2　智能聚合商结构中的三个重叠的市场阶段

　　在第 8 章中，我们看到了几个关于如何组织长期合约市场或集中式容量市场的不同理念。在智能聚合商电力公司所在地区，集中式容量市场或合约市场在结构上更加自然。智能聚合商结构的前身是非监管的零售销售，在采用这种模式的欧洲和美国部分地区，几乎全都拥有区域性集中式电力现货市场和容量市场。区域性长期容量或合约市场是破坏性最小的上游变革，因为公用事业公司和零售商已经习惯于由独立的区域机构主导电网规划和运营所有电力相关市场。从事电力零售的节能服务公司和大电网内发电公司之间的双边合约也将会很常见，但集中式竞争市场将加剧节能服务公司之间的竞争，而这正是智能聚合商模式的核心。

产消者参与的综合能源服务市场

　　前面我们已经说到，未来的电力用户想要实现用电及相关服务套餐的定制化；同时，产消者也想要更多元的选择。而相关捆绑套餐的定制，又将涉及各种新产品组合方式的创建与价格的核定方法。节能服务公司将因此不得不支付购买电力和研发产品的综合成本，包括通过购买或提供足够电力满足用户的净需求。然而，完全放松管制的节能服务公司可以采用对今天的行业来说是崭新的、非常规的方式实现自由定价，进而增加收入。

正如一位专家所说，节能服务公司会发现并利用用户喜欢的能源服务购买和支付方式，进而成为"支持个性化增值的基础设施"。[6]如第9章所述，用户最想要的是以尽可能低的花费获得可靠的按需服务。另外，大多数用户还希望他们的交易能够极简便利，而不是增加用户操作的复杂度，因为能源不是他们想花很多时间去比选或考虑的东西。尽管这种一时冲动有点矛盾，许多人仍想要具有用户自选定价功能的定制捆绑式服务。此外，大多数人也希望使用绿色无碳电力，但是为此额外付费的意愿参差不齐。最后，没有多少用户关心自身节能或能效——他们只希望这有助于降低开销。

大多数专家认为，节能服务公司将通过与传统度电单一电价截然不同的定价方法来满足这些需求。得克萨斯州多数节能服务公司采用积极的定价创新策略，其中的一个突出例子是当供用户使用的能源购买成本非常低时，实行夜间和周末用电免费制。[7]我们开始看到许多其他形式的创新举措，从忠诚度计划和礼品卡、到太阳能发电和储能安装特价促销、再到特定用途的能源折扣（如汽车充电）等，不一而足。[8]

节能服务公司市场目前涌现出第一种理念，即用户通过像网飞（Netflix）和亚马逊的订阅服务一样购买能源服务。在一定范围内，用户可以使用便捷在线工具定制进而获得他们想要的所有能源服务，而只需支付月租即可。用户订阅服务可能会附带一些免费的自动化节能设备和传感器，以及购买其他服务和设备的折扣券。用户可以授权节能服务公司使用收集的所有数据来远程管理优化自身用能情况，或者有权购买用户自发自用以外的多余太阳能电量。当然，引导式新品优惠、特价销售和用电小贴士可能会定期进行推送。[9]

第二种理念，正在迅速推动的新产品/定价理念是能源即服务（EAAS）。EAAS的基础思想是：用户购买能源不是为了能源本身，而是为了从能源中获得某种特定类型的服务，如供热、照明或算力。[10]我们几乎总是按千瓦时向用户出售电力，然后让用户结合他们必须购买和维护的电脑或电炉等设备来决定用电度数，进而获得想要的能源电力服务。EAAS 模式将接管购买和维护用电设备、完成供电任务，并组合使用它们来创建一系列新型服务。例如，使用 EAAS 模式的节能服务公司，不向用户收取电费和让其购买自己的照明产品，而是以固定年费的形式，向用户销售强度为 $250lm/m^2$、可覆盖用户全部办公空间，满足每天 10h 照明的服务。尽管灯具装在用户的建筑设施内，但节能服务公司仍拥有产权并负责维护，保证灯具在需要时正常工作。同样，节能服务公司可以拥有和操作电炉、空调，并保证达到一定的温度。EAAS 定价仍是新兴事物，不可能到处都行得通，但很好地满足了部分用户的需求，因为它们希望将供热制冷、管理电动车队充电、运营数据中心等需要的所有工作都外包出去。例如，Navigant Reseach 预计，EAAS 市值水涨船高，到 2026 年将达到 2210 亿美元。[11]

市场最优和公共利益

支持 SI-ESCO 行业的主要理论论据可以追溯到最早提出的经济政策主张，即私有商品行业由市场使用价格信号来配置资源进行最有效地管理。因为智能分布式电网将涉及几十万发电商、数百万以蓄电池为能源的电动汽车和数十亿智能互联设备，"优化"这个系统的唯一方法就是让它通过市场自我优化。

西方很少有电力专家拒绝这个观点。这个由节能服务公司定价的行业，将围绕利润最大化进行优化，为消费者的综合偏好服务。节能服务公司根据自己的设备提出优化电网，进而迎合购买力较强的用户需求，并从中赚取大部分利润。尽管该优化电网最终可能比目前电网更节能、碳排放更低，但它不会将节能和低碳这两项公共政策推广到远超个人用户付费的程度。其他诸如低收入用户保障和环境正义等公共目标，即使有也不会在这种优化中发挥太大作用。

哥伦比亚大学教授 James C. Bonbright 于 1961 年发表的文章成

为了公用事业定价方面的权威依据。Bonbright 列出了受监管公用事业公司为履行其公共服务使命而收费所具备的八个"理想属性"，即简单性和公众可接受性、无争议性、收入充足性、收入稳定性、费率稳定性、总成本分摊公平性、避免不当费率歧视、效率激励。[12]这些属性显然不是为了应对廉价售电的非监管节能服务公司而发明出来的，当然这可能是 Bonbright 从未想过的情形。不管电力及相关服务是否由受监管或非监管的公司销售，这些属性中有一些仍然发挥着重要作用。这些重要的属性包括不存在过度的歧视，便于每个用户合理分担整个系统构建和运行成本的定价，以及"提升效率、杜绝浪费"或我们今天所说的能源效率。

因此，决策者们很有可能会设法阻止 ESCO 市场偏离非歧视、普遍接入、公平定价和能源效率等特定目标以及最近重要的脱碳目标太远，但问题是怎么做。

为了在市场优化过程中考虑社会目标，决策者们面临两个现实选择。他们可以将义务直接加诸于节能服务公司，如禁止歧视或制定必要的环境指标。纽约市"放松管制"的电力零售商已经这么做了，现在，这些商家在向低收入家庭销售电力方面面临一些限制。[13]或者，决策者们也可以不理会节能服务公司，设法通过智能聚合商的价格和政策，来影响受市场驱动的产出结果。由于每个节能服务公司都依赖本地智能聚合商供电可靠性服务，使得决策者们拥有了一个间接渠道，可以引导节能服务公司—用户的市场优化中纳入公益目标。这两种方法都带来了挑战，稍后我们会再回到这个话题。

监管机构必须考虑的一项重要的干预措施是，是否继续允许产消者直接与受监管的电力公司交易。当各州开始允许零售选择时，同样的问题也会出现。在采纳这一选择的 26 个州中的 25 个州以及现在继续实行这一选择的 14 个州中的 13 个州，立法者们仍不愿意完全禁止用户直接从当地电力公司购买电力，即使提供了许多竞争性选择方案。[14]这将促使决策者们彻底改变主意，在 SI 结构下取消这一选项。但如果允许直接面向用户销售电力的话，将背离该结构的核心范式。

尽管仍处于早期阶段，但增加无碳发电的基本目标与当前的竞争框架相吻合。美国 14 个州以及所有欧盟国家和澳大利亚允许个人用户向价格非监管的零售电力供应商购买电力。[15] 几乎每一种情况下，都要求这些零售商购买一定比例的无碳电力，并将其与他们买来的其他电力融为一体，继而转售给用户。提供兜底保障性服务的美国公用事业公司，有时还有市政公用事业公司和电力合作社，他们面临着同样的要求。[16] 只要这一强制规定继续平等地适用于所有电力零售商，并且大容量电力系统本身稳步过渡到零碳供电，那么能源行业脱碳和行业结构之间就不存在冲突。

从长远来看，这两个条件都不是理所当然的。大多数无碳电力法定百分比适用于现在直至 2030 年，并且许多法定水平远低于100%。例如，到 2026 年，特拉华州规定可再生能源发电占比最低值为 25%。这些规定，在一些州要么已经考虑过完全取消，要么就是近年来没有再更新过。各国和各州已在将零售竞争与发展相对强劲的可再生能源及其他气候政策相结合，表明健全完备的气候政策未必是筹备行业配售电部门的决定性因素。尽管如此，过去曾经有一段时间，决策者们在扩大市场与竞争，以及健全环境政策与承受环境损失之间进行抉择。如果智能聚合商—节能服务公司（SI-ESCO）商业/监管模式面临政治或经济障碍，无法在 2050 年或更早地稳步实现 100% 无碳发电，那么就应该得到修正或退出谈判。

电网定价和系统优化

在消费品行业，配送成本通常只占购买价格的一小部分，对购买行为没有太大影响。在电力市场中，用户月度电费账单中的本地供电部分占比达 30% ~ 40%，并不罕见。因此，智能聚合商向节能服务公司收费价格将极大地影响市场交易结果，从而影响系统综合输电成本的降低程度。

经济学理论告诉我们，当节能服务公司向用户输电的监管价格等于智能聚合商的边际供电成本时，就能实现近期效益最大化。直到最近，技术上还一直无法实现配电系统中不同用户间输电成本差异测量。最接近评估供电成本差异的方法是按价格将用户分成几大类，如大型和小型住宅用户、大型和小型商业用户等。由于这个原因，几乎每个"费率等级"上每项输电费率目前仍采用单一费率。

由于传感器应用更加普遍以及运算能力的提升，专家们现在可以测量配电系统内数百个地点逐小时供电的边际成本。这种超精细化定价被称为节点定价或节点边际电价（LMP），在大电网市场已有数十年的应用历史，主要用来衡量大容量输电的边际成本。当用于测量配电系统的供电成本时，它被称为配电网节点边际电价（DLMP）。

根据 DLMP 设定的费率，不同于根据财务报表中报告的电力公司成本计算费率。要确定后者费率水平，主要依靠一些相对简单的会计计算，也就是用总成本除以销售额来得到平均价格来确定，但DLMP 不是基于成本的费率，相反，它是一个由满足电网各个节点用电需求的最高边际成本或供电报价而设定的价格。计算 DLMP 的工作原理是：先投标购买配电系统各个节点上每个发电商和用户的电能，然后计算价格，就好像为当地用户竞价投标拍卖似的。

这需要一套超级复杂的计算机程序来模拟配电系统各个部分的潮流情况，并在数百个电网节点上同时进行微拍卖。到目前为止，尚无某一地方的配电系统收集到所有必需数据，并运用必要的软件来广泛地估算 DLMP。可以肯定的是：当最终用于实际配电系统时，计算过程会进行简化，但仍是一个复杂的、充满假设条件的计算过程，[17] 而且在相当长的时间内，不太可能被广泛用于产品定价。[18]

DLMP 和其他定价要素类似，是供电系统价格信号中的一部分，可最经济有效地用于支持向节能服务公司收费。节能服务公司支付给智能聚合商的价格信号越有效，由他们构成的零售市场就越有可能以最低成本实现整个系统优化。例如，智能聚合商公司向不受限的大容量输电线路所连接用户供电的成本，可能低于向受限的小容量线路所连接用户供电的成本。如果第一类用户自身拥有能源供应系统，可以限制智能聚合商公司的整体供电量或影响逐时段的供电量水平，供电成本可能会更低。虽然供给这两类用户的电源侧发电成本有可能完全相同，但向第一类用户收取的有效输电费应该远高于第二类用户，这样做是为了防止第一类用户过度占用稀缺且昂贵的输送容量。[19]

　　稍后会再考虑使效率信号趋于缓和的 DLMP 的实用方面。从优化的角度来看，监管机构很可能规定节能服务公司不得将满足特定用户需求的输电费转嫁给其他零售电力用户，事实上，大多数节能服务公司想要做的恰恰相反。[20]他们不是想向用户展示"一篮子"复杂的差别价格，而是希望向用户提供一个简单的并且高到足以囊括所有输电费的报价，只不过这些报价会因地点和月份而存在差异。但这也意味着，系统打算向零售电力用户（即实际上最终响应价格信号的市场主体）发出的配电价格信号，可能会被中介性节能服务公司完全屏蔽。

　　在这种行业结构中，因为是由节能服务公司买单的，所以也应由节能服务公司响应智能聚合商的输电价格信号。实际上，节能服务公司试图引导用户调整能源消费行为来优化系统，而不是提供特定电力价格来促使用户完成预设行为。尽管市场力量依然在发挥作用，但是会表现的更加复杂和微妙。节能服务公司必须成为最终产消者的控制者和代理人，并通过与用户订立合约来优化系统，即使电力零售合约不能向最终用户显示 DLMP 价格信号也不例外。

　　这个过程如何实现呢？理论上，现代产消者可以将能源系统的大部分控制权交给节能服务公司，即："我授权节能服务公司控制我的恒温器、汽车充电器、通风系统以及其他设备，但条件是节能服务公司要在我规定的范围内为我提供所有服务。如果节能服务公司能操作我的设备或者让我改变用能行为以便降低能源成本，并且把节省下来的大部分资金返给我，我会欣然接受。但无论采取哪种方式，都必须保障舒适度和安全性，并且不用花太多钱"。智能聚合商愿景的基本原则是：聪明且有竞争力的节能服务公司，能够引导用户节约成本，从而努力"优化"整个系统，同时还能迎合用户不同的定价和产品偏好。

这种多层次优化又增加了三个复杂因素：第一点是配电网的分块化。一些大用户除了变成产消者，也必将开始运营自有微电网，而其他用户将成为所属节能服务公司或其他公司运营的微电网中的一部分。这又对市场寻求优化添加了一层约束。正如在第5章中所看到的，微电网将满足与周围配电系统协同工作的要求。在理想情况下，微电网将与配电系统的其他部分进行无缝沟通和运作，此时电力价格信号将会被得到计算并到处传播。在现实生活中，尽管每个微电网都会创造新的交易机会，但是同时也会对跨界信息流和交易流造成一些障碍。

第二点复杂性在于大型电力市场。如前所述，大型电力市场已经在整个发达世界中得到普遍应用，通过市场决定的小时级、天级、年级或十年级计收的电价水平。[21]顾名思义，大型电力市场的交易量比大多数零售电力产消者所能产生的电能交易量要高出数千倍以上，否则下游零售市场将把电能批发价格视为指定交易价格。交易结果也与股票市场大致一样，产消者的份额太少，以至于投资者们看到交易所的交易价格，就明白这是达成交易可行的唯一报价。

节能服务公司正着手将成百上千个产消者的剩余电量整合起来，进而参与到大型电力市场中出售。如果节能服务公司能够整合起足够的发电资源来满足大型电力市场的规模需求，那么在市场运营商看来，节能服务公司与大型发电公司的电能供给并没有什么不同（这就是为什么这种资源整合有时被称为虚拟电厂的原因）。另外，大型电力市场运营商也会向产消者出售电力，虽然量少但高度可控。于是，便在产消者、节能服务公司和大型电力市场之间形成了双向交易，这种情况理论上应该会提高市场整体效率。但无论从大型电力市场还是配电系统的角度来看，都需要把节能服务公司和产消者必须遵守的严格整合程序提高一个层次，同时还需要更为复杂的系统来量测发电量、实现计费结算、保证网络安全等。因为无论配电部门的组织形式如何，大型电力市场和下游产消者市场之间都会发生紧密连接，所以业界早已着手努力将资源整合等措施早日落实到位。[22]

第三点复杂性，在第 9 章中简单讨论过，无论能从所属节能服务公司得到何种服务，产消者们已经开始想要在相互直接买卖电力。无论在这种行业结构下，抑或在其他行业结构下，决策者们很有可能不会阻碍点对点交易。但如果两个产消者同意交换剩余电量，那么系统的其余部分必将围绕该项交易加以优化。节能服务公司不能把交易电力挪为他用，包括控制这些电力来优化用户用电量、优化系统运行或为大型电力市场提供备用。换句话说，像微电网交易成本一样，点对点交易部分成为系统整个其余部分运行必须要考虑的制约因素。如果整个市场优化过程没有阻碍，点对点交易市场将成为整个市场链条中的自然组成部分，可以一并参与优化系统。

总的来说，看似简单的利用市场来优化分布式智能电网进而激活 SI 商业模式的做法，在实施时会变得复杂、间接并受到各种限制。如图 10-2 所示，信息流和价格信号流动跨越了多个层次。从左侧开始，大型电力市场上的交易（包括整合的下游分布式发电）将继续限定主要市场价格。反过来，主要市场价格也会传递给节能服务公司及其用户。下游零售终端（右侧）产消者会从节能服务公司购买捆绑式服务，有时也会点对点进行交易。配电系统在用户和大型电力市场之间传输电力，从而在与本地微电网运行时提供平衡服务、可靠性和弹性。

迄今为止，已经实施的放松管制的电力市场都无法跟前述复杂市场相提并论，但有些环节，这三层复杂因素正在慢慢成为市场的一部分。有竞争力的零售商可以预见到电能批发价格会随着时间变化并按此电价进行交易，在一些地方他们可以出售聚合电力。然而，目前配电系统在零售商和大型电力市场之间主要扮演无动于衷的角色。简单分时电价机制现在才开始逐步普及，而复杂的配电价格机制或 DLMP 价格机制大部分仍处于测试阶段。截至目前，很少有电力零售商使用分时电价来优化用户的零售用电量。

智能聚合商商业模式优化从发电厂延伸至微型设备的大规模复杂网络，主要依靠价格信号和市场规则。只要有了足够的计算资源和适当的运营规则，随即便产生了一个关于自优化系统的理想化构想。但是这个构想会在相当大程度上变得更加复杂、更不确定。

零售选择的未来

在 20 世纪 90 年代，美国大约有一半的地方以及整个欧洲和澳大利亚都采用了电力零售竞争机制。[23] 于是便形成了一种放松管制的电力零售商产业结构，其中电力零售商可以直接与用户交易，通过提供更为低廉的价格甚至有时还会提供其他服务的方式，与其他零售商竞争。

当零售选择开始时，几乎没有用户拥有太阳能系统或任何其他分布式发电系统，零售商除了廉价电力之外无法提供多种产品。由于几乎没有用户能够自行发电，因此商业模式是用户在电力批发市场上通过购买电力来 100% 满足需求，并向当地电力公司支付输电线路使用费，向用户收取非监管的零售电价。在零售选择模式下，零售选择市场中的配电公司赚取的所有利润都来自为他人提供电力的输电费用，而非售电收入。

有人可能会认为，这种举措会导致零售电力用户不再把当地电力公司视为他们的供电商。毕竟，没有一个人认为不间断电源 UPS 会生产网购的衣服或电子产品，而且我们的用户忠诚度与服装和电脑品牌紧密相关。事实上，我们对于供电方式毫无品牌忠诚度可言。在大多数情况下，我们宁愿选择最便宜或最快捷的供电方式。

但在世界大部分地区，零售选择并没有往这个方向发展。大多数家庭仍然认为本地供电公司就是他们的供电商。尽管只有极少数用户能说出供电商名称，但仍然认为所属电力公司是他们所获得服务中最为重要的组成部分。在实施零售选择的地区，本可以"眼不见心不烦"的公用事业公司，反而更能深入参与到零售电力用户体验中。对于这种有些无法预料的结果，存在以下几个原因。

首先，电力供应是同质且无差别的。物理定律阻碍用户找出实际供电商或发电厂具体位置，而人类社会法则要求用户所购买电力的所有电气属性（如电压）必须相同。用户可以指定只使用绿色能源，但是电网把所有人的电力混入大型电网中，所以没有人能追踪到其电力的去向。具有竞争力的电力零售商，与其说是购买特定的电子所有权，不如说是购买用户从不规则的大型电力池中获得所需电能的权利。如果通过尝试和创造一个自由竞争市场，用户在其中不得不挑选最糟糕的产品，那么针对电能这种商品，将是看不见、摸不着、无法评估、无法单独购买或无法追溯到某个具体的供电商。

用户所能观察和体验的电力供给一个侧面其实是电力输送，这是留给电力公司的一项基本职能。用户遇到的停电或其他电力问题中，90%以上是由于所属辖区内配电系统发生电气故障或机械故障，而不是因为运行的发电厂容量不够充分。[24]当电力供给出现问题时，发布更新信息的网站和手机短信以及前来修复的工作人员都必须来自同一家电力公司。用户根据自己的经验可能会喜欢或讨厌所属的电力公司，但用户通常感到自己跟电力公司之间存在着一定的联系，因为后者让他们的家庭及社区变得宜居和安全的，更别说电力服务存在的其他好处了。

立法政策也助推了公用事业公司与用户的紧密联系，要求公用事业公司继续向没有选择竞争零售商的用户提供电力。这是一种过渡性措施，可以保证在零售选择开始之前，在没有选择有竞争力的供电商情况下，用户的电灯不会熄灭。然而，许多用户仍然喜欢"兜底服务商"（Provider of Last Resort，POLR）服务，或者根据目前谁最便宜的原则，在竞争激烈的 POLR 服务之间来回切换。POLR 的未来前景一直是业界长期争论的话题，但没有迹象表明短期内会出现什么重大变化。[25]

零售选择之所以没有取代公用事业公司的最后一个原因，是监管机构维护社会及环境目标的方法约束。我们在前文中注意到，在

SI-ESCO 商业模式下，监管机构为维护公共目标达成，主要采取两类影响市场交易结果的途径：要么将公共目标强加给节能服务公司，要么将它们强加给智能聚合商，即使后者不再从事零售业务。在零售选择开始阶段决策，也面临非常相似的情况，几乎所有决策者们都选择继续将公益责任强加给公用事业公司。虽然零售选择领域的公用事业公司不出售电力（除非作为最后手段），但他们会继续实施节能计划和需求响应计划，推广和购买可再生能源与存储技术，支持低收入能源援助计划以及许多其他以市民为中心的任务。

这些社会环境公益活动对用户来说，比枯燥乏味又无形可描的电力服务更为实在，而且往往更重要，所以监管机构将它们赋予公用事业公司，有助于后者保持与用户的联系。强制把售电公司（用户所属的零售商）和通过减少用电来帮用户省钱的公司（公用事业公司）区分开来，会不可避免出现一些麻烦与混乱，但是这种方法效果确实不错。现在，公用事业公司每年在用户节能计划上需要花费 90 亿美元左右，但可以助力用户节省近 19% 的用电量。

然而，这种方法在 SI-ESCO 行业面临新的挑战。最初的电力零售商并不认为自己的职责除了销售电力，还需要销售其他相关产品，因此电力公用事业公司提供的能效管理或需求响应，无法跟零售商们的电力产品流水线来竞争。相比之下，智能聚合商模式的基本前提是：节能服务公司应当代表用户优化其能源效率、需求响应、可再生能源、存储等方面功能。如果监管机构继续将执行功能优化计划的责任推给公用事业公司，那么将在非正面竞争情况下冲击节能服务公司的市场机遇。这是决策者们尚未解决的问题。不知道这算不算得上安慰，我们接下来要研究的替代商业模式也存在类似的、同样严重的问题。

如果过去 25 年的零售业放松管制都没有说服用户去关注供电商的话，我们凭什么认为一个由智能聚合商电力公司和节能服务公司形成的产业会有所不同呢？当前观点认为，市场领域即将迎来的变化将使市场竞争更加激烈。节能服务公司将不再提供单一的无差别的产品，而是销售有形的捆绑式高级定制服务，例如，太阳能、需求响应或事故保障等服务。智能电网允许提供的服务范围远远超过了简单的传统无形电力服务，定价和服务选项的多样性也将更为丰富。用户可以观察和评估相关选项的服务质量，并据此选择企业品牌。各类电能产消者将开始转向从节能服务公司购买创新型的、有价值的捆绑式服务。

导致复杂化程度加剧的另一个因素是大规模非营利性采购组织的出现，这种组织被称为社区电力选择整合计划（CCAs）或公营用户群代表制度。这类组织：一方面取消了自由电力零售市场中的个人零售购买选择，另一方面在电力批发市场上竞争采购所有零售电力，并将其转售给服务区内所有零售电力用户。这维护了配电商作为智能聚合商的角色，同时将营利性（非监管的）电力零售商挤出能源销售领域。此举限制了这些零售商的产品结构，迫使零售商们忽略关键产品，从而导致自身商业前景堪忧。但是，尽管 CCAs 改变了产消者市场的格局（图 10-2 中第三个圈），却能继续使电力公司扮演智能聚合商角色。

目前放松管制的电力零售市场受这些变化和考量驱动，自然而然地向 SI-ESCO 结构发展。在实施零售选择的地区，更深层次的监管变革，并不是影响 SI-ESCO 结构出现的根本所在，尽管许多变革是可取的。有零售选择存在的区域，任何公司都可以自由进入当地电力市场，开始向用户推销由供电服务所附带的任何智能的定制服务。这正是图 9-1 中 z 轴上的战略发展空间，许多非公用事业公司和公用事业公司附属多业务的节能服务公司都在忙着卖掉售卖自家商品。从这个意义上来说，SI-ESCO 结构可以被视为增加电力部门竞争力度的最后行动。尽管这种竞争性扩张可能是矛盾重重的，但却可以通过复杂精细的监管来实现。

［译者按］在图 9-1 所示的三个维度中，水平的"电网监管业务模型"维度代表 x 轴，垂直的"地理范围"维度代表 y 轴，倾斜的"通过成立子公司发展新的竞争性业务"维度代表 z 轴。

人工智能的应用

在下一个十年里，我们可能会看到人工智能（AI）继续迅速扩展到业务流程中。与此同时，预计将有 1250 亿台设备接入所谓的物联网，并且将部署 10 倍于当前移动带宽的 5G 网络。毫无疑问会经历一些坎坷曲折，但技术上的巨大进步可能会改变电网优化的基本特征以及节能服务公司参与竞争的意义。最终，这些变化似乎有可能推进 SI-ESCO 产业模式的发展，甚至可能引领其取得主导地位，尽管不一定是更具竞争力。

正如我们刚才所讨论的，以人类作为决策者的 SI-ESCO 电力系统的优化涉及三个相互交互的层次，即节能服务公司必须向用户提供一系列技术、控制选项以及迎合用户目标功能（无论是什么）的定价策略。节能服务公司将通过向用户提供更高效（因此更便宜）或响应更及时的服务，以及以最低廉的成本满足能源服务需求要求的输电技术来获得竞争优势。节能服务公司的成本和服务报价取决于与另外两个层面的交互，即配电公司和大型电力市场。

人们普遍认为，人工智能将很快在许多任务上超越人类智能，当然也包括建筑能源管理。英特尔公司自信地预测："人工智能将为能源生产和销售带来前所未有的效率提升"。[26] 在这一点上，节能服务公司提供给用户的算法选择，不仅会考虑用户偏好，而且能够学习如何最经济地构建任务执行来加以满足。事实上，节约用能成本甚至可能不是节能服务公司卖给用户的主要产品——更为明确的目标可能是拥有智能化程度更高、入住乐趣更多的住宅，或者适应性更强、安全性更高的商业建筑。在这种情况下，节能服务公司对降低用能成本或减少碳排放量的能源控制目标，与用户设定的其他服务目标相比变得相对次要。

顺便说一下，通过在大型发电厂内配置神经网络功能的实践，已经证明了将大型能源设施运行工作移交给机器的想法的可行性。

这些机器学习程序自学如何运行发电厂，同时遵守所有设施运行约束，并提供给发电厂用户指定的精准化电量及其他定制服务。通用电气公司旗下的一个负责神经网络功能的业务部门声称，研发的机器学习算法可以将发电厂效率提高 1%～2%，这对于每月支付数百万美元燃料费的发电公司来说，可以节省一笔不菲的费用。[27]

当人工智能普及后，节能服务公司之间的竞争将超越最佳算法，并且人机交互可以变得轻而易举。1 号节能服务公司可能会向用户吹嘘说，它的算法与 2 号节能服务公司提供的算法相比能为用户节省更多的钱。而 2 号节能服务公司回应说，自己的算法节省的钱和 1 号节能服务公司的算法一样多，而且可以更加容易地通过简单语音指令进行调整（"Alexa，五楼的工人在清晨觉得很冷，请解决这个问题"）。1 号节能服务公司回应称，一旦员工上网讨论新的能源需求等信息，它的新系统就会截取内部电子邮件来自动了解需求情况，然后 Alexa 会问你是否想采取行动。人机交互界面和用户服务将成为差异化最显而易见的领域，因为需要大量的专业知识来进行能源算法的性能比较是在后台不可见的。

理论上，节能服务公司的这些算法能够直接与当地电力公司的某些专业算法进行交互，后者被用来管理局部电网并发出价格及控制信号。尽管人们不喜欢跟踪每隔几分钟就会变化一次的输电价格曲线，但这些算法不会在意价格变化频率的高低。当读取到新价格信号时，算法只会在人为设定的范围内重新调整报价参数。类似地，运行超级电力系统的算法，在理论上自然可以与买卖大规模电力的综合节能服务公司报价算法相连接。

一旦用户向节能服务公司明确自身偏好，则节能服务公司算法、本地电网算法和大型电力市场算法将联合尝试提供解决思路——调整控制电网参数，按照计算的最低成本来满足用户需求。系统算法在充分考虑某一个用户偏好的同时，也必须保证得出的解决方案，可以同步满足所有其他用户的要求。这实质上相当于并行实时或接近实时地求解一个数百万项联立的方程，并需要满足数百万个局部和全局电力系统约束条件。由于此时大多数车辆为电动汽车和联网汽车，前述超大型的优化求解中将包括电动汽车和联网自动驾驶汽车的充电、通信以及控制用电的过程。

优化引发的计算复杂性和结果可辨识性问题正挑战着人们的固有认识。电力系统必须实时管理，以达到苛刻的供需平衡要求，因此算法控制必须对得出的解决方案充分校核，毕竟涉及数千甚至可能数百万的电力用户，还需要判断解决方案是否满足系统约束条件，优化的目的就是寻找解决方案中成本最低的一个。如第 5 章所述，美国国家科学院（U. S. National Academy of Sciences）召集的专家委员会曾得出结论，未来智能电网控制中有许多问题都没有现成的计算解决方案。

我们可以想象计算机技术最终可以支撑解决这些问题，但是不能想象解决方案缺乏广泛法规监督的现象发生。首先，当用户众多，各有用能偏好和技术侧重，导致电费账单千差万别，甚至连最低成本意味着什么都不清楚时，是否允许系统对每个用户成本的重要程度都一视同仁？如果某用户用能偏好极不寻常，甚至导致以最低成本为其服务会大为增加其他用户成本，那该怎么办？如果所在大楼某处停电导致某用户所在配电系统内的用能成本增加，而算法会对成本自动调整并疏导给楼内的每个用户时，那又该怎么办？

除了关于如何定义和疏导成本之外，网络安全也将是考虑的主要问题。对于所有形式的物联网系统，植入恶意代码的机会都非常大，但由于遭受严重破坏的可能性始终存在，所以电力系统仍然是黑客和恐怖分子青睐的攻击目标。此外，监管机构将不得不寻找方法加强监管，以防止节能服务公司和用户使用软件来操控系统，进而规避或转移相关成本责任。加利福尼亚州电力市场于 1997 年初开始建立，1998 年投入使用。然而在该市场正式运行之前，不止一家软件厂商找到了如何与新市场博弈的方法，并向未来市场参与者兜售信息以获取利益。安然公司（Enron）也发现了这些市场博弈漏洞，但却把本来在市场中交易的电力保留了下来供自己使用。

最后，无论是局域电网还是大电网的运行控制算法都将受到明确监管，就像现在物理输电线路被监管一样。所有 ESCO 系统都必须与这些算法系统无缝通信，势必涉及执照发放、培训安排以及其他环节。

这可能是一个技术颠覆性的未来，但看起来不是一个具有高度自由化的未来。节能服务公司向用户收取的技术和算法部署费用，可能永远不会由监管机构设定，但是设备控制技术越依赖人工智能和机器学习，那么需要的监管规则就会变得越复杂。可以想象由人工智能支持、获得联邦政府授权的节能服务公司通过竞争形成垄断，竞争方式上要么给用户提供设置偏好的最新选项，要么用传统忠诚度计划大力奖励回头客。实际上这是一种同类竞争，随着用户和节能服务公司用能体验方式，从人工控制时代转变机器控制时代，势必会加剧竞争激烈程度。而且，未来监管机构和受监管配电商也不会渐渐消失。要在行业结构三个层面上制定出合理有效的机机交互规则，充分保障监管机构履行责任所需的可视可控权利，可能需要等待数年甚至数十年。当然，最后有可能创建出一种新的半监管公司，或者将节能服务公司重新纳入全方位监管网络中，而不是放松行业监管。也许最终，当运行程序可以简单地求出成本最低的解决方案并能够落地实现时，就不再需要原子状竞争（无数小企业集合起来形成的竞争）这种 20 世纪的落伍观念了。

第11章　智能电网的管理方式

公用事业经济监管的核心任务包括两项：一是让受监管的公司尽可能高效地履行公共职责；二是使公司的产品和费率与所承担公共职责相匹配，进而产生收益保障公司能够筹措资金、偿还债务和维持运作。第一项任务称为审慎监管，第二项为服务多目标的费率核定。

在 SI-ESCO 结构中，配电公司的高层次职责涉及面广。[1]首先，必须提供公平公正的通用服务，包括针对低收入用户的特殊保护条款。其次，必须为辖区内（包括微电网服务区域）提供可靠、弹性、安全的电力输送服务，为最终用户购买发电容量。最后，必须为竞争性能源服务市场顺畅运行提供便利，意味着需要对节能服务公司或产消者卖回电网的能源服务进行技术性整合和补偿。在系统运营时，必须时时刻刻完成前述各项任务，同时还要持续寻求降低成本的改进措施。配电公司必须对未来功能改进进行规划和投资，从而主动参与和适应辖区内的节能服务公司和微电网变化。这份职责清单充分说明了 SI 商业模式下，电力监管的复杂性和艰巨性。

第二大任务是制定与职责相匹配的价格水平并保障合理收益。在 SI 商业模式下，电力公司必须向节能服务公司和/或产消者收取服务费，但也必须为所用服务付费。但是 SI 电力公司提供和获得的服务不再像输送电力那样简单，因此监管机构必须为新产品定义和定价。正如我们已经讨论过的，公用事业公司的价格应该具有优化系统自身整体的作用，但是这些价格制定面临许多现实约束，其中最大的约束是需要保障公用事业公司获得合理净收入的同时，又是公平可接受的。

如果电网存在着强自然垄断性，以至于每个电力产消者都必须通过某种方式成为电力公司的用户，那么就很难做到这一点。然而，正如我们所看到的，一些用户完全有能力脱离电网，还有数百万用户能够减少电网用电量。这让公用事业公司和监管机构陷入了有名的"公用事业死亡螺旋"中，即如果提高输电费用，用户会脱离电网，从而失去更多用户；如果想通过提价从剩余用户那里获得更多收入，也会造成更多用户离网。

大多数专家（包括我）认为这种简单情况不可能发生。因为在大多数地方，可能脱离电网的用户数量并不足以导致死亡螺旋。可靠的电力普遍服务实在太重要了，任何遇到收入缺口电力公司无疑都会通过获得具体帮助。尽管如此，目前 SI 商业模式面临的最大挑战仍然是如何核定买卖价格。

设定监管目标

简而言之，监管的目的是激励私营企业开展利润动机尚不足以激励它去做的业务。传统的公用事业"成本加成"监管方法，常因给公用事业公司开空头支票而遭到非议，但它在设计之初是为了激励公用事业公司扩建电网，以期在电力服务不完善、不经济、不可靠且没有其他替代方案时，为每个用户提供充足、可靠的电力，当时的确出色地完成了使命。

然而，在新兴的智能聚合商产业中，电网使命已发生了重大变化，发达国家早已为用户提供了高度可靠的电力。智能聚合商的目标，不是利用自有资金来扩大输电容量，而是通过引入和实现一个高效集成系统，在电网基础上整合海量用户硬件资源。除了众多目标和约束之外，智能聚合商的目标还在于不断地整合分布式发电系统、储能和其他资源，从而生产成本最低的无碳电力。

为什么监管机构不直接告诉公用事业公司这就是他们的新目标，进而衡量公司发展成效并据此核定盈利水平呢？恰恰是隐藏在基于绩效监管方法（PBR）背后的出发点。PBR 方法已经有数十年应用历史，但是越来越明显，它是将监管者转变成兼有有关 SI 或 ESU 经营目标的公用事业公司监督者，最为合乎逻辑的方法。夏威夷州立法机关在颁布新的公用事业法案时完美地诠释了这一点，该法案要求：

> ……公用事业委员会应建立……电力公司收入直接与该公司业绩指标完成情况挂钩、打破准许收入和投资水平之间直接联系的绩效激励和惩罚机制……在制定绩效激励和惩罚机制时，公用事业委员会对电力公司绩效的审查应考虑但不限于以下内容：① 第 269-6（d）节中描述的经济激励和成本回收机制；② 电价和用户电费的波动程度和负担能力；③ 电力服务可靠性；④ 用户参与度和满意度，包括管理电力成本的用户选项；⑤ 对公共设施系统信息的访问，包括但不限于公众对电力系统规划数据和用户能源消费综合数据的访问，以及个人对关于个人用户自发电力使用数据的精细化信息的访问；⑥ 可再生能源的快速整合，包括用户站点资源的高质量互联；⑦ 竞争性采购、第三方互联和其他业务流程的及时执行。[2]

PBR 在理论上不可能通过制定一系列发展目标和激励措施来实现。为了保持电力公司运转，就必须从它当前的物理系统、收入情况和费率水平着手，利用激励措施促使它朝着正确方向发展，并且不影响电力服务能力。这必然对所采用的激励机制形成重要约束。PBR 降低利润率会造成财务困难，但除非监管机构准备让公用事业公司破产，否则不会眼看着这些公司灭亡。相反，监管机构可以奖励业绩出色、利润颇高的公用事业公司，但不能失之严格，否则肯定会遭到公众反对。因此，PBR 机制对公用事业绩效的影响力，需要被限制在一定利润范围内，其上限和下限均围绕合理的投入资本收益率设置。[3]尽管 PBR 现在还在发展初期，但人们普遍希望（即便不是非常确定）可采用的激励政策范围足够宽泛，可以有效发挥作用，同时仍能保持利益相关者的基本运转。

主要有几种 PBR 配电方式：首先，也是最激进的方法是 2013

年英国监管机构 Ofgem 开始采用的 RIIO。[4]在 RIIO 框架下，公用事业公司须提交一份详细的 8 年期业务计划，其中包含资本和运营支出预算以及多目标或"产出"的具体绩效指标。这些产出分为五类，即可靠性、环境绩效、用户服务、社会责任、安全性、电网分布式能源资源整合（"连接"）度。[5]这些指标很好地映射到智能聚合商更新后的责任和目标之中，但要注意的是，这些目标都不会迫使电力供应整体脱碳——因为脱碳与否取决于英国直接干预发电行业的其他政策。

　　按照每个电力公司的计划，每个输出区域都设有几个衡量绩效水平的指标。如果绩效超过目标水平，那么电力公司就会赚到一些超额利润，反之就造成亏损。另外，还有一个限制总支出（即投资和运行成本之和或"totex"）的主要原因，如果一家电力公司的支出低于批准的预算，则可以将部分结余作为新增利润。这对公用事业公司而言，也有动力促进服务创新。

　　英国 Ofgem 最新发布的 2016～2017 年度工作报告显示，与大多数参考指标相比，采用 RIIO 式 PBR 机制的配电公司表现相当不错。其中 14 家在用户服务和安全性方面超常发挥，13 家高效完成了可靠性指标。但是有 8 家未能在要求时限内完成分布式光伏发电并网指标。公用事业公司支出比预算少 12 亿英镑，约占总支出的 5%，则 2016～2017 年度获得了 2.2 亿英镑的奖励收益。[6]

　　尽管这些都令人鼓舞，但这种方法的不足方面也提醒我们，采用 PBR 机制将面临许多挑战，配电公司整个系统及周边生态注定会发生急剧变化。公用事业未来 8 年支出的任何预测都较为宏大；各家公用事业公司提交了千页以上的绩效指标设定相关的计划和财务信息材料。随着人工智能驱动系统、电动汽车和本地储能成为常态，可能会成倍增加支出预测难度。英国监管机构投入了大量专家资源来分析和商议这些计划，在一定程度上确保公用事业公司不会通过提出便于实现的绩效指标来骗取利润。当然，审议计划过程也将随着未来环境变化而变得更加困难。[7]

大多数转向 PBR 机制的电力监管机构，都在使用更为具体的、渐进的方法。这些措施在当前基于成本的监管框架上增加了详细可衡量的目标，使电力公司主要的目标、费率和收入保持不变。[8]尽管如此，这些日益增多的新增机制至少保障将电力公司一部分经营内容转入新商业模式。加利福尼亚州鼓励公用事业公司使用前述非传统输配电解决方案（NWA）来代替自身昂贵的投资支出，允许它们从 NWA 费用中获取 4% 的纯利润——这就背离了利润基于资本利率的原则。[9]同样，2017 年，伊利诺伊州颁布了一项立法，为传统监管机制增加了一个新的重要特征：公用事业公司可将用于支付用户光伏发电系统或能源效率管理的部分开销视作资本支出，换句话说，可以从这些非真正资本支出中获取利润。该州公用事业公司一位高管在法案通过后表示："有了这项法案，我们可以投资社区光伏系统或能效管理，设置优化电杆和线路配置，从而获得同等的价值流"。[10]

美国为了实现重置电力商业模式的明确目标，除夏威夷州以外，还积极推进了 PBR 机制在纽约州的落地应用，并把应用计划称为《能源愿景改革》（REV）。纽约州 PBR 方案中的一个要素再次说明了管理目标驱动型监管所需的监管注意事项。正如在夏威夷、英国等地方类似，纽约州也意识到驱动公用事业公司推广分布式能源的重要性，用户和系统其他部分都将从中受益。但纽约州想要应用能够更广泛地反映公用事业努力的措施，而不是采取像规定分布式电源并网天数等简单措施。纽约公共服务委员会在2014 年裁定，应设计一套以广泛调查为基础的监管措施，然后根据监管结果评估公用事业公司表现水平，从而决定利润分红还是处罚。围绕调查方式及其他问题，在持续进行了长达 3 年的争论之后，该委员会最近提出取消这种激励方式。简单来说，工作人员认为，电力公用事业公司的新计划指令和配套措施已经充分满足了这一类需要。

委员会需要判断是否需要特殊激励措施，进而收缩监管机制改革影响范围；即便有的话，就是让人比较担心，面对变革时缺乏灵活性。更广泛地讲，基于绩效的激励机制无疑将是唯一一种工具，促进对公用事业部门的监管转变为监督。其中的关键在于必须做好应对新增的、更高层次的监管要求及其复杂性的准备，从而与 SI 商业模式的复杂程度保持匹配。

电网服务定价

定价面临的高效性、公平性和营收充足性三重挑战，与电网的投资和运营成本大部分属于固定性有关。一般来讲，一家智能聚合商公司在一两年内的总收入不会因输电量、并网太阳能装机规模、每晚充电的电动汽车数量等存在较大差异，从长远来看需另当别论。对于智能聚合商公司和监管机构而言，就未来规划和投资预算达成共识，将是两者面临的第二大挑战，本书稍后再讨论这个问题。

电网运营的短期成本大体上固定，但是智能聚合商提供的服务不尽相同，这些服务均可以分别定义、评估、控制和定价。电网服务主要包括输电、配电、调压、调频、事故备用、信息安全等。分布式电源还可以将若干服务一并返回给智能聚合商，其中占比最大是余电上网。例如，许多屋顶光伏系统都安装有远程控制设备，允许当地电力公司来管理系统附近线路的电压水平。

对于这些服务，SI 监管机构必须逐一定价，或者更确切地说就定价算法达成共识。出于种种原因，这将是一项单调乏味且争议不断的工作。[11]

首先，在公用事业领域，价格没有单一的理论依据。在竞争充分的市场中，价格就是供需曲线的交汇点，仅此而已。对于受监管的公司而言，费率可以表示增加单位的短期或长期成本（边际成本）、不另加单位的短期或长期成本（避免成本），或者表示为短期或长期平均的实际或预计成本。在具备创造市场流动性的有利环境下，也可以选择使用市场价格。这些概念各有利弊，可以成为决策者、利益相关者和专家之间长期研讨的主题。甚至每一个领域，都有一大批律师和顾问，他们极其擅长在概念落实的具体细节上锱铢必较。

这些定价标准中，特别是前面提到的根据时间和地点计算价格的能力，给价格实施蒙上了不小的阴影。正如第 10 章所解释的，DLMPs 是由自动化软件使用电力公司的详细系统信息和产消者的报价信息进行的微型竞价拍卖，其目的是在局部电网的每个节点出售产消一体者的多余电力或购买电力。实施 DLMPs 所需的大部分软件仍处于测试阶段，但节点边际电价已经在大型电力市场中有多年应用经验，因此各方对具体实施中面临的重大挑战有所了解。DLMPs 计算软件将变得非常强大，需要监管机构持续加以检测和监控，这也正是目前联邦当局对 LMPs 的处理方式。州监管机构将必须掌握丰富的新专业知识，许多利益相关者将发现几乎不可能有意义地参与到关于软件运行状况的纯专业技术讨论中。此外，软件的开发和运维成本极高，并且软件必须与 ESCO 算法交互，以响应 DLMPs 变化。

对监管机构来说，计算和收取反映 DLMPs 的 ESCO 输电价格是一项极富挑战性的任务。根据特别设计的 DLMP 输电价格，取决于用户和距离最近的变电站之间配电线路的电气属性（这是普通用户难以理解和掌控的事情）以及连接到本地系统中的分布式电源、储能和其他分布式元件的数量和类型。这也超出了用户或某一家节能服务公司的控制范围。因此，在邻居安装光伏发电系统或购置电动汽车之后，或者采取其他措施之后，该用户自己的输电费用可能会发生明显变化。

为了说明这一点，假设一条配电线路上连接有几个屋顶光伏发电系统，其中只有一个应用了新技术，即允许电力公司远程控制稳定线路电压。按照监管机构基于避免成本确定的价格，电力公司每月向该屋顶光伏发电系统所有者支付 10 美元电压维持费。到第二年，该线路上又新增了 5 个屋顶光伏发电系统，且全部都配有电力公司远程控制电压的设备。但是电力公司只需要一个系统提供服务即可，因此就需要决定使用哪一个。电力公司在这 6 个系统中举行竞价拍卖，确定能以最低廉的成本维持电压的屋顶光伏发电系统。若出价最低的竞标者（中标者）开出的价格为 1 美元，比去年的规定价格低 90%。这种价格转移现象在这些特定市场中屡见不鲜。

　　DLMPs 不仅会因为分时计算结果产生差异，而且会连续发生变化，基本无法预测。一般要到分时计算结束才能真正确定价格水平。虽然在理论上这种实时变化可以提高效率，但许多用户没有时间、技能或兴趣来主动响应价格信号。只有当用户（或更有可能是他们所属的节能服务公司）安装了自动响应的智能系统时，才会发挥反馈 DLMPs 价格信号的作用。一般来说，如果监管机构允许使用 DLMPs 定价机制，那么也肯定会限制在一定范围内，这样用户的输电费就与邻居相差不大，也不会逐时或逐月相差过大。然而，DLMPs 实施受到的约束越多，向节能服务公司和用户发出的有效价格信号就越弱，也就越难以利用市场和价格进行系统优化。[12]

　　目前还没有监管机构允许采用基于 DLMP 的定价机制，因此缺乏决策者和公众对输电价格变化的容忍度，但是可以通过在传统电价中引入时间差异性（DLMPs 的两个维度之一），来努力了解价格调整难度。早在 20 世纪 70 年代，监管机构和公用事业公司就知道发电成本在一天中变化很大。传统上，在深夜发 1 度电要花费 2~4 美分，但在炎热的夏日午后会涨到 20 美分或更多。

　　电价专家们强烈认为，在接下来的 40 年里，如果所有地方的监管机构都规定使用单一制上网电价，这既对用户来说不公平也不经济高效。公用事业公司已在世界各地进行了 60 多次动态定价实验。世界顶级的电价专家 Ahmad Faruqui 仔细地归类整理了试点项目实验结果，在所出具的报告中指出，这些项目提高了效率，缩减了大多数用户的电费开支，并为低收入人群带来了较大收益。[13]

　　尽管做了大量的试点记录，但是监管机构仍然犹豫，直到现在才开始采用动态定价。即便是现在，这些费率定价形式也只在少数美国和其他国家的公用事业公司规定采用。[14]直到 2017 年，Faruqui 才得出结论说："由于一直担心用户强烈反对或无法实现预期效益，动态定价形式推广工作受到了阻碍"。[15]

另外，创建 DLMPs 或其他可以释放精准优化信号的定价方法所产生的费用，也肯定会引发关于实施成本是否公平分配的旷日持久的管理辩论。低收入用户和老年用户权益拥护者们会提出，弱势群体不会在自己家中安装那些可以让节能服务公司优化能耗的昂贵设备，也就无法从优化信号产生系统中获益。这有一个简单的示例，任一适当的社会最优结果会使得人人受益，但同样毫无疑问的是：高科技智能建筑中的居民将会获得更大的利益。对于监管机构来说，梳理专家和大众观点，继而修改定价算法所得出费率，保障形成可接受的公平结果，真不是什么好差事。

完成前述所有环节之后，监管机构会针对由智能聚合商电力公司出售和购买的认定产品核算一套价格。下一步是估计智能聚合商卖出和从分布式能源买入的各类产品数量。依靠所有产品和服务信息，预估电力公司的净收入。但是这项工作从一开始就有难度，因为拥有分散式新电力公司和分布式能源服务的市场是新兴市场还不断在进化。

恰好遇到一个案例，某屋顶光伏系统费用在一年内急剧下降90%。若将这种情况推至更多站点和服务，将会面临更大的收入预测挑战。

因为在完整实施产业结构方面尚未取得足够进展，所以难以确定当智能聚合商电力公司实施高级定价结构时，收入情况会如何变化。基于实验室测试、理论计算和使用大型电力市场 LMPs 经验，大多数专家认为，智能聚合商电力公司从分散式服务节点电价中获得的净收入，难以收回智能聚合商的年度成本。[16] 如果存在收入缺口，并且智能聚合商已经计及了的全部可识别产品的销售收入，那么就要面对一个经典的监管困局，即如何从节能服务公司及其用户那里一次性收回预估的收入缺额部分。

固定成本回收

自监管方式出现以来，收取电力公司还本付息所需的费用就一直困扰着监管机构和公用事业公司，这些费用不受售电量变化影响。随着时间的推移，监管机构和电力公司已经采用了多种方法来补偿收入，但它们各有利弊，并且随着 SI 行业的兴起将变得更加复杂。

收回固定成本的传统方法是在输送的每度电价格上增加适当收益，然后将累积的利润用于回收固定成本。在许多输电系统中，绝大部分收入的定价方式仍然是通过电力公司的固定和可变成本之和除以销售电量来确定。由于在短期内电力输送成本几乎是固定不变的，所以这一平均价格很大程度上是可以回收固定成本的。典型地，在 100 美元电费中，可变成本大约是 35～60 美元，而剩余大部分是输配电固定成本。[17]

随着用户自给自足和脱网运行变得日益普遍，前述定价方法需要有所改变。当产消者的发电量可以满足自身 2/3 的需求时，那么他们就会只购买并支付之前购电量 1/3。在单位输电费相同情况下，智能聚合商收入会下降 2/3。但是，因为服务用户的成本是固定的，电力公司仍然必须从用户那里获得与曾经收入相同的水平，才能保持还本付息能力。在许多地方，分布式电源渗透率很低，因此自发自用导致的电力公司收入缺口很小，足以弥补。但是在加利福尼亚和夏威夷等地方，分别有 5% 和 30% 的家庭已经安装了太阳能光伏发电系统，导致电力公司收入缺口太大，已经不容忽视。

可以采用很多方法来改变受监管价格，进而弥补电力公司在产消者按照容量计费条件下减少用电量造成的收入缺口。监管机构可以在用户账单上增加固定费用，或者规定与具体用电量无关的每月支付最低费用，或者根据最高瞬时（高峰）用电量增加费用，或者电价水平随时间周期或每月总用电量不同而变化。此外，监管机构还可以使用各种程序来更为频繁调整度电费用。

上述每一种方法，都涉及多个复杂且经常冲突的方面。首先，这些方法在扭转收入不足方面的有效性往往是不确定的、不完善的，并且需要视具体情况而定，而且在设法让减少用电量的产消者仍然支付合理分摊的固定成本方面也有很大区别。另外，与用电大户相比,对待用电量少的用户(通常是指低收入家庭和/或老年人家庭或小企业,但并非总是如此)的方式也各不相同,而且激励提高能效或分布式发电利用方面也各不相同。最重要的是,每种方法都会遭遇利益相关方的强烈反对,迫使监管机构在若干替代方案中做出抉择。

总结这些方法的细微差别可以轻易写成另一本书,梳理支持和反对的各条理由。为了充分认识监管机构的立场,表11-1简要概述了针对主要替代方案的支持和反对理由。

表11-1 　　　　　　　　　电网固定成本的回收途径

名称	高固定电费	容量电费	需量电费	阶梯电价	分时电价/动态电价
描述	在月度账单中进行一次性付费,费用因用户类别而异	无论是否使用,每月都需缴纳的最低费用;如过账单金额超过该费用,则按正常费率收取	除了收取度电费用,还要根据每月最高用电量进行收费	每个月用电量超过某个水平后,每度电的费用会大幅上升	在不同的时段中电价不同
当前应用	很多公用事业公司采用	极少采用	很多在研究,其中一部分采用	很少采用	加利福尼亚州的违约收费中采用
高电力消费和低电力消费用户的公平性对比	对低电力消费用户非常不公平(因为这部分用户通常是低收入群体)	同上	感觉对低电力消费/低收入用户有些不公平	通常被低收入群体倡导;这将成本转移到高电力消费用户	研究表明,低收入群体获利
产消一体者与单纯消费者的公平性对比	公平,两者缴纳基本相似的费用	与高固定电费相似,但更复杂一些	很公平	对单纯消费者不太公平	比较公平,但不能完全覆盖电网投资成本

名称	高固定电费	容量电费	需量电费	阶梯电价	分时电价/动态电价
对能源效率的影响	减少提高能效的积极性	影响比较复杂	减少提高能效的积极性	增加了高电力消费用户的积极性，减少了低电力消费用户的积极性	积极影响
对建设分布式电源的影响	不建	不建	不建	建	建
对经济效率的影响	提高	未提高	多重影响	基本是消极影响	积极影响
成本回收的效率	高	高	高	低	低

来源：文献 Wood 等（2016）以及文献 Faruqui 和 Aydin（2017）。

表 11-1 中第一列是较高的固定或按用户收费。这是业内已经采用的主要方法。基本上，月度电费账单都包含一次性付清的"用户费用"，住宅用户通常每月为 5～25 美元。当太阳能发电产消者开始缩减电费开支时，几家公用事业公司曾建议将"用户费用"提高 1 倍或更多，但引发了抗议。理论上可以解决收入问题，因为现在太阳能产消者无论自己生产多少电力，都必须支付大额电费。然而，借用某个用户利益维护者的话来说，这种方法"引起了人们对公平和社会正义的深切关注"，因为它提高了低收入和固定收入用户的用电价格，而这些用户往往没有安装分布式发电系统，也不会造成电力公司收入缺口。[18]固定成本增加同时也降低了用户节约能源和发展分布式发电的积极性，并进一步刺激用户在能够做到的情况下考虑完全脱离电网以逃避高收费。

如果我们同样详细地研究了表 11-1 中其余各列，就会发现每一种方法对不同用户群体有不同程度的歧视、对能源效率有不同的影响、对分布式发电用户有不同的影响，并且可行性受信任程度也不尽相同。[19]。可以预见，电力行业代表赞成收益最大化的方法，低收入家庭权益拥护者希望低收入群体获得最低廉的用电价格，能源效率倡导者希望给予节能减排更高的奖励措施，可再生能源团体希望对产消者收取尽可能低的费用。没有一种解决方案能够单独奏效，所以 SI 监管机构必须选择将各种方案加以组合形成解决方案，这样既能合乎政治立场又能满足经济需要。

可以肯定的是，电网属于公用产品的事实无法改变，所以支付电网费用成为所有未来电力商业模式和监管模式面临的共同挑战。无论公用事业公司在商业模式图谱上的位置如何，用户中多数都会选择自发自用满足部分用电需求，而其他用户则会分散到微电网中。随着输电收入逐步下降，监管机构不得不选择前述一种或多种方法来应对。如果是这样的话，那么选择智能聚合商或其他商业模式解决收入缺口这个问题会有什么区别吗？

出于某种令人费解的原因，这个区别可能是肯定存在的。除了提供电网服务外，SI 电力公司不从事其他业务，因此可以认为在限定价格以鼓励市场整体优化时，电网服务难以实现收支平衡。但是正如前面提到的，给电网服务设置监管价格从一开始就非常复杂，因为无论是设法调整监管价格，还是部署针对某类价格上涨的惩罚机制，都会使价格计算和推广应用过程难上加难。

在替代性商业模式中，综合能源服务公司（ESU）、电力公司和监管机构会在处理电网服务价格问题上有更大一些的自由度。我们很快就会知道，电网服务价格没必要那么复杂，这样或许会产生更易于管理的监管程序。ESU 可能因为不需要复杂的定价、控制和通信系统，所以一定程度上可减少待回收的固定成本。最大的区别是，允许 ESU 销售除输电以外的其他产品以及相关电网服务。售卖这些产品的利润和现在销售电量利润一样，可以形成适度有效的收入来源，进而弥补可能的固定成本缺口。

配电系统规划与建设

当从大电网向用户单向输送电力时，配电系统的扩容规划较为简单。除了及时更换磨损的设备元件之外，还要仔细监测用电量年度变化趋势，并在每个街区规划安装容量更大、电压等级更高的变压器和输电线，从而使配电系统建设适度超前所在区域用电量增长。

当用户成为产消者时，配电系统扩容过程变得更为复杂。规划部门不仅要预测不同类型的用户需求（包括新的用电大户——电动汽车），还要预测各分布式电源大致安装方式以及所有本地储能设备的充放电模式，其中可能包括电动汽车。电力公用事业预测部门必须向用户/产消者收集更多的趋势性信息，但也必须制订更全面的预测和应急计划。公用事业公司的规划及其法规监督部门，必须更为成熟地权衡发展风险和制订计及多重不确定性的规划。

由于系统新功能需要支持利用用户拥有和控制的资源来代替配电系统扩容，这使得现代配电规划变得更加复杂。例如，假设通往某街区的输电线路，在夏季（仅限夏季）酷暑期间潮流功率接近最大容量，因此计划对线路进行升级改造。取而代之的方案是：控制邻近街区大容量储能设备的节能服务公司，可以跟智能聚合商签署合约，同意每当炎夏季节来临之前对储能设备充电，并在线路接近过载时进行放电，替代线路向用户供电。因此需要节能服务公司管理与用户之间的协议，从而让整个计划起效。即使放在今天，这也属于可行方案。如果节能服务公司为这种定制储能用途向电力公司开出的价格，低于电线升级改造的成本，那么在这种所谓的非传统输配电解决方案（NWA）下，系统总成本会进一步降低。实际上，非传统输配电解决方案意味着电力公司将系统部分所有权和运营权外包给承包商，这与独立承包商运营别人工厂的关键环节极为类似。

当必须考虑 NWAs 时，公用事业公司和监管机构才开始认识到配电规划跟之前已大不同。加利福尼亚州和纽约公用事业公司现在必须公布系统各环节投资计划的数据，节能服务公司使用投资数据来确定是他们自己增装还是让用户增装，从而减少电力公司计划支出。这为电力公司投资预算和监管，在程序上增加了一个重要环节。到目前为止，公用事业公司实际安装的 NWA 措施数量很少，因此可以得到公司的逐一分析和监管机构逐一监测。针对一家电力公司必须同一时间内处理数百份 NWA 提案的情景，目前还没有具体操作流程可供参考借鉴。

重要的是，这些规划难题中的基本要素会出现在图 9-2 所示模型中每一种电力商业模式里。现在公用事业公司都意识到，不管未来商业和监管模式如何发展，规划流程必须加以改变。在所有商业模式中，监管机构或公用电力公司/电力合作社所有者必须确保配电公司对分布式发电、储能和负荷进行精准预测，然后努力找到维持公平、优质服务的成本最低的系统投资计划。美国未来分布式发电装机容量和储能规模预计最大的州，就是公用事业公司和监管机构改革规划流程最积极的州，这绝非巧合。

规划流程改进工作正在往前推进，因为各用能领域也开始尝试对相关配电公司引入新的商业模式。[20]在采用 SI-ESCO 结构的地区，因为有两组参与者分层执行，再加上多个微电网及其所有者，同时所有参与者的功能和约束都必须纳进合适的计划中，这使得规划流程变得更加复杂。在 SI-ESCO-微电网领域，必须预测众多相互依赖参与者在市场中的相互作用以及最终的投资行为，然后规划建立相适应的电力和信息技术系统。

这给本已举步维艰的规划工作增加了更多的不确定性和风险。然而，未来所有公用事业公司都将面临许多类似挑战。SI 领域又增添了更多的复杂性，然而是否会对配电系统规划和投资质量造成很大影响，目前来看言之尚早。我们只能说，对规划与监管的需求变得更加迫切了。

管理水平与效率

SI 电力公司服务于竞争激烈的零售业的设想，扎根于一种对电力行业发展的清醒认识，即受监管配电系统受到的约束过于严格且发展缓慢，从而不能形成一个有助于高科技能源服务发展和有活力的电力系统优化构建的竞争性市场。然而，随着该设想朝着实际实施的方向发展，显而易见在执行中将面临大量挑战。

纯粹为了提高效率而优化分布式系统（总货币化成本最低），要求电网使用的监管电价要比以往对用户更有针对性，也更富于变化。监管机构在制定能够形成有效信号的变动电网价格时面临着挑战，同时还要努力遵守和保持价格的稳定性、简便性、非歧视性。最重要的是，监管机构必须分层制定政策和防护措施，以确保实现市场不会自发达成的社会和环境目标。假设这些都可以做到，希望构建的 ESCO 主导市场能够实现一定的成本效益，兼顾公平性和可靠性。

SI-ESCO 产业结构及其算法和物联网驱动的高分散度的产消一体化电网，似乎更适合通过价格和灵活、非监管的公司实现优化。然而，激烈的技术竞争使得这些公司不可避免地依赖受监管的电网以及电力公益属性。[21] 现实迫使那些具有严格社会目标的受监管实体直面高科技市场的核心竞争。在即将到来的分类分布式服务、人工智能系统和新型监管流程的共同作用中，这种安排是否过于复杂而难以管理？要全力试一试才能给出答案。此外，还有一些相对简单的产业结构也可能起作用，也应该一试。

第12章 综合能源服务公司的商业模式与监管模式

综合能源服务公司（ESU）是智能聚合商的参考面，主要向零售电力用户出售捆绑式大规模定制能源电力服务。正如在 SI-ESCO 领域一样，捆绑式服务包括电量供给及输送服务，以及其他许多由节能服务公司销售的相关产品。因为这些捆绑式服务的组成元素各不相同，所以销售价格以及电力公司和用户之间的具体相互作用也会有所不同。

ESU 行业中的商业互动结构如图 12-1 所示。在图 12-1 右侧，产消者包括太阳能电池板、控制设备和其他可以改变用电量水平和用电模式的系统。这些很大程度上与生活在智能聚合商服务范围内的产消者所使用的选项相同，都包括蓄电池、能量控制系统、太阳能发电系统和微电网。最重要的区别在于硬件设备供应和运营的商业模式。

电力公司把从大型电力市场（图 12-1 左侧）批发的电力与其他软、硬件和服务相结合，进而提供捆绑式电力服务套餐。例如，一个用户的用电价格可能按小时变化，则可以使用控制系统来平移洗衣机、洗碗机和电动汽车充电器用电负荷。第二个用户可能只有在白天和晚上的两种用电价格，因此不需要削峰填谷设备，但是可以对家庭用能实施一系列能效改进措施。

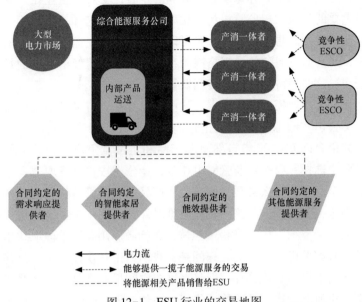

图 12-1　ESU 行业的交易地图

其他产品可以由电力公司自行设计，但更有可能从首选供电商网络平台中购买（图 12-1 底部）。ESU 自己不能生产可编程恒温器，难以作为捆绑套餐的内容提供给用户，但是可以从一个或多个合作伙伴那里购置。这种模式的主要特点是：每个产消者都将 ESU 视为可信赖的代理商，可为自己提供合适的电力服务套餐。简单来说，ESU 就是一个默认融入受监管配电商内部的大型节能服务公司。

那么为什么会提出用隶属当地电力公司受监管的 ESU 来取代灵活的、有竞争力的节能服务公司行业呢？这违背了西方经济政策数十年来的发展趋势，也违背了第 10 章讨论的智能集合商—节能服务公司（SI-ESCO）结构背后的特定行业发展过程。西方经济学家告诉决策者们，企业只有在最极端的情况下才应该受到经济（即价格）监管，但是在这种情况下，竞争机制是无法发挥作用的。[1]一些经济学家甚至认为，经济监管存在完全是因为受监管企业希望能保护自己免于竞争，并赚取超额利润。[2]然后，受监管企业在一些间接但重要的领域回报监管机构，比如未来就业。这样一来，相关企业和监管机构总想尽可能地扩张可以逃避惩罚的受监管业务。由此可见，经济监管对象应该严格限制在开展最小特定经济活动的最少数公司，这些经济活动没有专门监管就无法运作。

从电力商业模式角度来看，这些观点意味着有义务对配电公司等一类公司实施监管，即禁止它们增加业务或销售非自然垄断产品。如果允许ESU出售自然垄断产品和正常竞争产品，那么就会面临两个选择：要么只监管输电业务，让公司按自身意愿选择销售其他类型服务；要么必须为所有销售产品设置监管价格，但这两种选择都令人头疼。除了这些具体困难之外，真正让人烦恼的是"愿意扩大监管范围"的一类极端想法，包括政府用高压手段取代市场化及所有相关机制等。更疯狂的是：我们讨论在快速升级、高速创新的空间里做出具体选择，但是在这个空间里，产品的描述都极不稳定，更何况设置产品监管价格了。在传统经济思维中，ESU模式几近疯狂。

不论是理智还是疯狂，这个模式涉及的一些运营维度特征将很快显现。首先，电力服务的广泛社会和经济目标，并没有因为某一种新的商业模式被讨论而改变。核心目标依然是系统"优化"，以达到实现用户期望结果（最低成本、高可靠性、高便利性等）和公益目标的最佳组合。此外，许多能源技术、软件系统以及其他的必须由用户和用能单元安装运行才能实现最优化效果的资源，比如能量控制软件、太阳能电池板等，这些都同样适用于ESU和SI-ESCO。毋庸置疑，电气新技术、管理新流程、市场新机制在自由的智能集合商（SI）行业中会出现的越来越频繁。然而，SI-ESCO行业和ESU行业之间"最佳状态"的一个关键差异，将更多地来自管理过程和商业活动方面，而不是硬件或软件可用性方面。

同样明显的是，监管在这种模式下必须进行实质性改变。传统公用事业监管目的在于为少数简单且变化缓慢的电力产品定价。自那以后，监管机构已经习惯为其他几项公用事业活动制定价格和规

则，而基于绩效的监管方式具有更强的价格变动适应性。然而，在
ESU 模式中，能够根据完全不同的定价方案组合和搭配多种服务，
这意味着复杂度大幅增加。因此 ESU 所需的监管方式，既不能像
以往模式单独预批所有产品和定价套餐，也不能期望向用户提供与
SI 模式相当的服务水平。

　　最后，还有一种更加离谱的想法，那就是认为决策者们会禁止
非监管的节能服务公司与综合节能服务公司竞争，进而提供大致相
同或更多的产品。这意味着 ESU 将继续拥有售电和输电业务的独
家特许经营权，但在销售其他产品领域并无特权。从大局来看，
ESU 本质上就是在扩大的能源服务市场中的一个特殊竞争者，具
有显著的优势与劣势。这其中的重要事实包括 ESU 受到监管，因
为只有它能把电力捆绑到产品报价中，也只有它能单独运营本地
系统。与 ESU 竞争的非监管的节能服务公司系统显示在图 12-1
最右侧。

综合能源服务公司案例

　　近距离观察发现，在新监管模式下运营的能源电力全业务企
业，可能是一种通往系统清洁化、最优化的可行途径。有一个更加
合理的论点认为，在某些情况下，ESU 可能比其他替代方案的实施
效果更好。

　　在部分能源服务领域具有竞争力的能源供应商，可能发现某些
小型区域市场具有更强的吸引力。但是必须不断监管竞争性服务的
整体可用性，这当然是一项艰巨的工作，如果做不到这一点，除了
选择 ESU 作为公共替代方案之外别无他法。决策者们为规避风险，
并不想在竞争失败后仓促制订前述替代方案，哪怕付出的代价是舍
弃可能存在的竞争性解决方案。除了自身发展规模对激烈竞争阻碍
之外，市政公用事业公司和电力合作社可能更喜欢 ESU 模式，因
为采用该模式能够跟用户保持更为密切的联系，并且能够继续承担
普遍服务的社会职责和使命。此外，市政公用事业公司和电力合作

社没有能够承担亏损的股东，因此决策者们认为改变当前商业模式存在风险，可能会在满足政策要求后陷入财务困境。由于上述原因和其他更多原因，这一类公用事业公司通常会在涉及公用事业监管调整相关法规中具有豁免权，例如夏威夷州 2018 年《公用事业用户保护法（SB2939）》。[3]

首先，小城镇或农村地区可能会更为适用，因为那里市场不够大，无法吸引足够多的节能服务公司参与形成有效竞争。事实上，美国公用电力协会和农村电力合作社都大力支持 ESU 模式，或电力合作社背景下的以用户为中心的电力公司模式。[4]小城镇电力公司和电力合作社之所以存在，是因为 20 世纪初电力供应领域并没有建立起足够大的市场来吸引营利性为目的的售电商。当时电力服务的发展情况很可能也是今天新型互补能源服务的真实写照，特别是因为后者的能源服务需求比电力需求要更新颖，而且更注重差异化。[5]

类似的选择也适用于低收入用户密集的地区。与农村地区一样，竞争激烈的市场可能会导致忽视低收入用户密集地区存在的商机——这与大型食品连锁店类似，因为忽视低收入社区情况，致使相关社区变为主要由便利店和一元店提供服务的"美食荒漠"。两位专家根据最近对美国公用事业监管机构的调查指出，监管机构对社区内"差异化的用户服务模式"持开放态度。[6]纽约州监管机构已经允许公用事业公司在低收入用户密集地区安装太阳能发电系统，产权归公用事业公司所有；加利福尼亚州对电动汽车充电桩设备也采用了同样的处理方式。[7]

在健全的大型市场中，ESU 的案例根源于理论经济学困境：公司究竟为什么存在。为了共同制造某种产品而签订合同的一组个体劳动者，与生产该产品的制造企业中劳动者和经理之间有什么区别？是什么让这种差异变得有价值？

著名经济学家 Ronald Coase 回答了这些问题，随后诺贝尔经济学奖得主 Oliver Williamson 和交易成本学派的其他人纷纷对这些问题进行了延伸。[8]企业之所以存在，是因为在大厦般恒久矗立的企业中制造产品会更有效率，这种企业拥有专业的管理层级制度，以及长期雇佣性质的高度多元定制的劳动力。这使得劳动分工更加专业化，同时保持了提供复杂产品和服务所需的密切持续协调关系。因为公司致力于在特定市场寻求长期利益，所以创造了富有价值的声誉和品牌，进而能够大规模地筹集资金，实现低成本的规模化生产，并在技术研发和新产品开拓方面进行投资。

交易成本的概念正是所有这些公司—市场体制差异的核心。交易成本是指评估、协商和实施任何类型的交易所需的时间、资金和其他非物质（非货币）成本。企业之所以存在，是因为它们可以降低商品制造和销售中的各种交易成本。降低交易壁垒可以削减商品批量生产成本或销售成本——简言之，就是生产或营销协同效应。在生产方面，降低交易成本等于变现，通常转化为向消费者提供价格更低的产品；在销售方面，降低交易成本有时反映在价格上，但也可能以节省时间或令人更满意、更顺利的购买体验形式实现。

在生产方面，若在许多独立的承包商之间洽谈合约，一旦小环境发生变化就需要重新加以协商，往往需要耗费比长期协议更多的时间和金钱成本。对于一家有声望的公司来说，筹集资金的交易成本比较低，因为它可以直接进入资本市场，单次发行卖出数十亿美元的股票及债券。当然，还有众所周知的规模经济和范围经济，企业会通过扩大生产过程或增加新产品供给来加以利用。每个工作日内，都有无数的员工和顾问搜索查看，是否可以通过增设或扩充现有产品线来增加公司利润。

另外，通过减少用户评估和完成购买所需投入的精力和时间，即搜寻成本，品牌可以降低非货币交易成本。品牌是将公司名声广泛传播的一种方式，可以帮助用户省去评估购买可信度或质量方面麻烦，也就是说用户信任品牌。品牌还支持同一货源的多次采购，保证产品所需的协同工作，就像苹果电脑和所安装软件关系一样。亚马逊取得成功的一个原因就是：它降低了数百万件商品的购买成本，使之远低于开车去购物中心或大卖场比价寻找合适商品的搜寻成本。

类似思路可以运用到电力商业模式中，ESU 对于电力用户来说，可能有点像亚马逊，能够提供一站式能源服务。这就降低了用户寻找服务套餐的交易成本，并能够形成跟完全竞争市场里不借助 ESU 所能找到的一样好（或更好）的解决方案。

让人可以稍微放心的是，至少有一点证据支持这个主张，即用户可能希望当地的电力公司成为能源服务供给中心。零售选择有好有坏，其中一种解释是许多用户宁愿采购所属电力公司提供的捆绑式供输电服务，也不愿去商店购买。[9]第 10 章回顾的调查数据显示，用户愿意从公用事业公司购买除电力以外的服务，并且通常更愿意相信公用事业公司的推荐。

分别从相同数量的供电商那里购买 5～6 种能源服务，这只对大用户和老主顾有吸引力。在这种情况下，ESU 能够降低交易成本根源是不必在存在竞争关系的节能服务公司之间作选择而纠结，因为用户对节能服务公司提供的服务套餐不熟悉、对种类繁多、比较新奇的定价条款也不熟悉。第一家节能服务公司可能提供了五种节能方案，但只提供了一种需求响应方案，以及按每小时计费的用能价格；而第二家节能服务公司可能只提供了两种节能方案、三种需求响应方案以及大多数时间固定但周末免费的用能价格。传统消费者对这两种报价进行数字比较是力所不难及的。用两位专家的话来说，消费者可能"对当地电力公司提供的分布式能源和基于电网的捆绑式服务套餐比他们自己选择组合的任何套餐都感觉更满意"。[10]出于这个原因，ESU 尝试提供由某种履约保函支持的多服务套餐，以保证各类功能协同发挥作用。

一些专家推测，如果公用事业公司可以拥有并控制用户侧电能表安装处用户一侧的部分系统，那么结合实际工程和管理问题导向需要，就可以使得未来具有人工智能辅助功能、超连接属性、多向性特征的电网优化变得更加容易。根据这一理论，如果公用事业公司拥有或至少能够控制智能电网中的绝大部分，那么它对系统的多目标优化将好于仅仅依赖市场价格反馈。毫无疑问，价格信号将发挥绝对重要的作用，现在的问题是系统在多大程度上需要或受益于包括下游设备在内的公用设施辅助运行控制系统。据美国国家管理研究所（National Regulatory Research Institute）所长 Carl Pechman 等专家推测，未来发展情况可能就是如此。[11]

与此同时，受监管的节能服务公司在尝试提供跟蓬勃发展的综合能源服务市场一样广泛的、可定制的、有创意的服务套餐时，面临着巨大的挑战。节能服务公司必须学会有效分析用户需求，制定有吸引力的定制化服务套餐；必须能够提供足够的受欢迎的服务类型，以免显得服务内容不足；必须继续履行社会义务，比如向低收入用户提供低廉用能价格（这与真正放松管制的节能服务公司不同）；必须购买、交付和维护外部技术和有关服务，确保价格不比节能服务公司的收费低。在大型城市的能源市场中，ESU 具有强大且明显的竞争力。如果用户认为节能服务公司提供的捆绑式服务套餐，与从有市场拓展需求的 ESU 获得的相关套餐相比，既差劲又昂贵，那么节能服务公司商业模式将会失败。

顺便提一句，图 8-1 左侧的具有分散式双边结构的大型电网容量市场，最适合采用节能服务公司模式的区域。ESU 是所在区域内独家电力零售商，因此也是自身容量规模扩展的推动者。对他们来说，从某个集中市场中购买长期资源，比自己对所需资源进行竞争性采购更不正常，而这个需求又是通过市场调研和工程咨询获得的。他们可能以更便宜的价格从竞争激烈的集中市场买到相同的资源，但这意味着要建立联合机构，汇总所有 ESU 的需求，确定购买总量、规范产品条款和设定购买周期。[12]从政治立场来看，削弱了公用事业公司和监管机构的控制权。所有这些因素叠加，提高了图 8-1 中左侧结果发生概率。

改变公用事业的企业文化

就在不久前，"公用事业"和"文化变迁"这两个词还属于两种范畴。公用事业公司被人们嘲弄为古板的官僚机构，在里面工作的都是老迈的工程师和律师，会本能地抵制变革，而且毫无兴趣与用户互动。O Power 联合创始人 Alex Laskey 是公用事业公司在用户互动领域真正的先驱之一，他在后来的一次采访中回忆道，当他在 2007 年开始创业时，大多数公用事业公司都没有负责了解用户想法的高管。Laskey 指出，传统担任用户关系职责的员工会"向运营部门的'某个负责人'汇报，或者也可以向公司的首席运营官汇报"，但从来不向首席执行官汇报。[13]

自此以后的 12 年里，西方国家的公用事业公司开始意识到有必要向受监管的公司学习如何充分理解和吸引用户。这种新思维的表现随处可见。例如，公用事业公司聘请改革管理顾问，并将"创新"确立为企业核心价值观和员工绩效考评指标。英国基于绩效的监管方案 RIIO 明确要求对公用事业的创新进行评级和奖励。智能电力协会主席 Julia Hamm 在 2015 年表示："公用事业公司正从不同的角度来看待自身业务。他们更加全面地考虑用户的获得感……而不仅仅考虑差异化的产品团队和公司产品"。[14]

管理学家也开始关注公用事业管理和文化变迁的过程，并形成了许多有趣的研究成果。2018 年，公用事业专家 Steve Kihm 使用了一种叫做"构建效度检验计算机辅助文本分析"（CATA）的技术，对威斯康星州电力公司和耐克公司首席执行官在年度致股东信中使用的语言进行了比较。CATA 技术通过将文本中的单词，按与不同概念之间的相关性高低进行分类，然后统计这些单词在特定文本中出现的频率。Steve 用这种技术在两份致股东的信中找到了一组与创业有关的词汇，如"新颖"和"想象"。不出所料，这些词汇在耐克公司的信中出现的频率是另一封信中出现频率的 2 倍，但在近十年里，公用事业公司致股东信中使用这些词汇的频率一直稳步增长。[15]

现在，许多公用事业公司设立了"首席客户官"一职，负责向首席执行官汇报工作，其专业背景集中在市场营销、创新和管理改革上。公用事业公司正学习采用与非公用事业公司相同的市场营销技巧和客户分析软件，以研究客户偏好并改善客户服务。在"能源影响合作伙伴"组织中的 14 家具有代表性公用事业公司，一直将用户互动有效性列为新投资和新研究方面 2~3 个首要考虑因素的之一。

一家名为 Innowatts 的新软件公司，提供了一个很好的案例来说明公用事业公司如何将用户参与产品活动迁移到日常运营过程中。[16] 该公司软件首先被得克萨斯州电力市场中放松管制的电力零售商（REP）接受，而得克萨斯州电力市场因用户价格敏感度高和用户流失量大而在业内知名。所提供软件可以帮助零售商完成用户用电量评估、制定配套定价方案，这原本经常由许多无线及有线电视公司来承担。由于 REP 不受约束并且定价方案快速更新，因此主动联络用户敦促对方通过优化用电方案来省钱，是一种非常明智的用户关系维系手段。

如果由监管机构强制规定每个费率等级对应电价水平唯一性，以及各个等级准许接入的用户范围，那么使用这种软件没有任何意义。未来 ESU 下费率结构将进一步扩展，包括几种实时计费选择、能源效率方案、太阳能产消者和电动汽车车主特价优惠等，并且使用 Innowatts 这类软件将很自然地变成 ESU 模式运营的一部分。

美国一家受监管的公用事业公司已经在试点应用 Innowatts 软件，并向每位用户展示如何利用更好的计费选项和其他产品来减少电费开支，即使这可能意味着公司短期销售收入下降。该公司的数字化转型总监强调："我希望用户服务中心每一台显示器上都装有这样的软件，如此一来，无论用户出于何种原因打来电话时，我们的接待人员都会说出'噢，顺便提一下，我发现您当前的套餐价格不是成本最低的选择。我可以建议您注册一个新的服务套餐吗？'"如果要与 SI-ESCO 模式竞争的话，这正是 ESU 模式必须掌握的大规模定制技术。

毫不奇怪，最接近完整 ESU 的私营电力公司——绿山电力公司（GMP）也经历了大规模的运行重组和文化重组。GMP 首席执行官 Mary Powell 曾是一名文科生，她大部分的职业生涯都专注于金融和小企业领域，包括两家初创公司。被任命为首席执行官后，她做的第一件事就是缩减公司中一半的高管职位，留任那些最致力于彻底变革的领导者。随后，她领导了一场全面重组，将雇员总数从 345 人裁减到 191 人，并引入了服务质量指标和记分制度。团队合作、顾客至上、组织结构扁平化，是最具竞争力的能源公司采用的标准操作流程。因为前述以及其他变化，促使科技期刊《快速公司》在 2017 年认为 GMP 已进入业界顶级公司之列。[17]

和大多数公用事业公司一样，GMP 也有一栋总部大楼，Mary 称之为"公园城堡"，散落分布着若干小型办公室。在这里，低级别员工开展服务运营和用户接待工作。在 Mary 关闭总部大楼后，全员搬进了一栋她称之为"颇具 Costco 格调"的楼里，不再设置私人办公室，甚至也不再区分对待"难得一见的用户"和"一直见面的用户"。作为一个近年来参观过数十家公用事业公司总部的人，我可以保证，之前所见过的公司中，没有一家像 Costco。

当然，GMP 的成功并不能简单复制，绝大多数公用事业公司改变自身文化很难成功。因为 GMP 规模比较小，而且恰好处于一种业务单一的稳定运营状态之下。[18]然而，GMP 的变化表明，公用事业公司凭借自身的响应能力和大规模定制能力，发展到可以成功地与有实力的节能服务公司和分布式能源提供商开展充分竞争，这并非不可想象。[19]在我们的采访中，我问 Mary 是否认为现在 GMP 能够与那些快速崛起的后来者们并驾齐驱。她不仅仅给出了肯定答复，还强调现在遇到的那些有竞争力的分布式能源公司，与 GMP 相比，公司文化太过臃肿，也太过官僚主义。

综合能源服务公司的监管模式

公用事业公司经济监管主要包括两个阶段：第一阶段是确定成本和收入，保障电力公司能够在选定的企业商业模式下正常运行。收入确定框架不可避免地包括某种形式的奖惩措施以及规划许可等其他方面。第二阶段是确定为达到收入目标所采用的价格监管结构和定价方式。用监管术语来说，这两个阶段的目标是收益要求和费率结构。

如第 11 章所述，私营配电公司监管机构（IOU）正从单纯的服务成本监管向基于绩效的监管（PBR）转型。这一改变对 ESU 来说，至少和 SI 商业模式一样有意义。如果 ESU 公用事业公司主要根据投资额度来赚取利润，它们就有动力尝试向用户推销附加服务，虽然需要尽可能多的自有资本投入。在所有条件都相同的情况下，如果没有公用事业投资，ESU 宁愿销售其拥有的太阳能发电厂所发电力，也不转售从第三方购买的太阳能电力，即使后者为用户节省了资金。

似乎朝 ESU 方向发展的私营配电公司大多都还没有走太远，但有充分的理由相信 ESU 监管倾向于基于绩效的机制。现在最接近 ESU 的美国私营配电公司是佛蒙特州 GMP，它由佛蒙特州公用事业委员会（Vermont Public Utility Commission，VPUC）监管。该委员会使用的"替代价格计划"，很像一种 PBR 机制形式。用委员会自己的话来说，该计划"为激励 GMP 向用户提供成本最低的能源服务建立了明确机制"，而不是谋求更高的资本投资回报，此外还激励 GMP 加强创新、提升服务并助力佛蒙特州实现能源政策目标。[20]

第二个主要监管阶段是定价。当提到公用事业监管时，通常想到的是核定电价的一系列行政程序。可以想象一组身披法袍的监管人员，正根据公用事业会计师和"反对党"的宣誓证词，努力尝试确定一个较为公平的电价费率。律师和专家们提交大量书面文件，进行反复辩论，直到委员会发布正式的书面裁决。

事实上，这只是今天公用事业监管的冰山一角。除费率水平监管外，电力监管主要涉及公用事业服务方面的内容，包括规划许可、大规模投资预先核准、关于能源效率专项计划或低收入家庭政策的规则等。几乎所有监管委员会的工作日程安排都会显示以下特点，即与规划和运营事务方面庞大的工作量相比，费率设定相关工作量仅占很少一部分。

公用事业监管流程也逐渐发生了变化。如今，公用事业公司与监管机构和其他利益相关方之间保持着连续、流畅的沟通对话。几乎所有监管结果都是通过多方谈判达成的，而不是诉诸于委员会的最终裁决。无论监管结果是设定电力收费价格水平，还是针对模棱两可问题出台限制性政策，公用事业公司、对立各方以及委员会十有八九会就一份经过谈判的集体书面文件（"解决方案"）达成一致，然后再由委员会将该文件转化为正式裁决。通常，这个监管流程就是召开一系列非正式"研讨会"，与会人员都试图达成共识，然后由监管机构将谈判结果整理成正式文件。同样地，在美国以外的其他发达国家，监管流程同样是非正式的。

如果监管委员会对每项举措和价格提案都提起诉讼直至审结，那么 ESU 模式就会丧失应用前景。因为会有太多的服务套餐因更新过快，以致不得不花费数月时间才能就价格达成一致，而且此后除非重新启动类似程序，否则价格将无法更改。监管方式向谈判协商转变的过程创造了一些机会，即公用事业公司获得足够发展空间确保 ESU 模式运行起来，但这是一个很有争论的问题。就 GMP 而言，佛蒙特州委员会允许其租赁整套家用蓄电池，向低收入用户出售太阳能电力，支付热泵和热水器费用，出售能源审计业务，转让电动汽车充电权和电子设备控制权。此外，还向安装大容量蓄电池的用户支付费用，以换取对蓄电池充放电控制权。前述由单独一家私营配电公司提供的服务产品，几乎可与全套的 ESCO 产品相媲美，尽管尚未列入单独定价的捆绑套餐。

GMP 电力收费标准由年度会议决定。在非电产品价格方面，佛蒙特州公用事业委员会（VPUC）给予了 GMP 比平时更大的自由度，称之为"创新试点项目"，但是仍接受了较多监管。该公司必须在新产品开售前 15 天通知州政府，包括：

> 叙述说明项目的创新性，说明满足资格要求的方式、用户数量及合格用户筛选方式、预期成本和收益、方案与佛蒙特州节能基金会所开展工作不冲突的原因、证明 GMP 在提交方案之前已经与佛蒙特州节能基金会就方案展开合作的文件，以及 GMP 向委员会和部门提供创新试点项目进度报告的时间周期（不少于 6 个月）。[21]

在该规则中，要求 GMP 不得重复佛蒙特州节能基金会的工作，意味着私营配电公司将与其他州的节能服务公司和其他市场参与者产生业务范围冲突。佛蒙特州节能基金会属于有些独特的公共机构，在法律上有义务帮助该州能源用户提高能源效率。但是前面的规定有效制止 GMP 替代该机构在能源效率管理方面角色的可能，这类约束也正是自由市场 ESCO 不愿意忍受的。

交叉补贴和政策实施的空间

ESU 模式是一把双刃剑，它对公用事业监管中长期存在的两大问题存在正反两方面的影响。然而，尚无法确定这把剑的哪一面会带来本质性影响，但决策者们面临这显而易见的挑战，必须做好应急备用预案，以免风险难以控制。

只要价格监管还存在，经济学家和从业者就会警告公用事业公司不得同步销售竞争类和监管类产品。因为对于业绩优良的公用事业公司，监管机制可以确保相关监管类产品价格足以盈利。但这让他们即使赔钱也仍有动力以低于竞争对手的价格销售竞争类产品。公用事业公司不介意赔钱，因为监管机构允许通过提高监管类产品售价来弥补损失。而这些产品已强制"被绑定"，用户别无选择。

上述交叉补贴现象带来双重危害。卖家能够以低于成本的价格出售商品并迫使有效的竞争对手退出市场，这将破坏竞争市场。除了给用户带来好处，竞争机制本身受到了损害。同时，监管类产品用户必须支付的价格高于用户本应支付的价格，因为差额部分需要弥补竞争类产品的部分损失。出于这些原因，许多经济学家、反垄断法从业者和行业利益相关方会提出警告，不要扩大受监管企业的经营活动范围。[22]美国国会非常关注此类问题，早在 20 世纪 80 年代就颁布法规，禁止公用事业公司资助或安装家庭节能设施，但令人诧异的是，前述禁令很快就被取消。[23]欧盟最近颁布了涵盖整个欧洲大陆的第三阶段电力法规，其中包括严格区分受监管网络运营商和附属能源供应公司的经营活动范围，包括限制共用电力公司品牌。就像数十年前的美国国会一样，这导致荷兰宣布配电公司开展其他非监管类业务是不合法的。[24]

公用事业监管机构敏锐地意识到有责任将监管价格保持在尽可能低的水平，因此通常对允许公用事业公司出售更多竞争类服务持高度怀疑态度。如果允许的话，竞争类产品的报价必须受到监督，以确保公用事业公司不会以低于成本价格销售。但是，一旦监管机构对竞争类产品价格加以监管，公用事业公司出售的相关产品就不得以放松管制的价格出售，就又回到了价格监管状态。这给监管机构带来了新的巨大负担，因为大量成本需要加以审核，缺乏有效监管经验的服务需要加以定价，同时确保受监管企业不会不正当地就近掠夺相关竞争市场。欧洲能源监管机构理事会（Council of European Energy Regulators）强调："DSO 参与的非核心业务越多，对法规监督的需求越迫切"。[25]

如果公用事业公司设立放松管制的独立子公司（这是公用事业公司最常用的增加新产品的方法），防止过度交叉补贴就变得相对容易，因为每个公司会自行保留财务记录。一个独立子公司获得ESU 补贴的唯一方法，就是以一般公司不会支付的高价销售其产品。受监管公司将高价交易会被列为运营成本，除非监管机构注意到这一关键，否则前述成本就会被转移包含在受监管产品价格中。因此，当公用事业公司在两家独立子公司之间进行买卖时，交易价格会受到仔细严格审查。

具有讽刺意味的是：电力行业即将面临的混乱可能激发自身内在的保护措施，以抵制竞争性产品交叉补贴。交叉补贴只有在被绑定用户别无选择（无论付出什么代价）不得不为受监管服务付费时才行得通。当电力公司的供电服务是唯一可选项时，电力用户必然受制；而电力是生活必需品，用户如果要开灯就得支付更高的费用。然而，从现在开始，许多类型的用户将有机会依靠自己发电或从附近的非公用事业发电厂获得电力。[26]当然这种方式并不适用于所有用户，但对有替代选择的用户而言，公用事业公司无法向他们收取更高的价格，除非愿意损失销量。如果 ESU 尝试提供交叉补贴，他们将不得不采用更加精确的方式进行，从而避免更大的监管销售损失，实现薄利多销或者甚至无利可图的竞争销售。交叉补贴优势也逐渐显现。公用事业公司必须向监管机构解释，为什么向一些可能离网的用户收取的监管价格较低，而向那些真正被绑定的忠实用户收取的价格更高。

监管机构很难接受仅根据用户离网的可能性来限定监管差价的思路。如果差价的原因是为了弥补竞争类产品方面遭受的损失，这种思路被接受的可能性就更小了。一般来说，最有可能部分离网或完全离网的用户是那类屋顶空间大或临近有空地且企业资金雄厚的富裕的房产所有者，而最容易被绑定的用户是低收入的租房者和小店主。不幸的是监管机构选择增加后者的服务费用，而这样做的目的，仅是为了在低价销售竞争类产品时维持收益。[27]

事实上，弥补亏损的出路难题可能最终阻碍公用事业公司采用 ESU 模式，而不是那些压制竞争的手段。许多竞争类风险项目在创建和盈利之前会有相当长一段的时间处于亏损状态；例如，亚马逊上市后用了 6 年时间才实现盈利，而特斯拉公司则用了 9 年时间。[28] 在面临监管机构不太可能允许弥补亏损的风险时，公用事业公司组织内部建立新业务，将大规模定制营销和输电业务做到与竞争对手一样出色，这无疑会在公用事业公司的领导者中引发诸多犹豫和深刻反思。

这把双刃剑的第二面涉及监管机构和 ESU 就后者履行其社会和环境义务方式达成一致的可能性。ESU 的经营活动覆盖范围比智能聚合商（SI）要大得多，天然包括能源效率管理、可再生能源和电力销售。大多数州的监管机构都希望公用事业公司实施推广可再生能源、提高能源效率、保障低收入用户可靠供电、促进当地经济发展的计划，同时兼具执行其他公益任务。在第 11 章中值得注意的是，监管机构在想方设法促使采用 SI 模式的电力公司执行前述任务的过程中面临种种考验，因为在 SI 模式下，电力公司应坚持单一的核心业务，即运营智能互动电网。

在 ESU 模式下，监管机构和公用事业公司可以采用更多常规方式来设计项目，实现公益目标。譬如，不论所在州的节能推广政策如何，ESU 都希望向用户提供节能产品和需求响应产品。如果希望支持或改造某个项目，监管机构将对那些已列入公用事业公司核心战略的业务进行渐进式调整。至于 SI 模式，监管机构要么找到变通方法，让公用事业公司可以局部开展能效管理工作，要么设法影响或局部监管节能服务公司。

我一再联想到这样一个事实：迄今为止，电力行业取得的社会经济领域成就，包括脱碳领域的大幅进步，大多数依靠特许经营权和伴随的政府隐性担保。这就支撑财务状况稳定良好的配电商可以直接测试新技术，购买清洁能源并大规模应用新方法。如果州政策不完全依赖资产负债表和公用事业特许经营权担保的话，风电和太阳能发电项目规模较当前将大幅萎缩。

那类将公用事业公司的经营战略与决策者的公共利益需求相结合的项目的运作自由度，可能就是选择某种电力商业模式的根本原因。对于公益目标反对者们来说（比如反对阻止气候变化行动或者只赞成为此征收碳排放税而不赞成采用公用事业公司方式），ESU 将带来政治串通的风险。在他们看来，在 ESU 模式下，既能让监管机构得偿监管所愿，又能保障公用事业公司盈利，而电力用户却要为这两者付出代价。于是又回到了支持 SI 模式的观点上，尽可能依靠竞争性市场以及其他工具来实现公共利益目标。然而，在整个过程中，公用事业公司和监管机构都受制于大型市场中具有竞争力的节能服务公司，甚至受制于其他州或者国家存在的、同样有效或更有效的替代商业模式。

最后，我们回到优化问题。根据大用户和公共目标，哪种商业/监管模式最适合优化未来的电力系统？ESU 的总体情况是：公用事业公司在提供多种服务方面具有优势，可以保持较强的市场竞争力，部分是因为有较低的时间、资金和交易成本。此外，实现公益目标可能更容易、破坏性也更小，而在单一公用事业公司模式下，配电系统的复杂调控机制可能运行的更加灵活。SI 的总体情况是：无论是对生产还是营销而言，所谓的交易成本节约有限，但由节能服务公司直接与用户打交道带来的业务敏捷性和创造性提升等潜在好处更大。付出的交易成本是否能让电力用户更方便地参与一站式购物，在某种意义上反映出一个问题，即具有灵活性和创造性的竞争市场模式，是否比受监管的 ESU 模式更有助于优化能源服务。

第 13 章　电力行业之外的影响因素

电力行业转型很难在社会政治的真空环境中发生。在电力以外的经济领域，技术变革正与文化和政治对立产生深刻碰撞，技术在帮助或伤害公众利益方面起到何种作用，引起了人们的激烈辩论。

目前仍处于许多发展趋势的起步阶段，并且这一阶段可能会持续数十年。很难确定这些趋势的总体轨迹，更不用说对电力行业产生的影响了。尽管如此，受限于我们预测这些趋势对电力行业影响的能力，很难保证潜在影响可以完全忽略不计。这些巨大的趋势性力量很可能对公用事业产生深刻影响，即使我们无法轻松解决随之而来的不确定性问题，但是对此视而不见，也是失职。

大型科技企业与垄断

已在影响公用事业未来的主要趋势之一就是科技巨头的崛起。苹果、谷歌、脸书和亚马逊四大科技巨头，以前所未有的方式主导了美国经济。正如 Scott Galloway 在《四大科技巨头》一书中指出的，在 2013～2017 年间，这四家公司的市值增加了 1.3 万亿美元，与俄罗斯国内生产总值大致相当。目前，这 4 家公司市值已达 2.7 万亿美元。[1]这些公司的体量规模和影响范围，激起了要求对全球竞争政策进行重新评估的呼声，但迄今为止，这些政策对阻止科技巨头公司的扩张没有起到明显作用。正如 Econofacts 网站所说：

> 近年来，许多分析师频频指责大公司，尤其是亚马逊、谷歌和脸书等现代科技巨头，呼吁对它们进行监管……或者对它们像一个多世纪前对标准石油公司（Standard Oil）所做的那

样进行拆分……这些评论家非常明确地呼吁改变反垄断政策，从重点关注消费者福利……转而认为任何在市场上占有一席之地的大公司都有问题。这唤醒了美国民粹主义传统，即怀疑经济集权和政治集权。[2]

斯坦福大学教授 Tim Wu 是反垄断政策复兴的主要支持者之一，他将这一运动称为"新布兰代斯经济思想学派"。Wu 在个人专著《大企业的诅咒》中写道：

> 随着意识形态的转变，反垄断此前已经进入了休眠状态，只是为了满足回归宏观目标和提升自身能力的需求，而今卷土重来。这就需要更好的工具来获得新型市场力量、评估宏观经济论点，并重视产业聚集和政治影响之间的联系。也需要利用经济学和其他社会科学所能提供的一切信息，需要考虑反垄断宏观目标的、更强有力的补救措施（包括回归企业拆分）。最后，需要让法院重新参与监管被 Brandeis 称之为"压制甚至破坏竞争"的行为。[3]

著名的《欧洲竞争法与实践杂志》编辑 Lisa Khan 指出，上述观点在美国已经赢得了奥巴马总统经济顾问委员会和两党参议员的支持。她写道："在美国重新引发关注的反垄断某些方面情况，已在欧洲引发共鸣，因为欧洲反垄断机构正在讨论，竞争法是否能够以及多大程度上必须体现公平的价值观"。[4]

任何持续兴起的与抑制经济集中相关的利益问题，都肯定会进入公用事业领域。当这种渗透发生时，对新兴商业模式的影响可能会突破已有方式中的任何一种。一方面，受监管的公用事业公司必将面临严格审查，进而判断是否有能力利用监管角色来压制越演越烈的 ESCO 竞争。这种问题并不罕见，但正如我们在第 12 章涉及的，这在综合能源服务企业（ESU）模式中尤其重要。另一方面，大型节能服务公司的整体实力和业务跨度可能引发反垄断审查，尤其是当任何一家科技巨头挺进能源领域的时代。采用智能聚合商（SI）模式或许具有一定优势，但本地市场环境至少与政策宏观方向同等重要。

隐私与智能电网

大型科技企业的崛起也与收集用户在线活动数据并将其货币化的商业模式有关。网络公司设计了多种多样的方法来促使用户数据货币化，公用事业公司和节能服务公司收集的能源活动数据也逐步包括在内。对数据专家来说，这些能源设备信息对当前庞大数据库扩展，更有助于他们用来了解和锁定用户群。当谷歌收购 Nest 时，业内没有人感到惊讶。因为 Nest 所生产的连接式恒温器比以前型号更擅于捕捉用户信息。

然而，反对科技主导地位的声浪已经持续了一段时间。因在选举宣传中发挥的误导作用，脸书（Facebook）和推特（Twitter）备受诟病；另外，脸书还因歪曲和滥用所收集用户信息而受到猛烈抨击。谴责大型科技企业滥用权利的政策文献早已出现，至少可以追溯到 Jaron Lanier 于 2011 年出版的《你不是个玩意儿》（*You Are Not A Gadget*）一书，该书自诩是一份在互联网上哀悼人性沦丧的宣言。[5] 到 2019 年初，经济文化领域最杰出的学者之一、哈佛大学教授 Shoshana Zuboff 采用了"监督资本主义"一词来描述"一种将人类经验作为原材料免费来源的新经济秩序"。Zuboff 进一步称这种新秩序为"资本主义的流氓变异"和"人民主权的颠覆"。[6]

不同政党领袖也注意到了这一点。2016 年，欧洲通过了《通用数据保护条例》（*General Data Protection Regulation*），这是一项新隐私保护法规。它要求收集用户数据时必须征得用户同意并确认用户有权删除商业企业持有的数据，即所谓的"被遗忘权"。[7]《2018 年加利福尼亚州消费者隐私法案》赋予消费者了解企业收集了哪种与自己有关数据的权利、选择退出数据收集的权利，以及当他们停止从数据采集公司获得相关服务时删除数据的权利。[8] 数字化专家 Dipayan Ghosh 在《哈佛商业评论》上撰文指出了该法律的潜在巨大影响：

> 或许公司所面临的主要问题是，法律有关要求可能会威胁
> 到整个数字领域的既定商业模式。例如，按照现行法律规定，
> 在互联网平台上通过定向广告创收的公司（如脸书、推特和谷
> 歌）必须允许加利福尼亚州居民删除他们的数据或将其转移至
> 替代服务提供商……这些措施出台，可能会导致相关公司的利
> 润水平大幅降低，或者被迫调整收入增长战略。甚至还可能进
> 一步影响在数字平台上投放广告的企业，因为这些企业所购买
> 的服务都是高精准广告。由于法律给予个人用户数据的新一轮
> 保护措施，这可能会导致广告投放变得不够精确。[9]

对隐私保护的广泛关注立即转化为对用电数据的关切。智能电
能表的安装引发了针对公用事业公司能够"暗中监视"用户的抗
议，但公用事业公司收集和使用电能表数据的行为很快在多个州和
郡县受到保护，超越了适用于新电力生态系统中不受监管部分的保
护。宾夕法尼亚州史密斯菲尔德乡镇监督机构的行动印证了上述关
切，他们对智能电能表的引入做出了回应，要求公用事业监管机构
强制电力公司披露如何使用和保护数据。[10]截至 2015 年，3 个州的
监管机构通过了智能电能表数据使用法规，另有 6 个州正在考虑这
个问题，4 个州通过立法颁布了类似的限制规定。[11]决定制定规则保
护用户用电数据的隐私和安全，涉及太平洋燃气与电力公司
（Pacific Gas and Electric Company）、南加利福尼亚州爱迪生电力公
司（Southern California Edison Company）和圣地亚哥天然气与电力
公司（San Diego Gas & Electric Company）等公司。美国能源部和
英国能源与气候变化部都通过了管辖监管类公用事业智能电表数据
的行为准则。

随着电力数据分析正朝着能够每时每刻跟踪家庭或其他空间内
私密活动的方向发展，一些专家和活动人士开始严厉指责智能电网
的设计原理。例如，这一新兴系统的三位学术评论家写道："我们
发现，能源网智能化既是一种意识形态构建，也是一种技术合理

化，其目的是通过数据收集、数据分析、用户细分和差异化电力定价方案来促进资本积累，从而规范家庭内外的社会实践活动……"[12] 电网智能化不仅需要为分析功能和盈利行动收集更多的消费数据，还能对家居生活和日常活动进行更深层次的监控。这引起了人们对以下问题的关注：对日常生活（用吸尘器吸尘）、个人生活（睡觉时间）甚至私密活动（加热水床）进行暗中观察是否严重侵犯了隐私权?[13]

作者继续指出，非用户自愿的智能电网数据收集行为违反了宪法第四条修正案。

一方面，呼吁加强互联网监管和扩大隐私保护，自然支持继续监管能源事业，或者将科技公司作为一种新的公用事业进行监管。另一方面，如果数据驱动型科技巨头的力量和商业模式持续保持强劲，这有利于业内以市场为中心的 SI 模式的发展，而且公用事业公司负责管理输电线路，但也只仅此而已。无论大型科技企业是否自己购买输电线路，不受约束的私营 ESCO 部门将模仿其他消费领域的类似平台，趁势推出具有强大规模效应和网络效应的自动化用户解决方案。在新兴 SI 公用事业领域，ESCO 渴望成为能与谷歌或亚马逊比肩的能源领域企业，通过精心策划设计的用户个性化体验满足尽可能多的用户需求。正是因为这个原因，大多数业内人士认为，与其他商业模式相比，私营公用事业公司可能最终更加接近 SI 模式。这些新技术的强大执行能力，依靠科技企业巨头的政治影响力及背后庞大的全球投资者群体，很可能最终使电力市场像 5G 经济中的其他服务部门那样运作。事实上，许多尖端能源和技术的营销人员认为，能源销售和控制未来只需在谷歌、亚马逊、苹果或者其他公司提供的智能家居平台上运行一组新的应用程序即可。在这个世界里，公用事业公司只经营最后一英里递送服务。

在某种程度上，隐私权强力反弹导致技术监督和保护不断加强，这肯定会延伸到能源行业，从而拖累 SI-ESCO 模式发展。尽管 ESU 公用事业公司难以逃脱这种趋势，但该类公司从事公共服务的经历，可能会帮助自己在批准的范围内收集和管理能源数据方面获得更大的自由度。这可能有利于 ESU 商业模式或接近混合模式发展，在这种情况下，公用事业公司的核心作用自然使其能够限制和监管数据的使用。斯坦福大学研究人员 Stephen Comello 就是这样认为的，他强调公用事业公司可能会成为"数据信托机构"，形式上具有保护和使用能源数据的正式公共责任。[14]

能源民主

自从电力工业诞生以来，许多小型配电公司和少数大型配电公司都属于国有企业。特别是在美国，实行"生产资料"的国家所有制是始终游离于主流社会认同之外的选择，这些公用事业得益于加强就地化管控而逐渐繁荣起来的，具体包括治理问责制、地方财政支持、高效率运营、重视地方问题以及"所有权价值"。[15]

除了这一传统商业模式，一场通常自称"能源民主"的新运动开始崛起。虽然没有一个官方的准确定义，但这一概念包含四个相互关联的要素，包括：主要使用本地小规模能源（非唯一）；通过使用清洁能源实施环境管理；公有制而非私有制；极其强调参与式决策。[16]从组织结构的角度来看，该运动整合了原有的反核和支持太阳能团体、地方所有制、公共制和工人所有制的支持团体、传统环保主义者、绿色自由主义者、环境正义社会团体和气候变化活动人士等。[17]

有趣的是，对能源供应可靠性的关注是引发能源民主运动和能源行业变革兴起的共同出发点，但关于未来最佳公用事业形式，双方却得出了截然不同的结论。能源民主运动所得出结论是：不断提升的本地平价电力产能以及允许分段供电和微网运行的新型电网控制技术，意味着不再需要任何大型或私营电力公司。相反，Szulecki 解释说：

> 这种新的产消合一型公民权体现了一系列美德，让人联想起 19 世纪，持有托克维尔思想的公民……产消者通过拥有生产资料（能源）获取政治权力。这是所有积极声援能源民主的

报道都非常重视的因素,不仅仅是因为它带有马克思主义光环。就像 Mitchell 笔下(2011 年)的煤矿工人一样,越来越多的产消者,可以在独立于能源寡头之外,创建一个崇尚自由、原子化的能源体系;更进一步讲,在一个分散的相互联系又相互依存的体系中,产消者成为一个重要的组成部分,如果没有它,这个体系就无法运转。[18]

虽然一些支持者强调能源民主的自由至上主义原则,但其他人却更加重视公有制的重要性。美国东北大学教授 Mathew Burke 和 Jennie Stephens 写道:

> 能源民主议程的核心是通过能源部门的民主公有制和社会公有制来转移权力,并扭转私有化和公司化控制。能源民主力求将能源部门所有阶段的控制权实现转移,从生产到分配并延伸到基础设施、金融、技术和知识领域,同时减少能源部门,特别是在电力行业中的政治和经济权力的过度集中。[19]

在私营配电公司服务的众多地区,当地的能源民主支持者关于实现电力系统的全面本地化、全面公有制的设想,仍然遥不可及。将物理配电系统的所有权转移给新型公共实体,即实现市政化,向来是一个操作复杂、成本昂贵的过程,历史成功率很低。要获得私营配电公司(IOU)系统,当地团体必须筹集数百万美元来购买,并要解决 IOU 在资产估值和其他问题上存在的法律纠纷,还要参与到漫长的规划和实施变革的过程,以保证之前的独立统一电网在分为两个不同归属的半独立电网后能够运行。然后,当地政府必须建立一个新组织,能够从第一天起,就承担起所有公共服务功能。

由于所有这些原因,市政化到目前为止罕有成功。佛罗里达州温特帕克市(Winter Park)在与以前的公用事业公司打了五年的官司后,于 2005 年建立了新型公用事业公司,它是自 1940 年以来佛罗里达州第一家也是唯一一家。[20]另外,在德国,至少有一个城市在能源革命期间通过全民公投完成 IOU 的市政化。自 2010 年开始,美国科罗拉多州博尔德市(Boulder)一直处于转型过程中,可能要到 2023 年或之后，新型公用事业公司才能投入运营。[21]

尽管一些能源民主支持者仍强烈支持电网完全所有权，但是其他人已认识到这对于实现许多重要社会目标来说不是必需的。博尔德市前市长 Will Toon 着手开展市政化，不再支持完全所有权这种方式。Toon 说道："应对气候变化行动势在必行。我个人对改变电力商业模式没有异议，但如果它推迟了气候行动，那就不一样了"。他指出，无论是支持煤炭，还是环保活动人士，都倾向于减少州政府对地方公用事业的控制，"他们可能最终会形成一个弥合左右派差异的联盟，在我们就行业组织结构的细节进行争论时，清洁能源行动可能就会陷入瘫痪"。[22]

许多能源民主支持者认识到组建拥有电网的公用事业公司会面临重重困难，转而采用一种更容易实现的结构，称为"社区电力选择整合计划"（CCA）。[23]在这种结构中，电力销售业务本身与当地配电公司电力输送业务是分开的，这与电力零售放松管制的情况完全吻合。不一样的地方在于：新的准政府非盈利机构代表全体市民采购电力，而不是创建竞争激烈的电力零售商市场，让消费者从中选择某个供电商。这样，CCA 成为所有城市居民的默认供电商，取代了放松管制的电力零售商，以及在常规电力零售选择设定中由配电公司提供的"最后手段"服务。

CCA 在美国的发展速度惊人。到 2016 年，7 个州大约 330 万用户选择 CCA 提供服务。[24]截至目前，美国已有 8 个州允许 CCA，另有 4 个州也在修订类似的法律。[25]加利福尼亚州最先萌生这个想法，根据目前估测情况显示，到 2025 年，CCA 将为 80% 甚至更多的私营配电公司老用户提供电力服务。

CCA 是两种意识形态对立观点的一种务实结合方式。让当地电力公用事业公司脱离供电业务的构想，源于一个重要发现，即发电功能将不再具有自然垄断属性，因此竞争市场将提供更廉价的电力，而当地配电公司仍负责所有电力输送。建立 CCA 组织的理念是：如果所有买家联合向一家非盈利零售商购买电力，而且该零售商代表用户从电力批发市场进行采购，那么电力价格就会更便宜，并且加快支持实现气候目标。因此，不再有零售竞争，只有一个面向所有买家的非营利批发电力采购代理商。这个非盈利性采购代理商，通过向电力批发供应商招标进行采购，所以竞争场所就是电力批发市场。

由于其形式多样，能源民主并不容易融入该行业的新业务和监管模式。新的拥有电网的市政化公用事业公司，虽然可能并不多见，但很可能会追随现有的同类公司，向提供全面服务的综合能源服务公司（ESU）模式发展。例如，在温特帕克市，市政化最明显的好处是对配电可靠性有更大的控制权，而不是降低电费。[26]

由于没有自己的本地电网，CCA 只得采取竞争性节能服务公司在 SI 市场中的运作方式，同时与用户和公用事业公司打交道。事实上，CCA 不过是一家非营利性、全社区性质的节能服务公司而已。虽然目前大多数社区电力选择整合组织只出售电力，但可能会演变成多类服务提供商，如私营竞争性节能服务公司。总之，一种能源民主运动形式催生了全新的本地 ESU，而另一种则推动建立了一种新的复杂的 SI-ESCO 产业结构方案。

无论如何，能源民主运动将成为行业推动就地控制、实现公有制和出台强有力气候政策的重要力量。它将强有力地主动对冲一个行业的完全私有化、市场化和全球化发展愿景，这会直接或间接地给 ESU 模式带来一些优势。毫无疑问，发挥 ESU 模式的任何优势，都将极其依赖所处区域和环境等条件。

政治分化

除了围绕科技巨头、隐私保护和能源民主的近期政策辩论，当今世界竞争中的地缘政治势力无疑将影响该行业未来的发展轨迹。它们很可能是重要的，但不是决定性的。

　　我们似乎见证着，私有化、全球化和市场资本主义受到西方政府领导人青睐的时代，正在毫无疑问地走向终结。相反，我们也看到了右翼民粹主义的崛起，作为回应，主流中左翼政党与更强大的左翼政策之间展开了一场拉锯战。就在本书出版付梓之时，许多欧洲国家因政党路线分化而陷入组建执政政府的斗争中，而美国和其他许多国家则陷入了严重的两极分化泥潭。

　　除了造成更大的冲击之外，这种极度不稳定的政治格局向前演变，必定会影响未来的公用事业结构。右翼民粹主义普遍反对政府，认为受监管的公用事业是国家的工具。Bill McKibben 引用了一位名叫 Jason Rose 的保守派活动人士的话："我们应将太阳能发电提上日程。奥巴马医改之所以糟糕，是因为医疗保健选择空间减少了。公共教育很糟糕，是因为择校机会减少了。也许会认为这也适用于能源"。[27] Rose 的想法被一群绿色能源自由主义者采纳，比如 Erik Curran，他曾经创作了一篇名为《爱国者太阳能》（The Solar Patriot）的宣言。他在宣言中将美国公民享有太阳能的权利比作他们享有不受政府暴政和干涉的自由权利。对 Erik 来说，这种暴政表现为政府和公用事业公司合谋压榨太阳能发电项目。[28] 他写道："……在很多情况下，政府对太阳能发电项目实施设置了障碍，使得那些想要太阳能电力的家庭更加难以负担。为什么？……因为前述设置的障碍仅仅是为了保护电力公司垄断经营的利益"。这一思想脉络确实与源自硅谷的反对破坏公用事业的时代精神相吻合。事实上，一项得到广泛报道的、对硅谷领袖的调研发现，除了行业监管之外，他们在几乎所有重大问题上都持有中左翼立场，而他们对行业监管的看法与共和党人士不谋而合。[29]

　　相反，复兴的中左翼政党将利用国家和私营部门的力量来将可再生能源扩大化和"民主化"。美国选区中最近流行的思想是"绿色新政"（GND）。这是一项雄心勃勃的计划，目标是到 2030 年全美实现 100% 的可再生能源电力供应。但现在要说明公用事业公司在该计划实施中的具体作用及其对产业结构的影响，一切还为时过早。然而，如 GND 支持者所希望的那样，迅速转变发电结构，实际上需要当前公用事业公司的广泛参与，或许能将电力行业推向 ESU 模式。正如在博尔德市改革的背景下，Will Toon 观察到的那样，迅速的气候行动往往有利于实施现有的或变化不大的商业模式。

值得注意的是，一类整合了竞争市场要素的 ESU 模式的具体方式，或许代表了政府和行业在当前极端分化的西方世界中、扮演的同时接近左右翼政党的中间派角色。效仿 ESU 模式的公用事业公司，比起最小化监管思想和自由市场的自由主义至上理想，其左倾性更为严重，但比起完全公有制，其右倾性也更为严重。前公用事业监管者 Jerry Oppenheimer 和 Theo MacGregor 提出了一个有趣观点，他们认为美国式监管是在民主环境下实现中间派效果的有效手段。[30]

Oppenheimer 和 MacGregor 认为，美国的电价几乎比任何一个由私营配电公司提供服务的国家都要便宜，而美国的服务具有普遍通用性和高度可靠性（尽管不是世界领先的）。同时，美国公用事业从业人员的工资相对较高、福利较好，而且工人加入工会的比例相对较高。他们得出结论：

> 美国拥有世界上最严格、最细致的私营公用事业公司监管体系（加拿大可能是个例外）。这可能会让人大吃一惊。毕竟，美国派遣顾问咨询大军到地球的每一个角落去宣扬放松管制、自由市场和减少政府干预的种种优点。但这是一种仅仅对外宣扬的理念，不适用于美国本土，并且理由非常充分：在这个崇尚自由企业制度的国度里，百年实践经验积累使美国人相信，公共服务（特别是股东公司拥有的服务）具有独一无二的垄断性，是必须由政府和公众严格把关，而非市场。

> ……这是一次非同寻常的民主实践，而且卓有成效。[31]

从这个角度来看，咨询电力行业未来的组织形式，实质上就是中间派是否会在公用事业监管政治经济学中占有一席之地。在硅谷精英和自由市场派占主导地位的情况下，SI 模式是可行的；如果左倾，ESU 模式和公有制将获得更大的吸引力。不管出于何种原因，如果坚持持有中间派思想，我们将看到商业和监管模式采取更为务实且适应性强的做法，即将公用事业、监管和市场糅合在一起，可以称之为混合模式。

第 14 章　电力行业的金融属性

公用事业公司能在世界金融中心找到一席之地，因为公用事业公司拥有自己的股票及债券指数、指数基金、共同基金，可在标准普尔全球行业分类系统中找到对应行业类别。可再生能源公司、独立发电商和能源交易商都无需申请。另外，公用事业公司还可以设立自己的金融分析师协会，召开专业金融会议，并且拥有由养老基金、大学捐赠基金等众多成熟、长期投资者组成的投资者群体。

公用事业公司资产证券化的属性，不仅是每个活跃的投资者所熟知并加以区分的，而且与受监管的公用事业公司商业模式密切相关。电力是绝对的必需品，但只占家庭或大部分企业预算的一小部分，用户几乎一直在支付电费，所以电力公用事业公司的收益在所有行业部门中是最稳定的。富达投资公司（Fidelity Investment）的一位专家写道："公用事业公司历来一直被视为避风港，当市场下跌时，可以为多元化投资组合提供支撑。……它们主要是设在美国的公司，对经济不太敏感，因为无论市场表现强劲抑或经济衰退，大多数用户都会支付电费"。[1]《巴伦周刊》的一位作者称它们为"债券替代品"。[2]

公用事业的第二个主要金融属性是：大多数美国公用事业股票支付相对较高的现金股息，是目前标准普尔 500 指数平均水平的两倍。[3]这意味着监管机构通常将电价定得足够高，充分保障公用事业公司的收入，不仅可以覆盖提供良好服务所需的运营和资本支出，同时仍有现金结余用于派发股利。正如我们多次指出的那样，监管和公有制也建立了一个假设，即这种强有力的监管减少了"跑输大盘"或破产的可能性。

近几十年来，公用事业公司也一直被视为增长缓慢型公司，没有大幅升值的潜力。直到十年前，销售额以每年百分之几的速度增长，价格或稳定或上涨，因此收入和资本支出自然平稳增长。在刚刚结束的十年销售持平期内，大多数公用事业公司设法通过合并保持增长，这是得益于燃料价格和批发电价（单项最大运营成本）下降。另外，许多公用事业公司还通过发展可再生能源发电项目发展壮大起来，我们稍后对此进行讨论。

即便如此，多数私营电力公司也不能将增长视为理所当然，更不能停滞不前。这股变革的力量促使它们在图 9-1 三维战略空间的新区域中寻求增长。正如在前几章中所看到的，公用事业公司正在增设放松管制的部门或机构来销售新型能源服务，在空间上进行扩张，并且正朝着新的受监管商业模式发展。这些战略举措的整体目标是提高实际业绩和财务业绩。在财政方面，在图 9-1 战略空间内平移会提高收益增长率，同时改善整体服务和绩效水平，但不会增加足以抵消前述收益的风险。

图 9-1 战略空间内的一些变动代表着导致风险或者收益变化的选择，这一点容易理解，但要知道并不总是便于管理。通过收购配电公司，进而将现有服务扩张到新的地理区域的方式，在美国、欧洲和拉丁美洲十分常见。这种方式下，自动增加的规模和收益，会与运营和管理风险达到一种特殊平衡。许多扩张都是在地理或者文化相邻范围内开展的，所以新增的服务领域和公用事业公司，源于比较熟悉的、相似的商业政策和商业文化。按照这种思路，Enel 公司（意大利）在 2009 年收购了 Endesa（西班牙），Ameren（总部位于圣路易斯）在 2003～2004 年度又收购了伊利诺伊州的两家公用事业公司。这些收购的共同之处在于：它们往往多见于同一种语言体系的地区，比如英国国家电网进入美国东北部，或 Enel/Endesa 业务扩张到拉丁美洲。

另外，在竞争市场中，公用事业部门创建非监管类关联公司销售相关服务的做法由来已久。迄今为止的最大的业务扩张，已经走入在超级电力市场运行的大型可再生能源发电领域。这一特殊举措提供了一个类似于受监管企业，有时甚至更好的风险收益预期。正如我们在第 8 章中所了解到的，几乎所有的可再生能源发电公司都在建造发电厂，并根据长期合约以已知确定的价格出售电力 8～20 年。这些合约的交易竞争对手大多是公用事业公司或蓝筹股公司，因为它们都极不可能拖欠款项。因此，可再生能源公司一旦开始运营，所能获得的长期收益可能比公用事业公司更稳定，监管风险也更低。由于可再生能源占据的市场份额正在迅速扩大，这些可再生能源公司的增长将不会受到电力销售总额缓慢或负增长的约束。所有这些发展经验，也适用于电网级储能。

下游零售竞争服务完全是另一回事。正如在讨论综合能源服务公司（ESU）时提到过的，提供能源服务（需求响应、建筑能源管理、分布式发电）的市场可能竞争非常激烈，并产生具有高度可变性的现金流。公用事业公司几乎总是收购现有公司，而不是从头开始创建，但仍然担负将这些公司发展成国际业务竞争者的重大责任。随着这些公司日益壮大，也改变了公用事业的财务性质。

除非公用事业公司发现并在受监管的核心公司和所收购的业务相关公司之间实现协同，否则收购所带来的这些风险收益，主张对公用事业公司所有者和其他所有者一视同仁。这些是我们在 ESU 模式下讨论的相同潜在协同效应，除了后者的跨服务领域增值活动外都发生在同一家受监管的公司内。如果没有强有力的协同机制来降低收购业务的现金流差异，那么风险收益共同担负的主张，通常不符合公司受监管部分的低风险/慢增长/高派现模式。因此，在华尔街看来，除了合约支持的电力和储能业务之外，扩张放松管制业务的公用事业公司相当于在打造混合型或综合型电力企业。

华尔街与新商业模式

金融界几十年来一直关注着公用事业公司进出新的领域和增减

新的附属企业。金融专家现在已经非常习惯于逐项评估这些战略运作的优劣势，并纳入资产评估。

相比之下，新的电力商业模式（如 SI 和 ESU）提供了难得的发展机遇。华尔街专家和金融分析师几乎没有讨论过这些新模型会如何影响公用事业资产评估和股价。我一直很好奇为什么会出现这种情况，所以采访了几位卓有声誉的华尔街公用事业分析师，明确咨询对方如何看待正在形成中的新商业模式。

他们的观点，让我感到非常惊讶。首先，尽管他们理解新的电力商业模式，但其中并没有哪一种令他们特别感兴趣。一位分析师告诉我："投资者不喜欢另类投资"。当然，他指的是保守的公用事业投资者群体。华尔街的投资期限很少超过五年，回顾过去五年或更长时间，现有电力商业模式表现得相当出色。积极改善财务状况是推动华尔街的根本因素，这已经有很高的门槛。进行过交谈的专家普遍对新模式可能极大改观财务状况的期望不高。

我从采访中得到的最有趣的观点是，华尔街对图 9-1 中的任何一种私有制模式都没有固有的偏好。相反，它强烈倾向于让其中任何一家获得监管机构和周边利益相关方的持久支持。一位分析师告诉我："任何新交易最重要的部分是监管合约，而不是新模式的细节"。这与公用事业金融理论中的观点一致，即政治和监管风险对公用事业的损害最大，因为它们无法被分散或对冲。[4]

同样，前述受访者并不热衷于基于绩效的监管。毫无疑问，部分原因是对新事物持绝对谨慎态度。此外，一些分析师还提到，他们对在不承担太多额外风险的情况下设定并衡量绩效指标的能力缺乏信心。长期以来，没有一个行业会设定非常具体的业绩目标，然后允许利润随着目标进程而波动。

我坚持要求专家们就智能聚合商 SI 和 ESU 之间的风险收益取舍差异给出具体的看法。概括地说，他们中的大多数人都认为，SI 模式更接近当前的自然垄断监管机制，因此不太可能受到法律法规和政治风险冲击。SI 模式下，公用事业公司坚持自行组织并远离其他服务，要么通过受监管的公司出售，要么通过放松管制的子公司出售。在这种情况下，风险低收入也稳定。然而，这种公用事业公司的发展前景会受到更多限制，主要取决于是否获得有利的 PBR 待遇或者是否将服务精准扩大到分析师不关注的领域。

ESU 或公用事业企业集团提供了不同的风险收益主张。正如第 12 章所解释的那样，未来增长前景乐观，但会面临更多的监管和政治风险，政治谈判空间也更广阔。尽管可能符合公众的长远利益，但推出新产品、收购新公司和进行政治交易的自由度会增加，这意味着以某种方式降低收益时，出现失误的概率变大。

那些设法放弃新商业模式或放松管制后服务多样化和成为其代言人的公用事业公司又如何呢？分析师们敏锐地意识到了这些进展，但迄今为止它们对整体财务表现的影响微不足道。一位分析师告诉我："它们都是科学实验。"而另一位分析师告诉我，一家不知名的公用事业公司告诉其投资者，这些"科学实验"预计将减少大约 2% 的收益，或每股收益减少大约 5 美分。因为投资者的反应极其消极，公司也不得不缩减了计划。如前所述，许多公用事业公司已经把拥有和运营大型发电机组转向"混合模式"开展，并且呈现加强势头，业绩良好。即便如此，一位分析师指出，混合型公司即使增长前景真的很乐观，仍面临市值损失。他进一步强调，混合型 Exelon 电力公司的市盈率为 15 倍，而他所关注的一家未上市的威斯康星州公用事业公司的市盈率为 20 倍。

不同公司的多个金融专家的观点惊人地相似。假设我的样本没有问题，公用事业公司在图 9-1 战略空间内沿任意方向发展，都面临着巨大的挑战。华尔街的观点非常简单：任何加剧这类股票波动的事情都是不受欢迎的。他们认为，监管机构、决策者们和市场力量联合起来努力打造比公用事业公司过去十年享受的更好的风险收益方案的可能性极小，而且如果全球经济在未来 5～10 年间下滑或倒退，更大概率继续采用已有风险收益方案。

似乎需要再次提醒我们，这些态度将监管机构直接置于电力商业模式变革的中心。华尔街坚持要求监管机构确保公用事业投资风险与收益相当，这一点儿都不奇怪，而且这自古以来就是定价过程中面临的核心问题。相比于不断修改价格，这次不同的是，商业模式改革将更加触及改变定价范式。尽管最初的监管契约只是投资者和用户两个群体之间的平衡点，但更新后的契约涉及更多支持者利益和考虑因素需要权衡，尤其是其中最重要的是地球生态的健康。

第15章 无 碳 电 力

　　关于能源未来的发展，如果有什么是明确无疑的，那就是电力系统唯有"向上"一条路可走。依靠输电线路将用户绑定到统一电网的传统模式，要么很快会分裂成微电网，要么穿越整个海洋和陆地，但输电线路本身不会消失。由于16项必要的电力基础设施将成为物联网发展的重要支撑力量，并为交通和其他工业提供主要动力，因此其中最重要的部分也会越发关键。目前，若不考虑用电量增长的预期，很难提出应对降低碳排放诉求的现实解决方案。

　　尽管听起来有点自相矛盾，但未来对清洁发电的迫切需求只会加强能源效率和非电清洁燃料的重要性。能源效率管理一直未得到充分开发利用，但却因具有良好的经济和环境协同效益而成为一个重要资源。然而，在所需要的快速脱碳和电气化场景中，能效管理从一种节俭美德转向一种发展必然。正如在波士顿2050年电力需求方案中看到的那样，提高能效是决定地区电网的未来发展：是选择昂贵又不稳定的电网，还是更经济又更易管理的电网？

　　世界需要以可负担的环境和社会成本，尽可能地获取平价且可靠的无碳电力。某些情况意味着必须在分布式电源和大电网之间做出选择，但对于大多数情况，如果满足用电需求，是利用分布式电源，而非配合大电网扩展实现，这将令人感到惊喜。如果必须做出明确取舍，则应建立在对公共利益进行彻底且透明的评估的基础上，而不是对某种特定利益范围的偏好，也不是对历史政策倾斜的憎恶。不管最终是否找到平衡点，我们都必须继续完善市场机制和监管规则，从而有效地整合大、小电网资源并支持市场竞争。

　　从技术上来讲，许多以无碳电力系统为目标的发展路线变得越发清晰。目前还无法大规模地提供一整套的经济解决方案，但是技术专家会比我们更快地定位并改进相关选项，但这需要在多个政府层面上，利用行之有效且注重成本的研发政策，支持和扩大清洁能源创新链。

除了更强的创新支持，还需要更好的多种燃料基础设施规划流程。电力监管机构根据对存在不确定性的系统负荷的简单预测，就许可新建输电线路或新建发电厂的情形已经成为过去，但电力规划很大程度上仍在纵横交织的电网领域内进行，而且因为涉及范围过于窄小而难以抓住机会。相反，跨区域的多燃料能源规划过程应该评估电网、新型清洁燃料基础设施、碳运输和储存系统、热能储存和利用以及大部分交通系统之间的协同效应。尽管规划面临着愈发错综复杂的挑战，但它仍然是低碳转型的核心。

正如我们之前看到的，美国能源规划跟踪记录不够完备。应该把未及时采取行动阻止气候变化视为又一次的规划失败，而不是当作逃避规划的借口，然后进一步改变我们的规划做法。尽管合理的价格信号是必要的工具，但若没有规划和政府支持，就无法创建高度资本密集型的新型基础设施部门。就其本质而言，能源基础设施始终是社会系统中更新最缓慢、挑战最棘手的要素，但它也是大规模地配置能源资源、提供解决方案的最重要手段。

规划、监管和市场手段之间始终保持良性张力，缺一不可。在西方国家，电力已经从一种完全受监管的商品，变成了一种在价值链的很多环节上普遍受市场力量支配的商品。无论是大电网还是小电网，对市场的依赖基本上都不可能减少，这目前是电力行业基因中的一部分。但如果 20 世纪放松管制的历史进程能给我们一点经验教训的话，那就是相比以往受监管行业，基础设施领域中的现代市场需要更多样、更智能的管理，而不是更少。

毫无疑问，小电网将迎来最困难的转型，而能源脱碳诉求只是当前所有商业和监管模式面临的众多挑战之一。智能技术将支撑灵活电网和微电网提供不同水平的可靠性。信息通信与控制技术被设定为创建能源电力供需之间的实时反馈通路，涵盖百万数量级的独立设备和聚合单元，也包括整个系统。同样的技术也正在帮助用户实现脱离大电网运行、极为复杂的能源服务和配电服务定价，并在用户、节能服务公司和大电网之间建立双向市场。同时，配电系统仍属于越来越贵的固定成本资产，它的有效运行是至关重要的。

配电公司必须通过地理位置、放松管制的电力产品线以及受监管或公用电网的商业模式三个维度的战略分析选择有效方案，克服未来挑战。电力领域的地域多样性特征已经非常明显，但从向放松管制的电力产品领域扩张来看，迄今为止只包括可再生能源独立发电商（IPPs）的业务类型，这并不能很明显地改变公用事业公司的风险收益预期。到目前为止，即使是公用事业公司适度涉足不同的非监管的电力产品领域，都遭到了投资者的强烈警告，甚至可能是全盘否定。

与此同时，业界科技巨头以及资金雄厚、竞争力强的精明非公用事业公司，热衷于抢占用户资源以及随之而来的数据和品牌价值。为了应对这一挑战，公用事业公司及其监管机构推出了一系列新模式，每种模式具有自身发展的生态圈，但又各自面临诸多挑战。尽管商业/监管模式非常复杂，但智能聚合商（SI）和综合能源服务公司（ESU）作为重点讨论焦点的两种类型，都是有些极为简单的案例。在监管机构超前谋划和大力鼓励下，许多公用事业公司在应用前述模式的实用变形和混合形式方面取得了进展，令人鼓舞。然而，迄今为止大多变革是渐进式的，以至于影响太小，既难引起沉睡的华尔街巨量资本的注意，又可能因为过于微不足道而不言成功。几年前，Navigant资深战略团队已经注意到公用事业公司在努力创造新商业模式，发现领域内"没有明确的竞争者"，并强调"其他行业也很少有参与者能够实现飞跃发展"。[1]

最被两种新商业模式低估的挑战，既不是蓄电池也不是屋顶光伏系统，而是微电网。公用事业公司对统一配电系统的所有权及系统运营和电力输送中的重要作用，为新旧电力商业模式下监管契约的签订奠定了基础。两位专家在五年前解释道："微电网为用户提供了脱网运行的选择，这在某些方面，在功能上相当于将电网资产脱离公用事业公司控制，收归市政管辖。"如果配电网变成一系列按照复杂规则进行交互的微型公用设施，就有可能保持规模化、最优化和公平化方面的优势。然而，现在也还没有路径或案例让人确信未来微电网发展会是一帆风顺的。

在本书前面部分论述中，试图把电力商业模式转换比作飞机飞行时更换控制系统。现实中，不会因为系统运维，或者更换发电机组、升级电力软件系统等就停运电网。随着人工智能、5G、微电网、新的竞争对手商业模式和合作伙伴关系的出现，以及新型发电技术和储能技术的应用，这是否更像软件程序员应用新语言给一架飞行中飞机重新写入程序，新设备部件来自完全不同的供应商，而联邦航空局（FAA）正在改变飞机巡航范围和飞行方式规则。

美国著名的环境保护主义理论家 Bill McKibben 曾经写道："电力公司是一头怪兽，既不是公共的，也不完全是私有的。"[2] 他说得对。电力公司与其他领域公司之间，一直保持着一种持久而且成功的公私合作伙伴关系。总的来说，这种伙伴关系在应对世界上许多社会、经济和环境方面挑战的作用，从未像现在这样巨大。未来几十年发展将说明，是否以及如何使用电力公用事业模式来满足因万物互联、人工智能、气候变化以及未解决经济和人口挑战而变得疯狂的世界的需求。如果使用得当，可能是我们治愈未来沉疴顽疾的最好工具之一。

附录 A 政 策 建 议

能源与缓和气候变化综合规划

每个地区都应该制定长期的能源和气候变化缓解规划，目标是最迟到 2050 年将所有行业的温室气体净排放量减少至零。规划过程应：

- 最大限度地利用具有成本效益的分布式资源和能源效率提升技术（见下文政策），并确保电力商业模式和激励措施符合这一目标；
- 综合考虑所有终端用能和燃料及其无碳替代能源，以最大限度地降低所有终端用能的能源脱碳成本；
- 将输电系统和其他能源基础设施规划作为规划行动的一个组成部分（见下文）；
- 包括制定政治上切实可行的政策来支撑计划落地，包括减少或加快计划内基础设施的审批流程。这些计划应延伸到工程计算之外，以解决设施所有权、融资和收益补偿问题。
- 在此背景下，基础设施包括所有无碳燃料和热能输送系统，以及为电动交通工具充电所需的基础设施。

能源效率和住房成本

作为所采用新电力公用事业商业模式和监管模式的一部分，应在公用事业公司内部或外部建立以下机构：

- 将能源效率责任交给公用事业公司或另一个合格的参与者[1]，且该参与者具有采取能源效率措施所需的充足低成本资金和运营资金，并有权访问运营数据，同时对合格监督者负责；

- 收集并使用现有最佳数据和综合框架来衡量能效管理方案相对于供给侧替代方案的开销节约量（美元）、减排量、经济增长情况等好处；

- 采取与分配责任相一致的激励、目标和监督政策，以便决策方能够从良好的业绩中获利；

- 构建新的公用事业生态系统（包括使用人工智能和物联网的系统）和电力定价政策，以保持或加强对采用具有成本效益的能源效率措施的激励；

- 最大限度地利用规范和标准以及类似措施，将所有结构转变为尽可能接近净零能耗的绿色建筑；

- 确保有特定机构/机制向服务水平低下的市场提供能源效率管理和低碳出行方案，并且所有能源效率政策都旨在提高住房支付能力，而不是增加住房成本。

- 随着可再生资源渗透率的快速提升，确保系统运营商有能力激励转移需求和调度负荷。

分布式发电、定价和电网接入

- 分布式发电业主应按照公允价值获得他们向电网提供的服务的补偿，但不能超过；这些服务可能包括新输配电网投资的定点局部转移（"非有线替代方案"）。自动全额支付送回电网的 DG 电力零售价或高于市场价值的上网电价，不能作为精确的价值衡量标准。

- 鼓励或强制执行分布式发电所有权（不同于付费）的政策，应充分认识到分布式发电对当地经济和社区发展的好处，不应减弱有效的价格信号，并且应使整体房价更可承受。

- 配电系统监管应为配电公司提供激励和监督，以有效托管和整合分布式发电，但也应允许它们以符合整体监管/商业模式的方式，以公允价格向所有用户提供分布式发电和其他无碳能源供应选项。
- 配电系统规划应包括在适应和鼓励气候/能源计划实施中新增的电力负荷，以及从地方能源供应中转移投资的潜力。
- 加强综合资源规划和配电系统规划流程之间协调性至关重要，进而确保发配电系统投资协同优化。

配电系统的定价和准入

- 配电系统和零售服务定价应在可行的情况下尽快采用基于时间和地区的定价方法，以便平衡采纳定价方案所需的投资成本和长远收益。基于时间定价方法的好处已经得到了充分的研究和论证。在技术可行的情况下，可以毫不犹豫地采用基于时间的定价方法。
- 对有效且高效的节点零售电价定价方法和配电系统管理技术进行深入研究和试点具有重要意义，可以提高电气化水平和完善系统控制水平。

微电网、韧性和脱离电网

监管机构应与技术专家和利益相关方合作，采用微电网规则，目的是：
- 确保微电网的运行韧性和脱碳效益得以实现；
- 确保所有权、通信、网络安全和控制协议允许整个电网继续公平高效地运作；
- 确保将微电网的特有成本分摊给相关受益方。

应定期重审上述规则，因为对微电网运营经验将为它们自身发展提供信息。

监管机构还应密切监控整个电网的薄弱环节，以确保不会影响财务或技术上的可行性，导致危及普遍服务。决策者们应确保所有用户继续支付应承担的电网维护费以及计划由电网收费偿付的服务成本。

电力商业模式和监管模式选择

第 9 章和图 9-2 描述了配电公司可以采用的一系列商业和监管模式。每个国家、州和公用事业公司都应该有意识地采用以下模式中的一种：

- 继续实现电力服务的所有公益目标；
- 通过公正转型，尽快实现脱碳；
- 使配电公司能以合理的价格筹集到足够资金，否则将无法有效运作；
- 通过内部流程（如竞争性采购）和外部流程（如开放服务、引入竞争）运用市场力量和创新。

在有效性这一点上，没有任何一个模式可以明显优于其他模式，尤其是考虑到公用事业的当前结构和发展路径时。总的来说，在重组或自由市场中运营的公用事业公司，自然过渡到智能集成商（SI）模式，而国有和垂直一体化的公用事业公司通常极其自然地转变成综合能源服务公司（ESU）模式。然而，商业模式不能生搬硬套，所以兼有两种模式，应成为一种制度而不是偶然操作。由此产生的商业模式，应确保为用户提供最佳服务，包括经济可负担、体现创新性以及绿色选择可用性和供电可靠性等方面。

配电公司、输电公司和/或垂直一体化公用事业公司的监管应转向基于绩效的监管模式（PBR）。具体的绩效目标和激励机制，取决于具体的商业模式和发展环境。监管机构和公用事业公司应该利用丰富的 PBR 实践经验和研究成果。

公用事业公司需要发展核心竞争力，以匹配其商业模式。总的来说，SI 公用事业公司必须学会如何管理其平台，从而在快速多变的生态系统中实现公益目标和经营目标。ESU 必须学会如何通过利用外部市场来提供高效的大规模定制能源服务。无论哪一类公用事业公司，都必须采用现代化用户互动工具，帮助了解用户并与用户沟通。

输电系统规划

● 作为气候和能源规划的组成部分，应考虑输电网扩展规划中传送低成本、无碳电力，以及其他电网加强工程和技术应用的全部价值，不仅能够增强电网自身功能，还可以支持实现脱碳、提高可靠性、安全性、弹性、实现地域多元化和提升市场竞争力。

● 能源/气候计划制定输电方案之前，应首先考虑能源效率管理、分布式发电和其他降低新增输电线路需求的资源，但也必须优先考虑以合理成本尽快实现能源系统脱碳。

● 应尽可能降低新增输电线路造成的环境影响成本，但也应与气候不作为代价进行权衡。

● 各国政府（尤其是美国）应提供国家宏观层面指导，并建立利益相关方调解流程，使输电系统规划过程中出现的新建或扩建项目能够及早获得审批许可、资金支持和开工建设。

电力批发市场改革

● 在尚未建立集中式电力现货市场的区域，应借鉴全球广泛经验，采用最佳做法。

● 应稳步扩大集中式市场范围，涵盖运营灵活、弹性、完全脱碳的电网所需的电力附加服务，并提供适当的市场监督和支持。

● 能量和容量的中长期市场应该与短期市场并行。

● 尽量借鉴最佳实践经验，采用远期容量市场；应尽可能地延伸到未来，并增加非捆绑式容量服务，使系统规划者和运营商能够尽可能高效地应用无碳技术。

• 无论远期容量市场是否存在，达成自愿买卖的长期合约都不应当被禁止或轻视，除非它们扰乱了合理的区域能源/气候计划或者违反了公共利益。无论何时，长期合约都应该通过竞争获得。

能动技术的研究和开发

根据创新使命的目标，应努力加快国际、国家和地方政府资助新技术研发，新技术将降低经济各部门的脱碳成本，或以其他方式减轻气候变化影响。

增加能源监管机构的教育和技术资源投入

• 参与电力和能源政策及监管决策的能源监管机构与公共部门官员，应能就能源监管领域的诸多新方面，获得优质、公正咨询建议和教育资源；在美国，这应该包括一个面相监管机构和能源政策制定者的国家级学院。

• 能源监管机构应有充足的保障资金，能够雇用高素质的工作人员，获得先进的技术咨询和资源，并尽可能避免"监管捕获"现象。

• 监管机构将需要不断扩大相关领域工作技能，包括 PBR、配电系统管理技术、配电和零售定价、人工智能和物联网在电网中的作用、网络安全、输电规划，以及对新增配电和零售服务的价格放松管制市场的监测、监管和监督等领域。

碳定价

• 为了支撑电力系统和全球经济其他部门脱碳，应该采用某种碳价信号；有效的碳价水平应尽可能接近碳排放的社会成本。

• 碳价信号传导所产生收益应反补到当地经济之中，以便使价格信号总体效果有力地促进社会公益和公平，包括使受影响的从业人员能够得到公正对待实现过渡。

● 在逐个案例开展基础上，实施适当的碳价信号可能会消除对其他特定行业和特定技术的碳减排政策的需求，但是，在已经制定并确有成效的碳减排政策中，除非有充分的证据表明碳价信号具有同等有效的作用，否则相关政策不应终止。

附录 B　高比例新能源发电
趋势下电力现货市场面临的挑战

早在放松管制之前，传统一体化公用事业公司就有市场，市场上可以交易少量剩余能源。当一家公用事业公司从它的电厂获得的能量比它需要的多一些，而附近的另一家公用事业公司又需要一些额外的能量时，将多出来的能源交易为现金是每天都会发生的事情。这种交易主要是双边的，价格由监管机构批准确定。

重组后的大电网市场继续允许双边短期电力交易，但如今竞争性电力批发市场按小时（或更短时间）和按天运行，主要通过拍卖形式在一个地区的多个"交易中心"进行能源交易。就像上一节的容量市场一样，所有买家按唯一的市场出清价格付钱给所有中标卖家。在这种情况下，中标意味着实际控制（"调度"）电力系统的市场运营商允许你的发电厂在中标期间启动电力供应，并赚取相关收入。拍卖区域以输电网约束和管辖边界为限，可以覆盖多达四个或更多的欧盟国家或美国的州。

因为竞争性能源市场源自最初的公用事业公司间能源交易市场，所以它们是参考旧工业设计范式打造的。麻省理工学院教授 Paul Joskow 写道：

> 也许讽刺的是，在 20 世纪 90 年代末，美国所组织的电力批发市场的设计概念基础……可以直接追溯到 20 世纪中期关于可调度发电设施的优化调度和最佳投资的工程经济类文献……开发这些模型是为了应用于重组前的垂直一体化整合……包括政府所有权在内，垄断必须遵守相关法律法规。[1]

在传统监管框架下，一旦电力资源获得审批核准，相关的投资成本将通过监管费率自动回收。这意味着公用事业公司从不担心他们从向其他公用事业公司出售电力中赚取的收益是否足以支付发电厂的费用。他们的目标是支付售出电力实际生产过程中的额外（增量或边际）成本，再加上一点利润，使这项活动变得物有所值。发电厂所发度电成本为 3 美分，再加上单位燃料成本和其他可变成本，所以发电厂希望上网电价比这个高一些，以便从中牟利。之所以说上网价格低于 3 美分是不对的，因为会导致公用事业公司一旦售电就赔钱；但如果上网价格远远高于 3 美分，这也是不明智的，因为买家可能会找到另一个上网价格接近 3 美分的卖家，而前者将失去原本可以获利的售电机会。

当市场放松管制后，每个卖家都应当主动以略高于其边际成本的价格作为销售原则来参与市场竞争。长期以来经济学家一直认为，在竞争激烈的拍卖市场中，实现利润最大化的销售策略是按边际成本报价。虽然这是所有竞标策略中最好的一种，但并不能保证发电商赚取的利润足以支付其投资成本。正如正文中所解释的，这就是决策者们同时使用合约或容量市场，来确保供电"资源充足"的原因。

竞争性电力现货市场可能不擅长引导建设，但擅长最有效地利用已经获得融资以及开工建设的传统电力资源。第 6 章告诉我们，传统电力系统中电源包括产生最廉价电力（即边际成本最低）的基荷机组，其次是周期调节机组，然后是峰荷电厂。将这样一个系统放入一个重组的能源市场，每个有竞争力的发电商（即每个IPP）都会按边际成本来合理报价。竞标"报价曲线"如图 B-1 所示，最初几个出价来自基荷电厂，其次是周期调节电厂出价，然后是峰荷电厂。因为每家电厂的燃料成本、经营效率等各不相同，所以报价通常会逐渐增加。电力拍卖方/市场运营商的工作始终是在保持供需之间实时而且近乎完美的平衡，它实施监控需要的精确电力，并沿着"投标堆栈"向上组织报价，直到某一刻达到供需平衡（见图 B-1）。

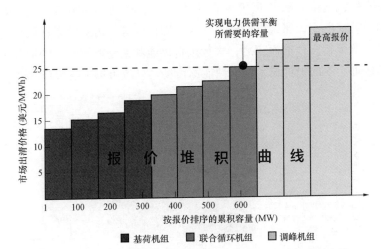

图 B-1　传统电厂通过现货市场进行报价并在小时内进行出清

注：为了确定支付给所有中标者的市场出清价格，系统运营商将电厂报价从低到高进行排列堆积，然后找出堆积容量等于系统电力需求所对应的出价。D1 为需求曲线，VRE 为可变可再生能源，因为在这幅图中没有这些能源，供求都被贴上了"非可变"的标签。

在过去旧的体系中，只要卖方或买方没有强大到拥有垄断力量，这种市场竞标方法就非常有效。激励现有的发电商去寻找降低运营成本、提高发电效率的解决方案，而系统运营商几乎总是选择一组传统发电厂作为中标者，因为在满足需求情况下，这些发电厂组合供电的总成本最低。这曾经是现在也是能源市场的目标——既不推广无碳资源，也不减少现有资源的碳排放。就像传统容量市场一样，拍卖市场也都是为了提高社会向能源生产商支付的所有成本的经济效率。

在重组领域，越来越多的风力和太阳能光伏发电厂，向拍卖市场提供了过剩电能[2]。这些新能源发电厂一旦建成运行，就不再需要支付燃料费用，几乎没有边际成本，因此经济有效的报价方案只是略高于零。市场运营商首先将这些报价放入"报价堆积曲线"，因为该报价堆积曲线总是由低到高排序。如果市场上其他发电厂保持不变，这将导致"报价堆积曲线"向右移动，如图 B-2 所示。如果需求不变，那么市场出清价格（即供应等于需求的累计最高出价）会低得多。简而言之，大量来自风能和太阳能发电厂的边际成本接近于零的报价涌入竞争性能源市场，导致市场出清价格暴跌。

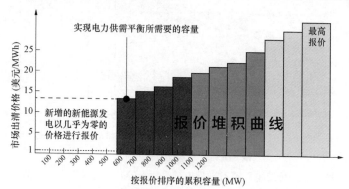

图 B-2　新能源发电与传统电厂一起报价

注：当间歇性新能源被添加到投标堆积曲线中，而电力需求不变，引发市场出清价格大幅下降。

这种效应几乎在每个能源市场上都出现过。来自加利福尼亚大学的经济学家 James Bushnell 和 Kevin Novan 进行了细致研究，将加利福尼亚州太阳能和风能发电的影响进行了分离。他们发现日平均交易价格"大幅下降"，尤其是在太阳能发电量最大的中午时段。在 2012～2016 四年间，加利福尼亚州上午 11 点的太阳能平均发电量从大约 500MWh 增加到 6500MWh；该时刻的平均交易价格下降了 42%，从 35 美元/MWh 跌到 20 美元/MWh[3]。劳伦斯伯克利国家实验室（Lawrence Berkeley National Laboratory）对未来包含风能和太阳能的电力系统（总发电量占比约 37%～47%）进行了模拟，模拟结果显示了更为明显的影响，有些地区长达 700～1400h 的市场出清价格等于零。[4] 这些结果并不令人惊讶，因为 2018 年得克萨斯州和新英格兰地区市场各有约 50h 价格为零；德国差不多有 100h。[5]

具有讽刺意味的是：事实上，电力现货市场的设计初衷并不是为了支持风能和太阳能，但最终总是它们中标，这与容量市场结果几乎完全相反。然而，这看起来并不美好，因为必须有巨型的多元的大电网重组来支撑完全脱碳。首先，能源价格下降意味着出售每种能源获得的收入减少，包括重要的平衡电厂、输电线路和储能设施都受到影响。换句话说，低廉的能源价格加剧了所有新电厂收入不足的问题，加重了试图利用合约和容量市场实现解决机制的负担。他们甚至更成功地直接瓦解了稀缺定价机制的基础，因为该定价机制依赖非常高发的偶然价格，而当市场充斥着零报价电力时，稀缺性情况就更少见了。

能源市场最重要的变化之一是允许用户实时管理用电量，以应对能源现货价格变动。这包括用户改变实际用电模式，选择何时对连接到下游配电系统的储能设备充电或放电，选择何时对电动汽车充电或将电力从汽车发送回电网，以及许多其他通常归入需求响应或价格响应活动。这个对大电网脱碳至关重要的关键有利因素，要求归属于下游配电公司的小电网在技术、监管和定价方面发生变化。而这些变化支撑形成一个价格和需求的反馈回路，加强大电网的大型拍卖市场和遥远的个人用户之间联系。这为我们深入研究下游公用事业公司的未来，提供了一个不错的出发点。

总之，为过去传统电力系统体系设计的竞争性电力现货市场，对于必须混合零边际成本和高边际成本资源的新电力系统来说是没有意义的。人们迅速达成共识，认为这些市场与其说是错的，不如说是不完备的。它们必须与其他类型电力服务产品市场以及正文中讨论的合约和/或容量市场机制相结合。

附录 C 图 2-2 数据来源

美国（1.67、1.49、1.18）——2050 年用电量是 2016 年用电量的倍数

根据 NREL 的《电气化未来研究报告》，确定了三种情况下 2050 年用电量水平，包括参考情景、中等电气化情景和高度电气化情景。图 ES-3 中历史和预测年的用电量数据，显示了到 2050 年被评估的三个场景下用电量的增长情况。2017 年当前用电量大约为 3900TWh。[1]。"参考情景、中等电气化情景和高度电气化情景"这三种情景下用电量分别为 6500、5800TWh 和 4600TWh。将 2050 年用电量与 2017 年用电量进行比较，得出增长倍数分别为 1.67、1.49 和 1.18。

美国（1.73、1.33、1.77、1.80）——2050 年发电量是 2005 年发电量的倍数

根据《世纪中期战略》（MCS），2005 年为 15EJ（根据图表粗略估计），2050 年分别为："MCS 基准"情况下为 26EJ、"智能增长"情况下为 20EJ、"不采用碳捕集、利用与封存技术"情况下为 26.5EJ、"低生物能"情况下为 27EJ。[2]。2050 年数值与 2005 年数值对比得出 1.73、1.33、1.77 和 1.80。

美国（1.32）——2050 年用电量是 2018 年用电量的倍数

　　根据美国电力科学研究院发布的《美国国家电气化评估报告》，美国用电量预计将增长 32%。[3] 这 32% 的增长率被认为是在 2018 年报告的大致发布时间对应用电量的基础上得出的。

加拿大（2.15）——2040 年电力需求是 2016 年电力需求的倍数

　　加拿大统计局网站显示，2017 年总发电量为 650.2TWh。[4] 这个总发电量包括出口量减去了进口量。2050 年电力需求是根据加拿大"深度脱碳路径项目"确定的。使用标题为"按资源划分的能源供应途径"的面积图，2050 年电力需求预计将达到约 1400TWh。[5]

德国（0.81、1.00、1.48）——2050 年电力需求是 2013 年电力需求的倍数

　　德国当前电力需求量是通过根据《德国深度脱碳路径报告》估计电力需求为 525TWh 来确定的。该报告描述了为德国评估的三种情景的近似值。在"政府目标场景"（Government Target Scenario）下，电力需求比 2013 年数值低约 100TWh。第二种情况是"可再生能源电气化方案"，电力需求比 2013 年数值高约 250TWh（525 + 250 = 775TWh）。第三种情况是温室气体排放量减少 90%，估计电力需求约等于德国 2013 年的水平（~525TWh）。[6] 根据当前（2013年）电力需求 525TWh，以及三种场景下的电力需求分别是 425、775TWh 和 525TWh，2050 年电力需求与当前电力需求的倍数在"政府目标场景"下为 0.81，在"可再生能源电气化场景"下为

1.48，在"温室气体排放量减少90%"场景下为1.00。

英国（3.34、3.35、3.27、5.10、4.96、4.82）—— 2050年英国电力需求是2017年电力需求的倍数

根据英国公布的大量研究和场景数据，确定了比值范围。从"英国深度脱碳途径项目"开始，图1列出了八项专题研究总结出的21种不同的情景。[7] 将这八项研究的数值与发布时间进行了比较。就对比结果而言，不存在显著的趋势。图1中有两项专题研究分别来自：《2050年英国能源系统：低碳弹性情景比较》（英国能源研究中心，2050年）和《DECC 2050：2050路径分析》。之所以将这两项研究从八项研究中单独拿出来，是因为它们的情景数据约为全部八项研究中发电量估计值的中位数。

从英国能源研究中心（UKERC 2050）开始，图2-1有7个值与2050年能源需求参考值不同。在其提出的场景中，分别评估了CAM（目标）、CEA（早期行动）和CSAM（超级目标）。[8] 根据UKERC 2050的图2.1："碳减排目标方案详细结果"，CAM、CEA、CSAM能源需求估算结果分别为4250、4260PJ和4150PJ。[9] 将这些数值按确定的转换率（1TWh = 3.6PJ）换算成TWh时，结果分别为1181、1183TWh和1153TWh。

DECC 2050研究开发了多种轨迹和途径。2050年电力需求途径α、β和γ值分别约为1800、1750TWh和1700TWh。[10]这三条途径代表了英国以略有不同的方式应对气候变化和技术政策采取行动的情景和预测。

2017年当前电力需求是根据英国国家统计署《英国能源统计摘要》（DUKES）确定的，该摘要显示2017年总发电量为353TWh。[11]

墨西哥（2.59）——2050年电力需求是2015年电力需求的倍数

根据《墨西哥21世纪中期气候变化战略》图29，确定了2015

年发电量并估计了 2050 年发电量。当前（2015 年）发电量预计将达到 290TWh，2050 年预计将达到 750TWh。[12]。

南非（1.88、1.79）——2050 年发电量是 2010 年发电量的倍数

就南非的比率而言，发电量被视为电力需求的同义词。在《南非深度脱碳之路：经济结构和高技能》中，分别评估了两种情景下的电力需求，即经济结构调整情景和高新技术应用情景。[13]根据标题为"总发电量随时间变化"的图表可知，2010 年当前电力需求估计为 240TWh。在同一数字内，2050 年"经济结构调整情景"对应发电量约 450TWh，而"高新技术应用情景"对应 430TWh。

新英格兰地区（1.31、1.55）——2050 年用电量是 2017 年用电量的倍数

根据《东北部地区战略电气化评估报告》，确定了新英格兰地区 2017 年度发电量为 259TWh。此外，在"最大电力情景"和"似乎乐观情景"中显示，2050 年发电量分别为 402TWh 和 339TWh。[14]。

俄勒冈州波特兰市（1.72）——2050 年售电量是 2017 年售电量的倍数

波特兰市通用电力服务区域的 2017 年、2050 年售电量数值，均来自于"探索深度脱碳途径项目"。2017 年售电量为 2242MWh；在"高电气化""低电气化"和"高分布式能源"这三个情景下，售电量分别为 3866、3434MWh、3562MWh。[15]。

加利福尼亚州（1. 60）——2050 年电力需求是 2018 年电力需求的倍数

根据加利福尼亚州能源委员会的《高可再生能源未来深度脱碳》（2018 年）研究，加利福尼亚州电力需求预期增长率为 60%。[16]。

葡萄牙（1. 73、1. 36）——2050 年电力需求是 2014 年电力需求的倍数

一份描述葡萄牙 2050 年脱碳途径的研究报告模拟了两种情景：开放系统和封闭系统。利用报告中的图 3，我们能够粗略估算出葡萄牙 2014 年当前发电量为 55 000GWh。此外，图 3 还显示了开放系统和封闭系统情景下 2050 年电力需求量分别为 95 000GWh 和 75 000GWh。[17]

太平洋西北地区（1. 25、1. 60）——2050 年电力负荷是 2019 年电力负荷的倍数

《太平洋西北地区资源妥适性报告》讨论了电力部门负荷增长率为 25%，可能增长超过 60%。[18]增长率数值被认为与发布 2019 年报告大致时间对应负荷的基础上得出。

附录 D 表 6-1 数据来源

表 D-1   识别电力系统中主要能源元素的三种方法

电力负荷种类	传统获取方式	我所描述的新型系统	文献 Sepulveda 等（2018）描述的
基荷——能提供大量的 24h 稳定供电	基荷电厂，以煤电、核电、水电为代表	在大范围内配置新能源发电和长周期储能设备，能够形成基荷。此外，还包括"稳定的低碳能源"，如右侧所述	使用"稳定的低碳能源"，包括配备高比例储能的水电厂、配备 CCS 的化石能源电厂、地热能和生物质发电
腰荷——受季节和日夜影响的很大一部分负荷	周期调节电站，大多数是燃气发电，其他的是煤电和水电	同上，更强调季节性储能（可能包括储氢）	文献成为"节约能源的可变可再生能源"，即风电和太阳能发电
高峰负荷——电力负荷中发生极短时间但无法避免的尖峰负荷，通常由极寒或高温天气导致	调峰电厂，以燃油发电和燃气发电为主	使用电化学储能、抽水蓄能和其他储能技术	文献称为"快速爆发可变能源"即脱碳的调峰电厂和储能

注　释

第 1 章　电力脱碳的必然性

1　文献 Nordhaus（2013）第 1～2 页。

2　2018 年发布的《第四次国家气候评估报告》写道"美国各州各地均已感受到气候变化带来的各种影响。据预计，频率更高、强度更大的极端天气和气候相关事件以及平均气候条件的变化将持续损害为人民提供基本生活保障的基础设施、生态系统和社会服务。未来，气候变化将更加扰乱方方面面的生活，从而加剧由于当前基础设施老化、生态系统压力增大、经济失调等对国家经济持续发展带来的严峻挑战"。Hoegh-Guldberg 等（2018）的最新 IPCC 报告（截至本书发布前）也得出了类似结论。

3　由加拿大科学家 Katarzyna Tokarska 牵头的一项研究结果表明，假设将所有已知的化石能源都燃烧使用，"地球将变成一个食物匮乏的地方，一些地方将不再适合人类居住，许多动植物也将灭绝"，详见文献 Tokarska 等（2016）。气候变化信息的另一个重要来源是《柳叶刀》的倒计时报告，参见文献 Watts 等（2018）。

4　文献 Department of Defense（2015）。

5　文献 Climate Home News（2012）。

6　文献 Wallace-Wells（2019）第 1 页。

7　文献 The World Bank（2015）。具体见 IEA 的世界银行发展指标 2015 中的表 3.6。

8　文献 U. S. Energy Information Administration。来源于美国

能源信息管理局——交通运输能源使用 2014，引用自 EIA（2015a）2015 年 3 月月度能源综述中的表 2.6 和 IEA（2015b）的国家能源关键数据统计 2015。

9　文献 International Energy Agency（2018）。

10　电力系统此类资本密集型、高度互联的能源系统如何快速改变其电力装机结构，一直是人们讨论的焦点。Vaclav Smil 作为全球公认能源专家之一，研究了能源转型并得出结论：每次转型都需几十年的时间才能实现。文献 Temple（2018）也表达了类似的疑惑，绿色科技传媒（Greentech Media）的 Chris Nelder 等分析师不同意 Smil 的观点，他们指出：① 风能和太阳能消费持续以两位数的速度增长；② 世界互联程度加深，政府和商业流程都在更加灵活敏捷；③ 脱碳化在政策推动下将是可持续的。详见文献 Smil（2010）和 Nedler（2013）。

11　文献 Rogers 和 Williams（2015）。

第 2 章　未来电力需求

1　麦肯锡的预测见于 1999 年 10 月 6 日的《经济学人》，文献 Cutting the Cord（1999）。全球手机号码数量参见全球移动通信系统协会（GSMA tracker）的统计，文献 GSMA Intelligence，n. d. 。

2　文献 Smil（2008）第 356 页。

3　文献 International Energy Agency（2015a）第 96 页。

4　文献 Lamonica（2011）。

5　文献 Viribright（n. d.）。

6　文献 Alexander. Air Conditioners Really Are Getting Better（n. d.）。

7　文献 ISO New England（n. d.）。

8　数据来源于圣路易斯分行联邦储备数据库，文献 FRED（n. d.）。

9　电力负荷预测人员逐渐认识到，很多其他因素都会对电力

消费产生很大的影响，包括经济活动、天气状况、制造业等电力密
集型行业的活动等。很多研究都忽略了这些因素，假设这些因素对
电力消费的长期影响并不显著，比如未来长期经济将以与过去几十
年大致相同的速度增长，而且传统用电结构不会发生实质性的变
化。当然，新型用电方式是另一个故事了，本章稍后将对此进行更
多讨论。

10　文献 U. S. Energy Information Administion（2012）。

11　文献 International Energy Agency（2015a）中第 16 页。

12　比如文献 Allcott 和 Greenstone（2017），特别是 Gerarden,
Newell 和 Stavins（2015）。

13　比如文献 Gately（1993）、Golove 和 Schipper（1997）、
Schipper 和 Grubb（2000）。

14　文献 International Energy Agency（2015c）中第 8 页。

15　文献 Laitner 等（2012）中第 88 页。

16　荷兰开创了一种标准化公共住房改造流程，称为
Energiesprong（详见网址：energiespring. org），该流程具有大幅降
低住房改造成本的潜力。美国新型建筑协会追踪了美国净零能耗建
筑的规模及进展情况，其报告显示，美国经过认证的净零耗能建筑
数量已从 2012 年的 60 个增加到 2017 年的 500 个（New Buildings
Institute，2018）。

17　文献 Pyper（2018a）。

18　文献 Spector（2016）。

19　两者综合作用下，过去 30 多年的电力需求增长率为
0.99%，详见文献 U. S. Energy Information Administion（2018）。

20　A. Lovins, How Big Is the Energy Efficiency Resource? Envi-
ronmental Research Letters, 13（2018），090401.

21　文献 Nadel（2016）第 5~6 页.

22　文献 Nadel（2016）第 5~6 页。

23　Steve Nadel 与本书作者在 2017 年 2 月 4 日的邮件（本书
作者同意公开）。

24　根据文献 Schwartz 等（2017）最新更新的成果，第16～36页展示了很多进一步提高建筑和电子设备能效的可能途径。

25　此外，分布式光伏经济性在提升，并已经占领了小部分的但在不断增长的市场份额。假设用电量年均增长 0.5%，且每年有 0.6% 的用户新装屋顶光伏，即可将电力需求增长降低至近零水平。

26　文献 The White House Washington（2016）第30页。

27　文献 International Energy Agency（2017a）第4页。

28　文献 Zehong（2017）第11张幻灯片。

29　文献 Williams 等（2014）。

30　文献 The White House Washington（2016）第60页，美国一半左右面积的建筑是由化石能源提供热量的。

31　工业部门电气化的文献包括 IRENA（2017），Northeast Energy Efficiency Partnership（NEEP）（2017），Lechtenböhmer 等（2016），Energy Transitions Commission（2017）等。

32　文献 Jenkins 和 Thernstrom（2017）第2页。2017年，能源过渡委员会委托气候政策倡议和哥本哈根经济组织进行的一项类似的全球分析发现，到2040年，全球电力消费总量将从目前占全球能源消费总量的17%上升至25%左右。由于发达国家研究中对电气化程度的预测非常高，这表明对发展中地区的电气化程度预测仍偏保守。尽管如此，在这些研究的设想方案中，到2040年，全球用电量将增加 8 万亿～14.4 万亿 kWh，相当于电气化程度较低情景下增加2个美国用电量、在电气化程度较高情景下增加 3.5 个美国用电量。详见文献 Energy Transitions Commission（2017）第9页和第13页。

33　文献 Jenkins 和 Thernstrom（2017）。

34　文献 Northeast Energy Efficiency Partnership（NEEP）（2017）表10。

35　一个欧盟研究小组估计，如果欧盟所有钢铁、玻璃、水泥、石化产品、氨和氯的生产等工业部门实现100%电气化，将使工业用电量从2010年的 0.125 万亿 kWh 增加到2050年的 1.713 万亿 kWh，增长 11 倍以上。这是用电量的上限，因为大部分电力将用于电解制氢，而这部分可以使用生物燃料或其他工艺来供电。尽管如此，这项工作还是展示了工业电气化带给电力需求的巨大增长潜力，详见文献 Lechtenböhmer 等（2015）。

36 当前大多数的发展路线图研究都认为，除了提高效率和电气化之外，氢能与生物燃料也是重要的手段。我们提议的关键是：① 其他低碳燃料是否可以经济适用地扩展应用到预测的电力增长领域中，如交通和建筑供暖；② 是否可以通过电解产生氢。

关于这个问题，如果氢是由电力生产得来，那么氢生产就可以成为一个潜力巨大的新型终端用途。在文献 Bossel（2006）的第 1827 页，欧洲氢能专家 Ulf Bossel 预计，如果要为每天法兰克福机场离港的飞机提供燃料。需要新建 25 个发电厂连续运行生产氢能。同样，IEA《2015 年氢能技术路线图》指出，用于平衡可再生能源波动性的绿氢需求规模将达到吉瓦·时级至太瓦·时级，详见文献 IEA（2015d）表 6。

关于终端消费电气化的替代，即使是氢能从业者的预测也表明其影响相对较小。一份名为《氢能源市场发展蓝图》的愿景文件显示，到 2050 年，氢能仅提供约 10% 的汽车燃料、25% 的工业热能以及不到 20% 的建筑供暖。显然，剩下 90% 的汽车燃料、75% 的工业热能和 80% 的建筑供暖还是由电力供应。

生物燃料取代电气化的前景更加渺茫。如今，交通领域生物燃料的增长很少，在建筑或工业（其他两个主要电气化部门）中直接使用生物能源的情况也相当有限。

37 在德国深度脱碳路径研究中，总结并对比了许多预测电力需求将会高速增长的研究。在 2050 年的三种设想方案中，有两种方案预计"能效得到极大提升"，其中并没有尽可能推动电气化，而是选择生物燃料或其他非电的无碳能源。这两种设想方案的 2050 年都没有明显电力需求增长。在第三种设想方案，能效提升政策削弱，更多的氢能来自电力，则展示出 25% 的电力需求增长。详见文献 Hillebrandt 等（2015）的表 4 和图 5。

38　文献 Romm（2009）。

39　文献 Shehabi 等（2016）第 ES-1 页。

40　文献 De Vries（2018）第 801 页。

41　文献 Digiconomist（n. d.）。

42　文献 American Planning Association（n. d.）。

43　见于下述成果以及其参考文献之中：Wadud，MacKenzie 和 Leiby（2016），Ross 和 Guhathakurta（2017），Fox-Penner，Gorman 和 Hatch（2018），以及这些文献引用的诸多文献。例如，在我的这篇论文中，我们保守地预计，2050 年汽车行驶里程将增加 40%，只有大幅度提高能效才能抵消这一增量。

44　文献 World Economic Forum（2015）。

45　文献 Andrae（2017）。

第 3 章　本地电力供应

1　文献 Sandia National Laboratories（2016）第 10 页。

2　文献 The Atlantic（n. d.）。

3　文献 The Atlantic（n. d.）。

4　文献 EnergySage（n. d.）。

5　文献 Solar Energy Industries Association（2019）。

6　文献 Bronski 等（2014）第 5 页。

7　文献 Byrd 等（2014）。

8　文献 Pentland（2013），Chediak 和 Wells（2013），Roberts（2013）。

9　文献 Magill（2015）。

10　在环境影响评估数据中，通常将分布式发电从总用电量中扣除。因此，如果居民总用电量为 1000kWh，分布式发电量为 500kWh，则统计数据和模型中只考虑 500kWh 的居民净用电量。即使是最新的美国国家预测《2018 年年度能源展望》（文献 U. S. Energy Information Administration，2018），也只是将可再生能源作为一个整体列了出来，也没有单独列出分布式燃气发电的情况。

11 参见 Mid-Century Strategy for Deep Decarbonization （文献 The White House Washington，2016）中的图 4.6，其中显示了 50% 发电量来源于新能源发电；或见于 US DDPP 研究中的图 28～图 30 （文献 Williams 等，2014）。

12 文献 Hillebrandt 等（2015）。

13 比如，可参考 EIA 的注释 5 和 IEA《世界能源展望 2017》中的图 1.3。文献 Jenkins 和 Thernstrom（2017）对深度脱碳研究进行了综述，但是没有探讨 PV 的规模。但也有很多研究设计了美国 2050 年 100% 可再生能源电力系统，包括 RMI's Reinventing Fire （2013）、Jacobson 和 Delucchi（2015）。中国和印度近期也分别对未来分布式光伏和集中式光伏的发展进行了展望，比如文献 Sivaram（2018a）的图 1.1.

14 文献 United Nations（2014），也可见文献 Wang 等（2018）。

15 到 2050 年，偏远地区的农村住宅和附近有闲散土地的小型建筑肯定会自己生产越来越多的电力；然而，这些建筑物的总用电量也并不大。在第二部分中，我们将再次回顾农村公用事业面临的独特挑战。

16 文献 Miller 等（2016），对文献 Kammen 和 Sunter（2016）的附函。

17 文献 Mapdwell（n. d.）。

18 参见文献 Gagnon 等（2016），NREL 的研究 Margolis 等 （2017），文献 Byrne 等（2015），Santos 等（2014），Karteris，Slini 和 Papadopoulos（2013），Mainzer 等（2014）中分别对韩国、葡萄牙、希腊和德国等城市的同行评议研究，文献 Castellanos，Sunter 和 Kammen（2017）对比了这些评估所使用的模型方法。

19 参见文献 Gagnon 等（2016），NREL 的研究 Margolis 等 （2017），文献 Byrne 等（2015），Santos 等（2014），Karteris，Slini 和 Papadopoulos（2013），Mainzer 等（2014）中分别对韩国、葡萄牙、希腊和德国等城市的同行评议研究，文献 Castellanos，Sunter 和 Kammen（2017）对比了这些评估所使用的模型方法。

20　文献 Gagnon 等（2016）。

21　文献 Sivaram（2018b）。

22　为明确起见，我们只在本章中讨论太阳能发电的集热问题。收集或反射太阳能用于供暖可减少建筑物中的化石能源或电力供热，因此，就我们的目的而言，这也是一项节能措施。

23　郡县人口预测，国内和国际移民数据，详见文献 Governing（2018）。

24　城市建筑数据库，详见文献 SkyscraperPage. com（n. d.）。

25　菲尼克斯市的情况也引人深思。记者 Ray Stern 在 2012 年的一篇报纸报道中总结说，用太阳能为城市供电并不具有经济性，而且也不会很快实现。

26　NREL 的研究小组没有得到与表 3-1 所列城市相同的菲尼克斯市屋顶调查的详细数据。文献 Gagnon 等（2016）第 36 页中，根据 NREL 的城市研究进行了亚利桑那州的总潜力预测，得出表中所示的菲尼克斯市估算数据，即当前光伏发电潜力等于当前州用电量的 34.4%。表 3-2 关于菲尼克斯市屋顶空间和光伏发电潜力的数据仅基于菲尼克斯市在亚利桑那州人口中所占的份额（从 7 016 000 人增加到 1 582 000 人）以及菲尼克斯市 26 481GWh 的电力需求。

27　对于任何一个城市来说，长期屋顶面积的增长与三个重要因素密切相关，即新增人口（增加了住宅占地面积）、新增劳动力（推动商业建筑面积的变化），以及每种建筑面积中纵向扩展而非横向扩展的建筑面积比例。这些因素又可以完全分解为城市人均居住空间和人均工作空间。事实上，在过去的几十年中，这两个参数的全国平均水平一直非常稳定。文献 Reyna 和 Chester（2015）中图 2 展示了美国人均住宅面积接近 400ft^2。

28　美国交通部最新城市发展模式研究的结论是，尽管有向着步行城市化发展的趋势，但美国城市密度的平均水平还是会继续下降，而且该项研究不包括自动驾驶汽车带来的显著影响，详见文献 U. S. Department of Transportation（2014）。美国一个著名的城市研究小组做过大量分析，结果显示，2050 年美国城市所覆盖的面积至少将翻一番，而且更有可能增加三倍，详见文献 Angel 等（2011）第 93～95 页。碰巧的是，城市发展趋势也表明这些预测相当合理。例如，尽管独栋住宅的规模有所增加，但美国的平均居住和工作面积多年来一直保持稳定水平。由于城市密度和城市建筑高度都在增长，两者的作用相互抵消。千禧一代的文化偏好和不断增加的低密度扩张成本正在推动更大的密度和"步行城市化"进程；但自动驾驶汽车的出现等其他因素可能会加速城市建筑物的无计划延伸。如果假设菲尼克斯市保持目前的城市密度和建筑高度，则很可能会低估屋顶面积的增长情况，也就意味着我们对 2050 年潜力估算的数字可能过于保守（低估）。

29　文献 Green 等（2018）绘制了光伏电池效率方面的最新进展。文献 Sivaram（2018a）中图 2-1 简化了常用表格，并表明长期效率提升并不是由于不断改进以硅为基底的硅太阳能电池，而是取决于电池材料的创新，包括其他材料或是与硅混合的其他材料。这一结论得到了另一位国际知名光伏学家——特拉华大学 William Shafarman 博士的认可，来源于与 2018 年 2 月 16 日与 William Shafarman 博士的私下交流。

30　一家名为 Onyx Solar 的公司销售一系列玻璃建筑供暖材料和光伏窗户。Onyx 公司声称其产品获得了 50 多个奖项，某些产品的成本回收期只需两年。

31　文献 Shukla，Sudhakar 和 Baredar（2017）最近进行的一项调查。伦敦这项关于通过重新安排建筑位置来增加分布式光伏发电潜力的有趣研究发现，在各种条件下，光伏外墙发电潜力大约是屋顶光伏发电潜力的 1/9～2/9，详见文献 Sarralde 等（2015）的表 5 和表 6。在迄今为止为数不多的定量研究，估计了德国北莱因—威斯特伐利亚地区可用于光伏发电的建筑外墙的数量与屋顶空间数量之间的关系，并将其外推到整个欧盟地区；这两名德国研究人员得出的结论的是：可用的屋顶面积（4571km²）大约是可用外墙面积（2411km²）的两倍。考虑到大多数建筑外墙在很长时间内都被其他建筑或绿色植物遮蔽，而且如果城市变得更加密集并纵向发展，更会加剧这一情况；届时即使采用了更好的技术，光伏外墙发电也不大可能超过屋顶发电中的一小部分发电量，详见文献Lehmann 和 Peter（2003）。

32　文献 Gardner（2011），2011 年 12 月 12 日发表的 Old Urbanist 的博客。有些估算值甚至更高，比如文献 Ben-Joseph（2012）第 2 页预计停车场覆盖"1/3 以上的土地面积"。大多数估算值都集中在大约一半的数字上；例如，劳伦斯伯克利国家实验室估计，"在一个典型的城市中，路面占城市面积的 35%～50%，这其中约 50% 是街道、约 40% 是露天停车场"，详见文献 Chao（2012）第 1 页。

33　文献 Eucalitto，Portillo，和 Gander（2018）。

34　C. Hoehne 与作者间的邮件，2018 年 4 月 19 日。

35　城市风电引发了一场热烈的讨论，但人们对其未来的发电潜力还没有明确的看法。文献 Kammen 和 Sunter（2016）对城市分布式发电潜力进行了开创性回顾，调查了多个可能具有重大发展潜力的电源类型，特别是安装在高层建筑角落的垂直轴涡轮机风电（如文献 Dabiri，2015）。文献 Miller 等（2015）和文献 Miller 等（2016）通过调查城市风电的理论和实际限制，对这些估算提出异议。文献 Ishugah 等（2014）对城市风能应用进行了一项具有重要意义的调查，提出了赞成和反对意见。文献 Kamal 和 Saraswat（2014）描述了世界上几座独特的摩天大楼，这些大楼的风电量约占其用电量的 11%～15%。就这一点而言，文献 Mithraratne（2009）声称，就 2007 年的技术而言，新西兰大型风电场的发电潜力是城市风电潜力的 7～11 倍。

36　文献 Tsuchida 等（2015，作者更新了计算结果），也可见文献 Hledik，Tsuchida 和 Palfreyman（2018）。

37　美国特拉华大学的五位光伏研究人员在这篇文章中详细描述了更轻的新型光伏技术的优点："与具有 3～4 磅/ft^2 平均重量的传统晶体硅光伏系统相比，使用金属部件更少的轻质光伏（LPV）系统的重量不到 2.5 磅/ft^2 [1，2]。这种轻质特性可以减少对屋顶过载的担忧，并帮助轻质光伏系统更多的安装在现有膜基商业楼顶和负载受限的工业厂房屋顶上［1，3，4］。除了重量变轻的优点外，轻质光伏系统还具有几项关键优势，如金属部件减少就降低了光伏系统配套（BOS）硬件的成本、模块化货架硬件的集成降低了运输成本、轻量级特性降低了安装成本［1］。这些优势有助于在更多现有的屋顶上部署轻质光伏系统，并加快未来光伏市场的扩大"，详见文献 Chen 等（2017）。

38　文献 California Energy Commission（2018）。

39　自备储能可能永远是应对停电的黄金法则，但本地公用事业公司可以提供更好的替代方案，也可以预防或减少停电事故的发生。

40　文献 Kuffner（2018）第 1 页。

41　文献 Vlerick Business School（n. d.）。

42　文献 AEMO and Energy Networks Australia（2018）第 15 页和第 17 页。

第 4 章　电网互联与效益

1　文献 Freeberg（2013）。

2　独立电力系统来自［D8221］Electric Light—Edison Co for Isolated Lighting。Courtesy of Thomas Edison National Historical Park，1881. 01. 05。并网系统数据来自文献 Hughes（1993）第 39 页图 II. 6。

3　1927 年，宾夕法尼亚州费城和新泽西州纽瓦克的电力系统、若干个大型火电厂，以及马里兰州的一个新建大型 Conowingo 水电站实现联网，这是跨州公用电网的首批案例之一。作为美国第一个跨州电网，充分利用了 Conowingo 水电站的规模优势和两个公用事业服务区域间的更大的负荷互补优势。这一"宾夕法尼亚—新泽西—马里兰"互联电网是当前全球最大电力市场 PJM 的雏形。之后不久，美国和欧洲各地的政府和公用事业机构开始规划并建设区

域性电网，例如巴伐利亚州的 Bayernwerk 电网，详见文献 Hughes
（1993）第 326 页。

　　4　文献 Heidel 和 Miller（2017）。

　　5　文献 Bronski 等（2014）。

　　6　文献 Kantamneni 等（2016）。

　　7　文献 Rocky Mountain Institute（2015），以及随后 2017 年，
James Mandel 和 Mark Dyson 发表的名为"为什么我们仍然需要探讨
脱离电网"的 RMI 博客，网址可见 http://rmi.org/still-need-
discuss-grid-defection/。

　　8　文献 Borenstein（2015）。

　　9　当大型电源突然断电时，供需之间即时不匹配，一般会出
现大停电事故；届时可以通过断开足够多的用户来重新进行平衡。
第 5 章将更加详细地研究停电的原因以及电网的可靠性。

　　10　文献 U. S. Department of Energy（2016）第 50 页的图 42。
小于 5MW 的小型项目应当接入配电网，200MW 以上是大型项目。

　　11　文献 Lazard（2017）第 9、12 页。报告指出（第 17 条），
无论是住宅光伏还是商业光伏（都是分布式光伏），其成本都没有
像公用事业规模的集中式光伏那样迅速下降，实际上，在某些情况
下还呈现上升趋势。

　　12　如果发电都是零排放的状态，则不存在排放外部性的
差异。

　　13　文献 American Wind Energy Association（2019）重新对大
规模电网的优势进行了深入探讨，更多详情参见第 7 章。

　　14　通过交易促进负荷聚合，其优势不仅仅限于短期的小时级
交易，即电力行业中称为现货市场或不平衡市场中的交易。更大的
负荷聚合和交易优势更适用于中长期双边交易，这部分交易规模
更大。

　　15　值得注意的是，交易效益的一些研究仍来自处在传统系统
平衡模式的电力系统。这种方法通过上下调整发电厂出力使负荷变
化以实现实时供需平衡，除非在紧急情况下，否则这一操作几乎完

全不受系统运营商的控制。换句话说，这种模式将电力负荷视为不可控因素，而发电供给是可控因素，因此通过调整发电来满足负荷变化。到目前为止，这仍然是当前主流的平衡模式，但也正在逐步发生变化。智能电网允许电力用户根据电价高低或其他信号来上下调整负荷；因此，系统运营商就拥有了两种手段来平衡瞬时负荷变化：调整发电机出力或者调整负荷高低（这部分负荷必须已经提前同意系统运营商对自己随时进行调整）。在发达国家，这是电力公司已经很熟悉的一种工具了，称为"需求响应"；目前，一些电网运营商已经利用供需两方面的资源来平衡供需。然而，这一想法还相对不成熟，只有一小部分电力用户允许自己的负荷被控制。相比之下，通过智能电网和物联网，几乎所有设备都能使用人工智能系统进行控制，并且本地储能的存在也使用户更愿意改变负荷，因为这通常不会影响即时使用性。许多研究表明，当电力需求和供应都可调控的时候，电力交易的效益会大大增加；这些研究还表明，此类效益会一直持续到电网成为区域规模的电网为止。仅举一例，文献 DNV GL Energy（2014）图 8 显示，需求响应将大电网对备用电源的需求整整降低了 25%。

16　此外，研究还发现加利福尼亚州能够将自己盈余的可再生能源发电向州外进行输出，从而实现占用更少的珍贵栖息地资源、提高电力可靠性以及其他很多好处，详见文献 Brattle Group（2016）。简短的总结可以参考文献 Aydin，Pfeifenberger 和 Chang（2017）。

17　整个"鸭形曲线"是这样产生的：后半夜没有光伏出力也没有太多本地风电出力，负荷保持较低水平，此时电力平衡主要依靠基荷机组的核电和燃气发电。当太阳升起、人们开始恢复生产生活的时候，电力负荷和光伏出力同步上升。上午，负荷上升速度快于光伏出力上升速度，但到了中午，光伏出力会迅速超过负荷增长。由于加利福尼亚州的光伏发电以分布式光伏为主，系统调度员只能看到扣除了分布式光伏发电后的净负荷，而午间这个净负荷是下降的。到了傍晚时分，光伏出力骤降而负荷开始增加，这一正一反使得净负荷的爬升更加剧烈。再入夜后，负荷又下降到较低水平，由基荷核电和燃气发电进行满足。

18　文献 MacDonald 等（2016）。

19　研究摘要可以参阅文献 Mills 和 Wiser（2010），文献 Bird，Milligan 和 Lew（2013），文献 Chang 等（2014），以及 NREL 的研究 Leisch 和 Cochran（2015）。

20　换句话说，如果新增分布式发电可以避免新建输电线路，则总成本的计算中将能反映出费用节省的情况。

21　在迄今为止的大多数研究中，备用电源的主要形式是燃气发电，而不是超大型储能。然而，除非小规模的无碳发电（如配备了 CCUS 的燃气发电）在成本上取得突破，本地备用电源最终将不得不选择某种储能。由于在这些研究中假设的备用燃气发电成本比储能成本更低，因此，如果本地储能将成为备用电源的主要形式，那么（就目前而言），显然分布式发电比例更高的小型电网，其成本也更高。

22　为准确起见，他们还发现能源效率和需求响应对于降低成本具有重大意义。例如，ICL-NERA-DNV 对欧洲电网的研究发现，需求响应可以减少 25% 的备用发电或储能需求，也就能够节省大量成本。详见文献 DNV GL Energy（2014）图 8。

23　文献 DNV GL Energy（2014）。

24　文献 DNV GL Energy（2014）图 8。

25　文献 DNV GL Energy（2014）第 90 页。

26　文献 DNV GL Energy（2014）第 90 页。本书的一位审稿人指出，当地可再生能源的价值损失将被他们为其他电网服务支付的当地 DER 价格所抵消，从而会增加当地 DER 的数量和他们可用于交易的剩余能源。但这并没有改变交易的基本规模经济特性。

27　文献 DNV GL Energy（2014）第 187 页。

28　市场规模和电网规模越大、电力总成本越低，但这并不意味着所有用户都能获得更低的价格，也不意味着电力行业将选择成本最低的方案。一般来说，选择大型电源还是小型电源以及将哪些发电和输电组合起来，并非（也不应该）仅仅依据成本是不是最低。

虽然总成本极为重要并且应该始终了解这一情况，但能源电力系统的设计和政策中也存在其他"未定价的外部因素"，导致有时会选择一个成本较高的方案。例如，必须考虑本地发电带来的经济发展和就业机会。

此外，当类似研究表明某一方案成本较低时，研究中常常做这种假设：行业处在整个经济体系中常常被迫受政策和市场力的影响，从而可以在此成本水平下实际运作经营，并假定将这些成本以与之相对应的价格转嫁给用户，而不是因效率低下和/或利润过高而虚增的价格形式转嫁给用户。为此，任何有关成本的结论都应考虑到这些预期成本将在多大程度上实际实现并转嫁给用户。

29　比如文献 Bloom（2016）第 162 页的表 53，文献 Tsuchida 等（2015），文献 Hledick，Tsuchida 和 Palfreyman（2018）。

30　文献 Fares 和 King（2017）。

31　文献 Black 和 Veatch（2014）。

32　文献 Osborn 和 Waight（2014）第 21 页幻灯片。

33　文献 MacDonald 等（2016）。这项研究使用的方法在许多方面都是独一无二的，并做出了诸多说明。但它可能是迄今为止已完成的对地理可再生资源多样性最先进的处理方法。

34　气候研究所关于"北美超级电网"的研究工作，详见网址：www. cleanandsecuregrid. org；欧盟的研究结果由欧洲输电运营商联盟收集，详见网址：http：//www. entsoe. EU/outlooks/ehighways-2050/。

35　为了充分探讨事实情况，我带领波士顿大学的一个研究小组与全球能源互联网发展合作组织一起在研究这些理论思想。

36　比较有趣的是：大型电网的经济案例对其传统根基的依赖要小得多，因为传统根基可防止因大型火电厂突然停运而造成停电。未来，可能不会让很多这样的发电厂并网，但会在这个系统上部署更多的储能，以便在任何情况下能够替代发电厂的作用。自相矛盾的是：未来大型电网的效益来自生产、整合多样化可变电源的规模经济，而这些是 20 世纪 40 年代的电力工程师从未担心的问题。

第 5 章　电网安全风险及应对

1　所谓的"重大"事件（风暴）造成了 58% 左右的停电事故以及 87% 的大规模断电事故；剩下的大部分是由于树木倒在电线上或者动物、司机撞上电线杆等本地原因而引发的（文献 Executive Office of the Predident，2013，第 8 页，引用自能源部表 OE-17）。文献 Rouse 和 Kelly（2011）表 7 显示，风暴造成了 80% 的停电事故，在这一点上基本是一致的。

2　关于电厂加强故障防御的典型解释，参阅文献 Lovins 和 Lovins（1982）第 3 章。

3　文献 Webber（2016）对于这个主题进行了很棒的综述。

4　文献 Abi-Samra（2017）第 7~15 页。

5　该类主题相关材料清单，参阅文献 Webber（2016）。

6　文献 Abi-Samra（2017）第 175 页。

7　文献 Abi-Samra（2017）第 185 页。

8　文献 Centra Technology（2011）第 25 页，也可参阅文献 Kapperman（2010）、文献 Mission Support Center（2016）第 10 页也对变压器脆弱性进行了有益探讨。

9　文献 Mission Support Center（2016）第 19 页。

10　NERC 可靠性标准 TPL-007-1，2016 年 9 月获批，其中陈述了相关要求。另外，文献 Koza（2017）也给出了一个非常有价值的综述。

11　文献 Florida Power and Light Company's Amended Response to Staff's Second Data Request No. 29，Docket 20170215-EU（2018）第 68 页。

12　文献 Abi-Samra（2017）第 257 页简要地概述了地下配电系统。文献 Larsen（2016）提出了一个对比地下工程成本和收益的有效框架。文献 Xcel（2014）给出了一个简短的有益科普。

13　文献 Kossin 等（2017）第 257 页。

14　文献 Wikipedia（n. d. -a）。

15　文献 Kron（2016）第 35～39 页。

16　文献 Geophysical Fluid Dynamics Laboratory（2019）。

17　文献 Kossin 等（2017）第 237 页。

18　文献 Kossin 等（2017）第 249 页。

19　文献 Kossin 等（2017）第 240 页。

20　文献 Climate Ready Boston（2016）。

21　文献 U. S. Global Change Research Program（2018）第 30 页。

22　文献 NOAA Office for Coastal Management（n. d.）和文献 NOAA National Centers for Environmental Information（2019）。

23　文献 Lacey（2014）。

24　详细定义可参阅文献 Pacific Gas and Electric Company（n. d.）。

25　比如，文献 New York State Department of Public Service（2018）。

26　文献 Retière 等（2017）。其他相似的释义还包括文献 Cuadra 等（2015）和文献 Miller 等（2014）。这个概念起初是在生态和系统学中提出的［可参见文献 Gao, Barzel 和 Barabási（2016）］，当前已经扩展应用到了人类社会学（比如文献 All Aces, Inc., n. d.）。

27　文献 Tierney（2017）和文献 Abi-Samra（2017）第 271 页，定义了电网韧性的四个维度。

28　文献 Lovins 和 Lovins（1982）。

29　文献 Lovins 和 Lovins（1982）。

30　文献 Abi-Samra（2017）第 271～272 页，也可见文献 Castillo（2014）、文献 Mukhopadhyay 和 Hastak（2016）、文献 Panteli 和 Mancarella（2015）、文献 Ouyang 和 Dueñas-Osorio

（2014）。

31　文献 National Electrical Safety Code（2017）。从 1977 年开始，该导则对暴风地区的电线杆和电线增加了更严格的标准，现在又对风暴和冰灾地区增加了相关标准。文献 Abi-Samra（2017）第 193 页指出，配电系统部件的额定等级通常有 3%～5% 的概率在其预期使用寿命内超过额定等级。

32　文献 Fox-Penner 和 Zarakas（2013）讨论了 PSEG 设施强化计划的第一阶段。PSEG 近期公布要另外增加 2.5 亿美元的设施强化投资，详见文献 PSEG（2018）。

33　一项最新的 FERC 要求中描述了这些事项，详见文献 Order Authorizing Acquisition and Disposition of Jurisdictional Facilities，163 FERC 61 005（2018）。

34　这些由投资者所有的互助小组是地区性的，按照爱迪生电气研究院制定的原则来运作（文献 Edison Electric Institute，n. d. -b）。对于公用电力工业和农村电力合作社，美国公用电力协会也运营着一个互助网络（文献 American Public Power Associations，n. d. -a）。

35　文献 Sandalow（2012）。

36　源自 inside FPL 在 2017 年 9 月 13 日发的推特文章，被文献 Iannelli（2017）引用。

37　文献 Iannelli（2017）。

38　文献 Salisbury（2010）。

39　文献 Kaye（2015）与文献 Pounds 和 Fleshler（2017）。

40　文献 Florida Power and Light Company's Amended Response to Staff's Second Data Request No. 29，Docket 20170215-EU（2018）第 69 页。

41　文献 Committee on Analytical Research Foundations for the Next-Generation Electric Grid（2016）第 88 页。

42　文献 Abi-Samra（2013b）。

43　飓风桑迪影响了 850 万用户，不到 1965 年大停电中受影响的 3000 万用户或 2003 年美国电力服务中断涉及的 5500 万用户的 1/3。一份全球十大大停电事故的名单显示，美国的这两起大停电事故属于这一组事故中最小的两起，都是一种连锁故障的形式（文献 wikipedia，n. d. -b），另见文献 Fairley（2004）。

44　文献 Microgrid Institute（n. d.）具有很多资源，可供进一步研究。另外，文献 Hirsh，Parag 和 Guerrero（2018）也很有帮助。

45　文献 Miller 等（2014）第 29 页阐述了分段设计与运行的技术原理。PNNL 的首席电网架构师 Jeffrey Taft 指出，实际电网很少能真正形成分形结构，因为"实际上没有多少……电网可以被组织成可在运行中进行重新定义的单元的'分形维度'"，换句话说，真实的电网不可能在不同的尺度上被复制成与自己的相同副本，而这正是分形结构的核心特征（J. Taft 写给作者的电子邮件，5/11/18）。尽管如此，关于如何使电网表现为分形结构的研究仍在继续，例如，法国国家研究局的分形电网项目（详见网址：http：//fractal-grid. eu/#menu，文献 Retière 等，2017）。

46　文献 Committee on Analytical Research Foundations for the Next-Generation Electric Grid（2016）第 86 页。

47　文献 Marnay（2016）。

48　文献 Gholami，Aminifar 和 Shahidehpour（2016）。这些作者对于微电网的优势以及实现的挑战提供了非常好的并易于理解的综述。

49　文献 Abi-Samra（2013b）。

50　文献 Kelly（2014）。

51　文献 Wood（2018）。

52　文献 Fairley（2004）。

53　文献 Miller 等（2014）第 19 页。

54　文献 Marnay（2016）。

55　文献 Wood（2019）和文献 St. John（2018b）。

56　来源于 John Bruns 和 Riney Cash 与本书作者的私下沟通，这两位是怀特河谷电力合作社首席工程师，交流时间是 2019 年 1

月 3 日。

57　文献 2018 State of the Electric Utility（2018）第 60 页。

58　文献 Babloyan（2014）。

59　例如，加利福尼亚州公用事业委员会最近得出结论："到目前为止，物理安全事件对电网可靠性的影响是较为有限的"，详见文献 Battis，Kurtovich 和 O'Donnell（2018）第 44 页。

60　文献 Sanger（2018）。

61　文献 PwC（2017）第 3 页。

62　文献 Assante，Roxey 和 Bochman（2015）。

63　联邦安全委员会专家在 2016 年指出："尚未公开报告因网络攻击而对美国公用事业造成物理网架、网络系统或其他方面的持久损害"，详见文献 Mission Support Center（2016）第 4 页。

64　文献 Sun，Hahn 和 Liu（2018）给出了一个很好的技术概述。文献 Battis，Kurtovich 和 O'Donnell（2018）第 12 页和第 38 页总结了配电变电站成为低价值目标的原因，指出这些设施数量太多，无法一次性全部攻击（仅加利福尼亚州就有 300 多个），"中度到高度冗余"的变电站主要位于人口密集的城市地区，占地面积紧凑，故障能够迅速修复，修复通常为一周或更短时间。

65　文献 Assante，Lee 和 Conway（2017）第 3 页。然而，正如这些变电站是理想的攻击目标一样，它们也可能是理想的防线。文献 Erfan Ibrahim（见脚注 64）认为，每个配电系统通常最多由几个变电站提供电力服务，可以对其进行网络工程，使变电站成为配电系统下游所有微电网之间以及配电系统与大容量电力系统之间的防火墙。如果设计合理并维护得当，这一架构可防止对任一微电网的网络攻击影响到另一个微电网或向上游转移。这一观点的关键特征是，Ibrahim 将典型变电站服务范围的规模（约 150MW 负荷、涉及 25 000 到 50 000 个用户）视为本地网络防御的有效规模。

66　文献 Assante，Roxey 和 Bochman（2015）第 6 页。

67　文献 Assante，Roxey 和 Bochman（2015）第 6 页和文献 Dunietz（2017）第 4 页。

68 近期关于数字化对公用事业公司影响的完整论述，请参看文献 Sivaram（2018a）。

69 文献 Mission Support Center（2016）第 14 页。保障供应链和构成智能电网通信部分的若干网络的安全，是当前标准制定工作中两个最前沿的主要网络安全挑战。

70 本书作者与 Erfan Ibrahim（www.tbbllc.com）的访谈，2018年 5 月 17 日。

71 比如文献 S&C Electric（2017）。

72 在缺乏可执行标准的情况下，配电系统网络安全和微电网安全是业界经常讨论的问题；参见文献 Weigert（2017）第 6 页、文献 Accenture（2016）、文献 Ellis（2016）、文献 S&C Electric（2017），以及作者与行业网络安全顾问 James P. Fama 的通信（2018 年 6 月 2 日）。

73 文献 Accenture（2016）。

74 文献 Greenberg（2018）。

75 "目前已经确定了针对 AMI（自动读表基础设施或智能电能表系统）的网络攻击类型，包括窃电、虚假数据注入和用户信息泄露"，引自文献 Sun，Hahn 和 Liu（2018）第 49 页。

76 文献 Weigert（2017）第 6 页。

77 目前的情况是：由于没有大量的分布式电源，输电系统和配电系统可以在适度重叠以及实时反馈较少的情况下进行规划和运行。所有新型电网架构中，都需要在输电层和配电层之间进行实时反馈机制的设计和操作，这是一个共同元素。

78 文献 De Martini 和 Kristov（2015），其中这一概念被称为分层优化。也参考了 2018 年 10 月 24 日 L. Kristov 给本书作者的电子邮件。

79 文献 Taft（2016）对七种不同的控制架构提案的异同点做了一个较为出色的、相对技术性的概述。文献 De Martini，Kristov 和 Taft（2019）对世界各地系统运营商所提出的架构提案，进行了一次技术性含量较低的审查。这两份文件，连同前面注释中提到的文献 De Martini 和 Kristov（2019）研究，是认真学习电网架构理论的学生的"必读"之物。另见文献 Hirsh，Parag 和 Guerrero（2018）第 6.1 节。

80　文献 Martin（2016）。

81　文献 Miller 等（2014）。

82　文献 Committee on Analytical Research Foundations for the Next-Generation Electric Grid（2016）。

83　文献 Battis，Kurtovich 和 O'Donnell（2018，着重强调）。一份早期的欧盟文件（文献 Strbac，Mancarella 和 Pudjianto，2009）描述了从当前电网到"基于微电网的综合能源系统"（其术语是完全分段电网）电网的不同发展阶段，得出结论认为，最早可能在 2030 年实现转型。而且，作者们承认，由于无法估计基础设施成本，因此在有关分析中没有考虑转型成本的问题。

第 6 章　大电网脱碳

1　文献 International Energy Agency（n. d. -b）。

2　文献 International Energy Agency（n. d. -b）。

3　是否继续使用现有的化石能源发电厂，取决于将碳捕集措施添加到这些发电厂中，是否能比其他无碳替代品更具有经济效益。我们普遍认为，在现有发电厂中增加碳捕集措施，将比从一开始就将建成一个无碳新发电厂要昂贵得多。基于这个原因，我认为不太可能进行大规模改装。然而，如果碳捕集与封存改装划算的话，那么脱碳就变得容易得多。最近的一项研究认为碳捕集与封存改装具有经济效益，参见文献 Nagabhushan 和 Thompson（2019）。

4　需要注意的是，2 月 16 日的风电和基荷电源发电量之和大于需求。在发电量大于需求的情况下，西北公司必须：将多余的电力向网外出售；向接管富余电力的第三方支付费用（如果该地区同时供应也较为充足的话）；或者，要求发电商减少（停止）发电，并支付其发电损失。

5　文献 Cleveland 等（2019b）。

6　文献 Auffhammer，Baylis 和 Hausman（2017）。

7　文献 Véliz 等（2017）第 8 页第 3.1 节。这个问题确实是一个全球性问题。芝加哥大学教授 Michael Greenstone 写了一篇文章，论述了印度增加空调使用量所带来的效益与成本之间矛盾。虽然使用空调有助于降低与温度相关的死亡率，但也增加了电力需求量和碳排放量，甚至会造成一场大规模的灾难性事件。"所以我们处于一个艰难的境地"。Greenstone 在 2016 年的《纽约时报》上写道："能够帮助保护人们免受气候变化影响的技术，也加速了气候变化"，详见文献 Greenstone（2016）。

8　能效管理带来的效益，如果合理利用，将不仅是降低全系统能源成本，还可以改善住房质量（这是与许多城市实现脱碳一样紧迫的公共需求）以及促进地方就业和经济发展。同时，传统能效提升计划现在也必须包括节约成本和减少碳排放的时间价值，即与其他时段相比，在某些时段的节能会更有价值。有关该课题的讨论，请参见文献 Baatz，Relf 和 Nowark（2018）。

9　文献 Solar District Heating（n.d.）。

10　关于 100% 可再生能源系统的引人深思、意义深远、强技术性的讨论，参见文献 Taylor，Dhople 和 Callaway（2016）。此外，作者还观察到，未来的百分百可再生能源系统可能会转向完全直流输电系统，并摒弃区域性边际电价机制。

11　阐述新设计范式的语言在不断演变而且也未进行标准化，部分反映了对未来资源选项不同组合的侧重。附录 D 所示的补充表6-1 对此作了说明。在表 6-1 中，第 1 栏显示了电网所需的三种发电能源。第 2 栏显示了在传统电网系统中提供电力的各种发电厂类型。第 3 栏简要说明了如何在主要由风电、太阳能发电和储能组成的电力系统中产生电能。在正文中已确认，具有经济效益且可广泛使用的附带 CCS 的化石能源发电厂也可能是清洁基荷电力的重要来源。后者被称为坚定的低碳资源，是文献 Sepulveda 等（2018）的第 4 栏强调的基荷电源主要技术。在行业术语方面，本文所用新模式和 Sepulveda 在中间能源分类上较为一致，我们都认为电力主要来自波动的可再生能源和储能。我们都同意将可以提供峰值电力的新技术，一般将其称为储能，而这些技术需要快速裂变的资源。

12　文献 ISO New England（2018b）第 III. 13. 1. 4 节。

13　文献 Goldenberg，Dyson 和 Masters（2018）。

14　文献 Lubershane（2019）和文献 Solar Energy Industries Association（2019）。

15　文献 Lubershane（2019）。

16　文献 International Energy Agency（2019）和文献 U. S. Department of Energy（2018）第 15 页。

17　传统的抽水蓄能电厂无法始终作出秒级响应，但是最先进的抽水蓄能发电厂使用了一种能够作出准秒级响应的新型变速水轮机。

18　文献 U. S. Department of Energy（2018）第 2 页和文献 Roach（2015）第 3 页。

19　文献 U. S. Department of Energy（2018）第 2 页和文献 Roach（2015）第 3 页。

20　文献 International Hydropower Association（2019）第 12 页。

21　新技术正试图解决抽水蓄能电站的地理限制问题。一家德国公司已经测试了利用水下储水罐来代替原来在地上的下水库，其他类似的想法也在探索之中，详见文献 Slashdot（2017）。

22　在压缩空气储能技术方面出现了引人注目的进展，包括可将压缩空气储存在灵活水下储液罐的方式，以及一家铁路公司把山体作为短期压缩空气储能的一种形式。参见文献 Frost & Sullivan（2017）的幻灯片 19 和 21。

23　传统的汽车铅酸蓄电池和可充电式镍镉蓄电池也属于这一类，但预计它们不会在电力系统中发挥显著作用。

24　文献 Weston（2018）和文献 Spector（2018）。

25　文献 Chew（2015）。

26　关于锂离子电池技术相对于其他形式的电化学储能和机械短期储能的局限性，文献 Hart，Bonvillian 和 Austin（2019）进行了深刻且充分论证的讨论。

27　文献 Shaner 等（2018）讨论部分。

28　文献 Hart，Bonvillian 和 Austin（2019）图 5。这一成本水平适用于电动汽车内的电池；根据 Hart 的说法，具有不同规模效应、耐久性要求和系统平衡成本的公用事业规模级的锂离子电池，到 2040 年仍然每千瓦·时需要耗费数百美元。

29　文献 Frost & Sullivan（2017）第 10 页和文献 St. John（2018b，2018c）。

30　文献 Frost & Sullivan（2017）第 10 页和文献 St. John（2018b，2018c）。

31　对于新兴储能技术的图形化描述，详见文献 Slaughter（2015）第 6 页。

32　参见网站：www.formenergy.com，检索日期 2019 年 1 月 29 日。

33　参见文献 Penn（2018）和文献 EOS Energy Storage（n. d.）中关于锌空气电池技术的示例。

34　文献 Frost & Sullivan（2017）第 35 页。这可能有点夸张，因为 Frost & Sullivan 公司在 2017 年对液流电池的预测中曾分析，液流电池市场份额仅有小幅增长，将从目前的 3% 增至 2023 年的 8%。另见文献 Hart，Bonvillian 和 Austin（2019）。

35　文献 IRENA（2017）第 3 页。

36　文献 Frost & Sullivan（2017）第 20 页。

37　文献 Harvey（2017）。

38　文献 Siemens Gamesa（n. d.）。

39　文献 Deign（2019）。

40　文献 Crees（n. d.）。

41　文献 St. John（2018c）。

42　文献 Wesoff（2015）。

43　东南亚、拉丁美洲和非洲的情况则大不相同。可参见文献 International Rivers（2019）以及文献 Ledec 和 Quintero（2003）。

44　文献 U. S. Department of Energy（2018）第 1 页和文献 International Hydropower Association（2019）第 13 页。

45　文献 Global CCS Institute（2018）。

46　典型预测场景可见文献 U. S. Department of Energy（2017）。

47　文献 8 Rivers（n. d.）。

48　文献 Inventys（n. d.）。

49　详见文献 Majumdar 和 Deutch（2018）的讨论部分。

50　文献 Majumdar 和 Deutch（2018）。

51　文献 S. Anderson（2017）第 108 页。

52　文献 Aminu 等（2017）第 1404 页。

53　文献 Aminu 等（2017）以及文献 Zoback 和 Gorelick（2012）。

54　文献 Zoback 和 Gorelick（2012）表 2。

55　来源于突破能源联盟在温哥华 2019 年会议的材料，已经许可引用。

56　文献 Townsend 和 Havercroft（2019）第 4 页。

57　文献 Townsend 和 Havercroft（2019）第 4 页。

58　文献 Pawar 等（2015）第 304～305 页包含了商业储能开发业务面临挑战的简明表述。

59　文献 Nuclear Energy Institute（2019）。

60　文献 Kempner 和 Ondieki（2018）。

61　文献 Financial Tribune（2019）。

62　为电网脱碳争取核电站的公共支持案例可见于文献 Shellenberger（2017）。

63　文献 NuScale（2019）。

64　文献 U. S. Department of the Interior Bureau of Reclamation（2019）和文献 Bonneville Power Administration（2017）。

65　与 Michael Goggin 的个人私下交流，2019 年 3 月 20 日。

66　文献 Shaner 等（2018）图 3。

67　文献 Shaner 等（2018）的讨论部分。

68　文献 American Wind Energy Association（2019）针对风电和太阳能发电爆发式增长与电力传输容量之间的关系，给出了一个适当的解释。

69　文献 Roberts（2018c）。美国能源部对分布式电解水制氢技术成本的目标是 2011～2020 年下降 45%，大型发电厂下降 50% 以上，文献 U. S. Department of Energy's（DOE）Office of Energy Efficiency and Renewable Energy（n. d.）。

70　文献 Kraftwerk Forschung（n. d.）和文献 GE Power（n. d.）。

71　第二种同样重要的气转电技术是燃料电池，它将氢和氧转换成水和电力。现在有许多不同类型的电池，其中有几种电池已经完全商业化，使用的是从天然气中分裂出来的氢气（因此，在没有 CCUS 的情况下，在运行时会产生碳排放），详见文献 U. S. Department of Energy's（DOE）Office of Energy Efficiency and Renewable Energy（n. d. -a）。文献 Bloomberg（2019）概述了一家公司的情况。文献 Romm（2004）总结了关于氢能经济可行性的质疑观点。

72　文献 Van Leeuwen 和 Mulder（2018）第 258 页。

73　文献 Glenk 和 Reichelstein（2019）第 220 页。

74　文献 Editorial（2019）。

75　文献 Caughill（2017）。

76　比如文献 Hezir 等（2019）以及文献 Rissman 和 Marcacci（2019）。

77　文献 ARPA-E（n. d.）。

78　文献 Breakthrough Energy（n. d.）。

79　文献 Smith（2015）。

80　文献 Mission Innovation（n. d.）。

81　文献 International Energy Agency（n. d. -a）。

82　文献 Nelsen（2016）和文献 Phillips（2015）。Costa Rica 是一个由水电、风电和太阳能发电构成的小型系统，截至 2019 年 3 月，系统中可再生能源运行时间连续 75 天，总计 266 天。

83　文献 Diesendorf 和 Elliston（2018）。

84　文献 Carbon Neutrality Coalition（n. d.）。

85　类似研究详见文献 Diesendorf 和 Elliston（2018）以及文献 Brown 等（2018）。也可以查阅文献 Jacobson 等（2018a，2018b）以及文献 MacDonald 等（2016）也是受广泛关注的专门研究。

86　两种深度批评声音来自文献 Loftus 等（2014）和文献 Heard 等（2017）。

87　许多研究还因以下原因而受到批评：① 使用过低的电力需求预测，未能认识到气候政策将导致电力需求大幅增长（见第 2 章）；② 在没有更多储能设备和运行管控的情况下，未能模拟出风能和太阳能的小时内波动造成的系统不稳定；③ 没有对建设输配电网的难易程度进行衡量和确定；④ 没有能整合电网运营的其他技术方面（如辅助服务技术）。文献 Brown 等（2018）对这些批评提供了广泛的、逐个反驳，文献 Diesendorf 和 Elliston（2018）也紧随其后。本书的下一章讨论了这些模拟的输电研究，有效地佐证了"扩大输电规模尤为困难和耗时"这一观点。

88　文献 Shaner 等（2018）。文献 Hausker（2018）以及文献 Safaei 和 Keith（2015）也有类似观点。

89　例如，文献 Loftus 等（2014）第 1 页将无碳电网模拟作为设想方案，并写道，"为了成为决策可靠的指导方针，此类设想方案需要辅之以更详细的分析，切实解决能源系统转型的关键制约因素"。

第 7 章　电网规划与扩展

1　Brattle 的两位同事 Judy Chang 和 Johannes Pfeifenberger 研究了新建输电线路的竞争性招标方案，目的在于降低线路建设成本。

结论表明在所研究案例中，通过招投标方式可使新建线路投资成本降低了 20%～30%，详见文献 Pfeifenberger，Chang 和 Sheilendranath（2019）。文献 Wilson（2019）第 B1 页也涉及了这些观点。其中与美国相关的数据来自文献 U. S. Energy Information Administration（2019a），与欧洲相关的数据来自文献 Eurostat（n. d.），与澳大利亚相关的数据来自文献 Energy Networks Association（2014）。

2 文献 Fox-Penner（2014）第 80 页。

3 文献 U. S. Department of Energy（2018）第 8、11 页。

4 文献 Chang 和 Pfeifenberger（2014）进行了一种早期讨论。

5 文献 Shaner 等（2018）函数 22 引用了文献 MacDonald 等（2016）的观点。

6 文献 Trabish（2017）。

7 文献 ENTSO-E（2019）第 5 章和文献 ENTSO-E（2018b）第 4 章，也可见文献 Fürsch 等（2013）。

8 《澳大利亚 2017 年电网转型路线图》（文献 Crawford 等，2017）介绍了完善的长期去碳化规划行动，该行动开始将传统输电规划与气候政策、发电规划相结合，并重点强调了分布式发电、下游市场和新型配电商业模式。但即便这样，各个电网区域也没有独立建模，研究中提出的一些主要建议包括改进当前的输电规划流程，例如"开发新的工具……以评估、测试和拓展电力系统规划方法"（第 62 页）。

9 文献 Scott 和 Bernell（2015）概述了有关输电计划的各类机构和支持者立场。

10 文献 Sierra Club（n. d.）。

11 有关过程问题的详细讨论，可参阅文献 Wellinghoff 和 Cusick（2017）。

12 文献 Pfeifenberger，Chang 和 Sheilendranath（2015）表 1。

13 有一项令人振奋的证据可见文献 Carley，Koninsky 和 Ansolabehere（2018），研究表明如果人们了解到线路仅仅用作输送太阳能或风能发电，他们对输电线路的支持度会显著上升。

14　文献 ENTSO-E（2016）。

15　文献 Federal Energy Regulatory Commission（2019a）。有关 PJM 最新规划过程的描述，参见文献 PJM（2017）。欧盟 2018 年十年网络发展计划描述了欧洲电网的规划过程，文献 Scheibe（2018）。

16　2009 年，奥巴马政府资助了一个名为"东部互联规划协作组织"（EIPC）的一次性多区域输电规划小组。该小组是朝着跨区域规划迈出的第一步，但没有权力制订可供执行的规划，也未能在美国的制度流程改进或国家规划体系中产生重大持续性变化（文献 EIPC，n. d.）。

17　文献 ENTSO-E（2018b）第 2 页。正如文献 Scheibe（2018）第 25 页所述，"目前的规划分别描述了短期（2020 年）和中期（2025 年）的两个最佳估计场景。这两种场景遵循了自下而上的逻辑并基于 TSO 的估算，同时考虑了当前本国和欧洲的法规。其目的是绘制 2025 年之前的欧洲能源系统发展趋势，而在此时间点之后，未来发展途径上面临太多的不确定因素。对于 2030 年……ENTSO-E 开发了可持续转型和分布式发电两种场景，这两个情景在一系列平价标准方面有所不同，比如总体经济条件、电动车使用率增长、风能和太阳能装机容量以及灵活性需求等。此外，欧盟的欧洲理事会场景被列为 2030 年发展的第三条路径……参考场景的目的在于考虑现有的政策和市场发展趋势，并预测它们到 2050 年对欧洲能源系统发展的影响。该场景假设 2020 年和 2030 年的欧盟能源政策目标均得以实现"。

18　文献 Scheibe（2018）第 3 部分。

19　文献 Scheibe（2018）。

20　文献 Scheibe（2018）第 8、22 页。

21　文献 Scheibe（2018）第 21 页。

22　文献 Scheibe（2018）第 27 页。

23　文献 ENTSO-E（2018a）第 3.6 部分。

24　文献 Oregon Department of Energy（2017）。

25　文献 Utah Office of Energy Development（2013）和文献 California Public Utilities Commission（2009）。

26　文献 TransWest Express LLC（n. d.）。

27　泛欧能源基础设施指南，详见文献 EUR-Lex（2013）。

28　文献 Glachant，Rosetto 和 Vasconcelos（2017）第 2. 1. 3 节。

29　文献 ENTSO-E（n. d. -b）。

30　《2018 年十年网络发展计划》写道，"……PCIs 的项目发起人可以申请欧洲投资银行（EIB）的欧洲战略投资基金（EFSI）计划"。详见文献 Scheibe（2018）。

31　文献 Van Nuffel 等（2017）。

32　对于距离小于 200mile 的 3000MW 交流输电线路来说还是比较便宜的，除非线路在水下运行；那么直流输电成本也更低，详见文献 Siemens（2014）。

33　文献 Black 和 Veatch（2014）表 2. 1。基线成本仅为 2014 美元，不包括地形、导线和塔的乘数。线路容量如图 5-2 所示。交流变电站成本为 200 万美元，而直流换流站成本为 500 万美元。

34　该部分综述内容可见文献 Gonzalez-Longatt（2015）和文献 Wolf（2018）。

35　文献 ENTSO-E（n. d. -a）。

36　文献 ASEA Brown Boveri（2018）。

37　文献 Fairley（2019）。

38　文献 Simon（2018）。

39　文献 wikiquote（n. d.）。

40　文献 Bernard（2015）使用了超级电网的广义概念，回顾了截至 2015 年开展的部分工作与相关建议，包括建议美国东海岸的"大西洋风电联网"以及阿拉伯半岛和中美洲输电线路。文献 Hadarau（2016）以及文献 Van Hertum，Gomis-Bellmunt 和 Liang（2016）中探讨了欧洲的超级电网。

41　文献 North American Supergrid（2017）。

42　文献 North American Supergrid（2017）第 1 页。

43　文献 North American Supergrid（2017）第 1 页。

44　根据支持者的研究，"美国超级电网"想法的一个关键要素，是将尽可能多的系统设置在现有基础设施享有路权的地面之下——大约占到 75%。尽管地下电缆的建造成本是架空线路的三倍甚至更多，但能带来一些潜在好处。地下直流线路不会出现在视线里，可能电磁场辐射以及其他要素对邻里干扰程度也要低得多。地下线路也因不容易遭到自然原因或人造核武器的电磁脉冲影响而导致电网瘫痪。最重要的是，其支持者坚信，选址许可程序有望得到大幅简化。

45　当然，考虑到跨大洲和越大洋的超级电网例如 GEIDCO 提出的方案时，实施挑战会变得更为艰巨。当电力由千里之外另一国供应时，与电力相关的地缘政治风险和供应安全问题就变成长期问题，类似于依赖石油和天然气的国家所面临的情况，例如，中国（依赖石油）和德国（依赖天然气）。除了对土地使用的影响外，超级电网还通常离不开大型水电资源，而这些资源开发本身就有重大环境问题，并且可能有意或无意之中促进还导致应用化石能源发电。关于这些问题的简述，参见文献 Simonov（2018）；如需更深入的讨论和案例研究，参见文献 Downie（2019a，2019b）。

46　文献 Fox-Penner（2001）以及文献 Scott 和 Bernell（2015）。

47　文献 Pfeifenberger 等（2016）。

第 8 章　大型电网的多重责任

1　根据文献 Meyer 和 Pac（2013），截至 2010 年，东欧国有公用事业拥有 251 多座发电厂。

2　文献 S&P Global Platts（2019）。

3　文献 Patel（2019）。

4　文献 U. S. Energy Information Administration（2017）和文献 S&P Global Platts（2018）。

5　文献 U. S. Energy Information Administration（2017）和文献 S&P Global Platts（2018）。

6　文献 U. S. Energy Information Administration（2017）和文献 S&P Global Platts（2018）。

7　文献 Benn 等（2018）。

8　除了文献 Benn 等（2018）外，文献 Sartor（2018）也开展了精彩的一般性讨论。

9　文献 Sartor（2018）以及文献 Varadarajan，Posner 和 Fisher（2018）。这两份报告可读性很高，且很好地总结了提前关闭电厂的财务方法。其他财务措施包括征收超额税收、发行具资本回收作用的绿色债券、推行绿色关税等。也包括 2018 年 12 月 7 日与 Brattle Group 的 Robert Mudge 的私下交流。

10　截止撰写本文时，科罗拉多州立法机构 HB17-339 一项未决法案将 15% 的证券化工厂关闭债券，转移至科罗拉多州能源影响援助局。该局将为"下岗工人提供援助，并通过再融资产生的额外资金，补充一部分受影响社区损失的财产税"。详见文献 Gimon（2017a）。

11　文献 Benn 等（2018）包括 4 个全球性研究案例，文献 Boether 等（2000）包括 10 个美国案例。

12　在某些情况下，决策者已授权将燃煤电厂改为燃气应给予"首要考虑"，详见文献 State of Colorado（2010）。

13　2019 年 4 月 11 日，与 Robert Hemphill 的个人沟通。以及文献 Brayton Point Commerce Center（n. d.）。

14　文献 Appalachian Regional Commission（n. d.）。关于可持续能源转型对工人公平正义的影响的文章正在逐步增多，比如文献 Johnstone 和 Hielscher（2017）。

15　文献 Jakubowski（2018）。

16　文献 CBC（2017）。

17　文献 Gimon（2017a）和文献 Thorp（2019）。

18　文献 Pyper（2018）和文献 CPR News（2018）。

19　文献 Hood（2018）。

20　文献 Hood（2018）。

21　文献 Weiser（2018）。

22　文献 Weiser（2018）。

23　文献 Simeone（2017b）。

24　文献 Pyper（2018b）。

25　文献 Europe beyond Coal（2019）。

26　文献 Bloomberg（2019）和文献 Plumer（2019）。

27　公用事业监管仅向受监管公司提供合理机会，来获得公平的投入资本收益率，而非担保。例如，文献 Kahn（1988）第 1 卷第 42ff 页。监管机构很有可能因对公用事业单位的业绩不满，而降低收益或给予高于必要水平的收益。

28　这就是监管的引资作用，详见文献 Bonbright，Danielsen 和 Kamerschen（1988）第 111 页。

29　加利福尼亚州资源充裕性要求的官方概述，可见文献 California Public Utilities Commission（n. d.）所示的一个案例。

30　另一种支持特定类型发电机组的融资方法是，以固定价格向提供自动合约或者通过简化合约，以处理公用事业公司根据一定税率下从发电商购买所需电力所支付的价格。在欧洲，这些固定价格被称为上网电价。因为这种定价方式特别不灵活又受技术限定，不能适应市场环境，所以已经面临淘汰，现在很少使用。本章稍后将对 PURPA 合约进行讨论。

31　霍根出版物图书馆的出版物可以通过文献 Harvard Electricity Policy Group（n. d.）获取，其中许多是相当技术性的；稀缺定价的一种处理方法来自文献 Hogan（2016）。

32　能源价格过高是否意味着应建立更多电厂或存在因市场支配力水平过高而产生的暴利。该问题是 2000～2001 年加利福尼亚州能源危机报告后人们提出的一个核心经济问题。尽管美国联邦监管机构和法院从未明确解决该问题，但州和联邦监管机构仍继续依赖价格上限，并在文献 Tierney（2018）和文献 Joskow（2019）中，对公用事业单位增加了资源充足性要求。对加利福尼亚州危机的不同看法，详见文献 Sweeney（2002），文献 Harvey 和 Hogan（2001），以及文献 Taylor 等（2015）。

33　文献 Milligan 等（2016）表 5，说明大众反对电价飙升的极佳案例参见文献 Orvis 和 O'Boyle（2018）。

34　文献 Bureau of Economic Geology. Center for Energy Economics（2013），文献 ERCOT（n. d. −a）可以查看近期电源结构的变化情况。

35　与 Riverstone LLC 董事总经理 Chris Hunt 的个人沟通，伦敦，2019 年 4 月 16 日。

36　文献 Milligan 等（2016）第 34 页。

37　文献 Joskow（2019）第 53～54 页。

38　大型电网上的现代电力购买者通常使用竞争性招标流程及市场力量，获取有效价格。每个市场上都存在大量咨询和价格报告服务，可帮助买卖双方确定报价基准。

39　文献 ERCOT（n. d. −b）幻灯片 8，文献 Monitoring Analytics LLC（2019）和文献 Trabish（2012）。

40　自 2000 年以来，美国新增的可再生能源发电中约有 45%，可归因于可再生能源配额制（RPS）规则。尽管其中部分电源无论如何都要强制增加，但大部分是由 RPS 流程之外的合约（例如，公用事业单位或公司自愿购买）支持。详见文献 Barbose（2018）第 13 页。

41　文献 U. S. Energy Information Administration（2019b）和文献 Renewable Energy Buyers Alliance（n. d.）。

42　关于电力行业合约的收益和成本的文献很多；许多研究认为，合约确实能提供其他机制无法比拟的经济收益，比如文献 Parsons（2008）。

43　比如文献 Mufson（2011）。

44　文献 Gabaldón-Estevan，Peñalvo-López 和 Solar（2018）。

45　比如文献 Hirsh（1999）。

46　这三个集中市场由新英格兰独立系统运营商、纽约独立系统运营商和 PJM 运营。其他像容量市场一样发挥作用的机制马上将被研究，见于文献 Federal Energy Regulation Commission（2019b）。欧盟统计数据来自和 Kathleen Spees 个人沟通，2019 年 7 月 2 日，也可参见文献 European Commission（2018）。

47　文献 PJM（n. d. -b）。

48　文献 PJM（n. d. -b）。

49　比如新增加的储能，分布式能源资源。

50　关于重组或整合市场是否能助推脱碳这一广泛问题尚无答案，但双方肯定都有自己的理由。一些传统公用事业单位可能会率先实现 100% 无碳系统，但重组后的市场通常可提供更大的流动性和准入机会。比如可见文献 Pfeifenberger 等（2016）。

51　参见 United State and Aurora Energy Research（2017）中的文献 Newell 等（2018）第 11～16 页。还可将风能或太阳能与储能整合，并将这一组合作为容量资源出价。这种情况越来越普遍，但请记住，几乎没有储能可确保全年的高性能表现，因此，这远非一劳永逸的解决方案。

52　近期简明概要的表述，详见文献 Goggin 等（2018）。

53　文献 PJM（2019）第 29 页。

54　文献 PJM（2019）第 29 页。

55　文献 Vaughan（2016）。

56　文献 Goggin 等（2018）第 26 页。

57　文献 Newell 等（2018）。

58　这些名称来自文献 Hogan（2018），但可参见下一脚注对若干市场设计变化建议的注释。

59　呼吁提高容量市场灵活性的观点来自包括 Steve Corneli、Bruce Ho、Michael Hogan、Kathleen Spees、Sam Newell、彭博新能源财经、Michael Goggin、Rob Gramlich、Robbie Orvis 和 Sonya

Aggarwal 等众多专家。其他还包括文献 Goggin 等（2018）、Orvis 和 Aggarwal（2018）、Gimon（2017b）和 Cheung（2017），以及一篇尚未发布的来自休利特基金会的 Sonia Aggarwal 和 Rob Gramlich 的幻灯片"以零边际成本资源为主导的未来电力批发市场的长期愿景"，2018 年 2 月 26～28 日。

60　文献 California ISO（2016b）。

61　文献 World Bank Group（2018）第 9～11 页。

62　详见文献 Newell 等（2017）和文献 Spees 等（2018）中的两个案例。文献 Palmer，Burtraw 和 Keyes（2017）也讨论了电力市场设计师所提到的"碳市场加法器"。

63　去年 6 月，美国联邦能源监管委员会（FERC）发布了一份最广泛的提案，允许买卖双方选择性退出 PJM 的容量市场——这代表着美国政策中的一项长期重大变化。命令，案卷编号：EL-16-49-000，联邦能源管理委员会，163 FERC 61，236。有关该命令的有用讨论，请参见文献 Chen（2018）。

64　不幸的是，由于对输电能力的限制往往会限定可能只有几个卖家或买家的有限区域，但是在容量市场交易中常常会出现结构性的市场力问题。PJM 拥有世界上最大的容量市场。该公司于最近表示，其 2019～2020 年拍卖不能被证明是完全竞争性质的，因此对所有容量报价均采用特殊的市场力缓解政策（文献 PJM，n. d. -a）。

65　文献 Farmer（2018）。

66　文献 Appunn（2018）。

67　文献 Aggarwal 等（2019）。所有这些建议都包括并强烈支持改进的集中式能源现货市场。

68　文献 Gramlich 和 Hogan（2019）。

69　文献 Corneli，Gimon 和 Pierpont（2019）。

70　其中许多要求是由欧盟委员会制定的。

第9章　公用事业的创新维度

1　文献 National Academies of Sciences, Engineering, and Medicine (2017) 第 19 页。其中表 2.1 引用美国能源信息署 EIA 表格 861 中数据。电力合作社数据来源于文献 National Rural Electric Cooperative Association (n. d.)。公用电力系统数据来源于文献 American Public Power Association (n. d. -b)。

2　令人迷惑不解的是, 欧洲人使用首字母缩略词 DSO 来指美国所谓的配电公司或配电商。在美国, DSO 表示独立的非营利系统运营商, 这不同于系统运营的公用事业公司。后者将在本章后面讲述, 参见文献 Council of European Regulators (2016) 第 5 页。

3　文献 Groebel (2013) 幻灯片 29 和文献 Ofgem (2017) 第 1 页。

4　数据系由作者使用 Asia Australia Distribution. xls 中多源信息编制。中国大约有 3000 家不同的配电公司, 但其中似乎有 2700 家由两大国有公用事业公司——中国国家电网有限公司 (State Grid) 和中国南方电网有限公司 (China Southern Power Grid)——拥有和控制。其余的似乎都是区域性配电公司。然而, 本章并未概述中国和其他新兴经济体的公用事业公司所面临的挑战, 参加文献 CCCL (2010) 和文献 Caixin (2008)。

5　文献 PwC (2015) 第 4 页。

6　文献 Edison Electric Institute (2018)。

7　检索日期: 2018 年 9 月 27 日, 参见网站: https://wolferesearch. com/utilities-peg-batting-clean-njs-energy-plan-management-visit

8　文献 Edison Electric Institute (n. d. -a)。

9　近年来, 围绕公用事业商业模式的言论和文献已经呈现爆炸式增长。许多公用事业公司和咨询公司已经提出了其他途径来可视化公用事业公司和监管机构的战略选择。

10　文献 Smart Energy Consumer Collaborative (2018) 第 4 页。

11　文献 Trabish（2014）。

12　参阅文献 Tong 和 Wellinghoff（2014），也可参阅文献 Trabish（2014）和文献 Bade（2015）后续的相关博客文章。

13　这种和其他有关的架构和操作问题在文献 Kristov 和 DeMartini（2015）中进行了详细讨论。

14　例如，新英格兰独立系统运营商最新的年度预算是 1.7 亿美元，相当于输电成本 0.2 美分/kWh（文献 ISO New England，2018a）。通常为一个国家或一个大国所辖地区这样大的范围提供服务，因此它们的成本分摊在大规模的输电交易中。按照这个比例，美国的输电系统运营商只增加了电力成本的一小部分（大约 0.03～0.2 美分/kWh），参见文献 Federal Energy Regulatory Commission（2016）图 37。

15　委员会写了一份异常冗长和详细的解释，说明他们为什么拒绝 DSO，参见文献 Order Adopting Regulatory Policy Framework and Implementation Plan，New York Public Service Commission，14M-0101（2015）第 45～53 页。

16　文献 AEMO and Energy Networks Australia（2018），也可参见文献 Burger 等（2019）的相关观点。

17　第 13 章将更为详细地讨论了这些变化。然而如前所述，这些并不能替代分销业务模式，而是一种新型的电力供应安排，仅适用于行业已分拆并采用零售选择的情况。

18　文献 Cross-Call 等（2018）第 20～21 页。

19　文献 City of Fort Collins（2015）。

20　文献 Zummo（2018）关于公权力对其未来商业模式的认识进行了综述。

21　文献 National Rural Electric Cooperative Association（2015）。

22　尽管这种情况非常罕见，但在公用事业部门并不是没有先例。新罕布什尔州公共服务公司在 1988 年破产，巨额成本超支，原因是监管机构不允许通过费率加以收回；它把自己卖给了另一家位于新英格兰地区的大型公用事业公司。1996 年，长岛照明公司

（Lilco）也因高成本而陷入严重的财务困境，基本上可说是被迫将
自己转让给新成立的市政公用事业公司——长岛电力公司（Long
Island Power Authority）。随着零售选择的出现，澳大利亚公用事业
公司 AGL 出售了它的配电系统，变成专门的发电商和有竞争力的
零售商，英国公用事业公司 Centrica 亦是如此。在第 11 章中，我们
研究了过去以及现在私营配电商（IOU）电网在转化成公有制方面
所做的努力。

23　文献 Chen（2017）。彭博新能源金融（Bloomberg New
Energy Finance）2008～2017 年公用事业风险投资数据也得出了类
似结论（文献 Annex，2018）。

24　文献 Accenture（2017）第 18 页。

25　文献 Energy Impact Partners（n. d.）。文献 ClearSky（n. d.）是
另一个公用事业投资新兴的不受监管的企业联盟。美国一家公用事业
公司 Avista 在成功孵化和剥离初创企业方面有着很长的历史，同时
也经营着一个现代化的孵化器。

26　文献 Enel（2017）第 431～474 页。

27　本书作者 2018 年 12 月 20 日与 Morgan Stanley 的 S. Byrd
私下交流信息。

28　文献 Burger 和 Weinmann（2016）第 304～308 页。

29　文献 Enel（2017）第 8 页。

30　文献 Heath（2018）。

31　文献 Smart Energy Consumer Collaborative（2018）。

32　文献 Accenture（2017）第 33 页。

33　文献 Smart Energy Consumer Collaborative（2018）。

34　文献 Smith and MacGill（2016）一文提供电力用户发展的
绝佳视角。

第 10 章　真正的智能电网

1　业内人士可能会对"节能服务公司"（ESCO）这个术语感

到困惑，因为节能服务公司传统上指的是那些重构大型的特别是公共部门建筑能源系统进而提高能效的公司。本书打算用这个词的广义概念，即指代向各类零售电力用户出售多种能源服务的公司。"整合组织"这个术语经常被作者用来指代节能服务公司，因为节能服务公司未来功能之一是整合用户生产的多余电力并代表用户重新加以销售。这只是节能服务公司诸多未来功能中的一种，所以本书用"节能服务公司"这个术语代替。

2　文献 Accenture（2013）第 21 页。

3　公用电力公司与电力合作社通常没有延期审批流程，而是很多情况下具有更强的灵活性，但是通常也无法像现代私营节能服务公司那样快速审批。

4　2014 年加利福尼亚州智能逆变器工作组建议，引用自文献 Corneli 和 Kihm（2015）第 29 页。

5　本图几乎与 20 世纪 90 年代以来电力零售放松管制（所谓的零售选择）下的行业实例相同。例如，作者 1997 年出版的关于零售选择的书《电力公司重组》中的图 9-4（文献 Fox-Penner，1997）。不同之处在于，现在非监管的零售商不只销售电力，因此不再称为电力零售商，所销售其他类型服务有望成为商业模式成功的关键。

6　文献 Cooper（2016）第 99 页。

7　文献 ElectricityPlans（n. d.）。

8　详见文献 Graves 等（2018）第 9 页幻灯片中的简要概述，以及文献 Rai 和 Zarnikau（2016）中从 2016 年开始的全面讨论。

9　关于订阅服务作为一种启用网络管理/选择手段的讨论，请查阅文献 Trabish（2018）。

10　这个概念并不新鲜。在我的《智能电力》一书中，介绍了燃气和电力公司最初是如何销售照明业务而非电能业务。芝加哥第一个照明业务推销员曾以工作每小时 15 美分的价格出售了 50 盏弧光灯。Roger Sant 和 Amory Lovins 被认为在 20 世纪 70 年代复活了"现代化改造"这个想法。参见文献 Fox-Penner（2014）第 200～

201 页。

11　Navigant 的关于 EAAS 的杰出工作发表于 2017 年，需要付费查阅（文献 Navigant，2017），但在文献 Maloney（2017）中进行了引用。

12　文献 Bonbright（1961）。

13　文献 Order Resetting Retail Energy Markets and Establishing Further Process，New York Public Service Commission（2016）第 15-M-0127 号案例。

14　文献 Littlechild（2018）第 3 页。

15　文献 Littlechild（2018）第 3 页。

16　文献 National Conference of State Legislatures（2019）。

17　有关 DLMPs 的简单概述请参见文献 Tabors 等（2017）。此外文献 Edmunds，Galloway 和 Gill（2017）也进行了良好的学术综述。文献 Tierney（2016）就如何进行价格分配进行了广泛深入的讨论。

18　有关 DLMPs 监管挑战的进一步讨论，请参见第 11 章。

19　文献 Kneips（2016）主张高效的配电系统必须执行定价模式。

20　监管机构可能会要求输电费率完全按照收取的价格来传递，但很难阻止节能服务公司推出使每个用户的费用余额抵消或对冲输电费率波动的电价套餐。事实上，用户可能会被这种对冲操作吸引，并且不希望监管机构进行干预。此外，如果监管机构开始从根本上对节能服务公司施加约束，那么后者就变成受监管的实体，这确有可能发生。但如此一来，行业模式就愈加接近商业模式谱系中监管程度更严格的那一端。

21　作者使用"由市场决定"而不是"有竞争力"是有原因的，并非所有的大型电力市场都有足以列为不完全竞争市场的流动性。在流动性过低的市场，监管机构设计了受市场环境影响的电力定价方法，保护买卖双方免受不当市场力影响。

22　电网设计专家和利益相关者就整合 ESCO—配电商、

ESO—大型电力市场和配电商—大型电力市场交易的最佳方法展开了激烈的辩论……（业界称之为电网架构和控制层次问题）。一派建议将大型电力市场运营商和配电公司的控制职能合并，从而只有一个实体负责电力平衡；另一派主张分层控制，实际上就是求出局部电网层面的最优解决方案后再上传到大电网层面，由后者解决，然后不断重复这个过程。请参考 CAISO、PG&E、SCE、SDG&E 等开展的工作，其中也获得了文献 More than Smart（2017）和文献 AEMO and Energy Networks Australia（2018）等的支持。

23　文献 Littlechild（2018）第 3 页。关于美国更为全面深入的讨论，可参阅文献 Graves 等（2018）和文献 Graves，Carroll 和 Haderlein（2018）。

24　文献 Silverstein，Gramlich 和 Goggin（2018）第 15 页。

25　文献 Graves 等（2018）幻灯片 12 和 13。

26　文献 Forbes（2018）。

27　文献 Kellner（2016）。

第 11 章　智能电网的管理方式

1　还应注意的是，这些只是高层次的目标，此外还有很多具有挑战性的实施任务。一位名叫 Steve Corneli 的专家详细列出了监管机构深入 SI 行业的关键任务：定期审查受监管公用事业公司的潜在成本结构来深入了解自然垄断的程度（无论是强自然垄断还是弱自然垄断），评估电力公司通过将成本提高到可维持价格之上而将资本置于过度风险的可能性，为具有竞争力的分布式能源创造透明的能够创造价值的机会，引导低成本分布式资源优化和控制方法的实施和持续改进，为互联、运营和优化制定公平的规则，建立明确的关联方利益规则，优先考虑可维持价格（不超过电力公司的成本或竞争替代方案的价格）和经济效率（基于长期而非短期边际成本）的定价标准，考虑合并配电公司的潜在收益，详见文献 Corneli 和 Kihm（2015）第 35～36 页。

2　文献 Hawaii State Legislature（2018）。

3　据报道，英国 RIIO 监管体系将利润区间的下限设为 2%资本回报率（远低于市场要求），这是当前最严厉的惩罚制度，但到目前为止，英国监管机构尚无须惩罚绩效接近这一较低的回报率的电力公司。参见文献 Stone（2016）。

4　该首字母缩略词代表"收入=激励+创新+产出"，这是该方法的高度概括，是通过衡量公用事业公司的产出、达到产出所实施的激励以及对公司创新举措的奖励来共同确定的。参见文献 Ofgem（2010）和文献 Fox-Penner，Harris 和 Hesmondhalgh（2013）。文献 Meeus 和 Glachant（2018）近期也进行了富有成效的讨论。

5　文献 Ofgem（2017，2018b）。

6　文献 Ofgem（2017）第 3～9 页。

7　文献 Littell 等（2017）在第 3 节讨论了这些问题。认识到这些挑战后，2018 年 Ofgem 委托专家组评估整个 RIIO 机制得出结论："我们认为，在当前框架下，RIIO 所设想的真正高风险—高回报模式是不切实际的"。这并不表示要摒弃这种方法，而是承认 PBR 机制存在难以回避的错误，因此不能保证它提出的种种目标都能实现，参见文献 Ofgem（2018a）第 8 页。

8　德国和其他一些司法管辖区的监管机构使用 RIIO 机制中的另一个内容，即历年公用事业收入上限。这给了公用事业公司寻求节约成本的动力，但它不完全是一个重新调整公用事业公司目标的计划（文献 Groebel，2017）。截至 2019 年，美国有 24 个州采用了一种更常见的收入上限激励机制——脱钩机制，以防止一种不良发展趋势，即传统监管鼓励公用事业公司出售更多电力，而不是帮助用户节约能源（文献 Center for Climate and Energy Solutions，2019）。

9　文献 Littell 等（2017）第 63 页。

10　文献 Trabish（2017）。

11　近期讨论情况参见文献 Nelson 和 MacNeill（2016）以及文献 Biggarm 和 Reeves（2016）。

12　正前所述，DLMP 就像对配电系统各个站点的新电源电力进行小型拍卖。众所周知，拍卖结果有时会被持有较大市场份额的卖家或买家操纵，或者以其他方式违反拍卖规则。当 DLMP 用于定价时，必须制定半自动规则和程序来监督每个配电系统中的数百个小型拍卖。此外，一些专家（包括我在内）怀疑 DLMP 市场的流动性通常不如大型电力市场，这使得交易监控和监管价格调整的过程变得尤为重要。

13　文献 Faruqui 和 Palmer（2011）以及文献 Faruqui 和 Aydin（2017）。

14　文献 Faruqui，Grausz 和 Bourbonnais（2019）以及文献 Faruqui 和 Aydin（2017）第 47 页。

15　参见文献 Trabish（2019）最新的更新。

16　比如文献 Burger 等（2019）。

17　文献 Wood 等（2016）第 20 页。一家太阳能发电公司写道："如果家用太阳能发电与我们更常规能源系统保持紧密连接，那么社会所有成员都将得到更好的服务，这对家庭用能和能源系统来说更加有效"（文献 Sunrun，2018，第 12 页）。

18　国家消费者法律中心（National Consumer Law Center）的高级能源咨询师 John Howat 在文献 Wood 等（2016）第 26 页写道。

19　关于固定成本回收方法讨论，详见文献 Wood 等（2016）。更为正式的经济学意义上的讨论，详见文献 Burger（2019）。

20　简要概述详见文献 Hanser 和 Van Horn（2016）。

21　这可能是"治理悖论"的一个例子。"治理悖论"这个术语是由经济社会学家 Vili Lehdonvirta 创造。正如《纽约时报》专栏作家 James Ryerson 总结的那样，"让分散式系统更具竞争力所需的机制——即监督和管理机构——似乎正使该系统不再分散经营"（文献 Ryerson，2019，第 15 页）。

第 12 章　综合能源服务公司的商业模式与监管模式

1　比如文献 Viscusi，Vernon 和 Harrington Jr.（1998）第 322

页或文献 Kahn（1988）第 3 页，本章后面也会进一步讨论。

2　公用事业特有的经济法规更为全面地涵盖了独家特许经营权（有人说是进入壁垒）、价格控制、服务条款控制以及为所有用户服务的义务，参见文献 Kahn（1988）第 3 页。

3　文献 Hawaii State Legislature（2018）。

4　文献 National Rural Electric Cooperative Association（2017）和文献 Zummo（2018）。

5　这一讨论不能取代对任何一个城市、小镇或农村地区的竞争性能源服务潜力的具体分析——这个问题尚未解决。每项能源服务都有自己的潜在用户群、成本结构和利润潜力，这取决于地理市场的规模和密度。参见本章后面关于监管实施和系统优化之间紧张关系的讨论。

6　文献 Wimberly 和 Treadway（2018）第 5 页。

7　文献 CPUC（2018）。

8　文献 Coase（1937）和文献 Williamson（1975，1979）。在文献 Joskow 和 Schmalensee（1983）开创性工作中讨论了现代汽车电气服务业中垂直一体化整合的价值，参见文献 Fox-Penner（2014）第 160～164 页的简要调查中的注释。

9　在"电力市场"部分（写于零售选择普及之前），当时的两位顶尖电力经济学家 Paul Joskow 和 Richard Schmalensee 从交易成本的角度分析了电力放松管制问题。他们有先见之明地预测到，许多用户可能没有从购买电力中获得足够明显的优惠，从而宁愿继续从他们已知的电力公司那里购买电力来降低交易成本，参见文献 Joskow 和 Schmalensee（1983）。

10　文献 Corneli 和 Kihm（2015）第 45 页。

11　详见文献 Pechman（2016），特别是第 4.1 节。

12　Brendan Pierpont 在文献 Aggarawal（2019）的提案，在本书第 8 章中曾简要提及，正如本节所述，是多家公用事业总需求集中市场。

13　文献 Pyper（2015）。

14　文献 Pyper（2015）第 2 页。

15　Steve Kihm 于 2018 年 9 月 18 日在威斯康辛州公用事业研究所提出："公用事业公司可以（应该）从监管思维转变到创业导向吗？"（文献 Kihm，2018）一组欧盟管理学学者组织开展了另一项有趣的实验，他们调查了涉及几乎所有欧盟国家的 129 家欧盟配电公司，借助测量工具评估了每家公司管理层采用新商业模式和实践的相对能力水平。他们发现适应能力的广泛性，还发现管理灵活性与经营业绩之间的正相关关系，参见文献 Pereira，Pereira da Silva 和 Soule（2019）。

16　得益于更公开透明的信息披露，我注意到 Innowatts 是 Energy Impact Partners 投资的一家企业。

17　文献 Fast Company（n. d.）。

18　在 Mary Powell 的任期内，GMP 一直在寻求利润最大化的同时，也在持续推进社会环境目标的实现，参见文献 B Corps（n. d.）。

19　此外，文化变革不仅仅发生在综合能源服务公司；一些高度进化、以用户为中心的公用事业公司可能会主动选择或者被决策者们强迫成为智能聚合商。公用电力公司和电力合作社也必须努力应对类似的文化变革，以顺应商业模式的变化；要了解公用电力公司的这类情况，详见文献 Williams（2018）。

20　文献 Green Mountain Power（2017）。

21　文献 Green Mountain Power（2017）栏目 1。

22　文献 Corneli 和 Kihm（2015）以及前 FERC 主席 Jon Wellinghoff（文献 Wellinghoff 和 Tong，2015）都在讨论 ESU 时强调交叉补贴风险。著名电力经济学家 Lynn Kiesling 将这种风险描述为垂直一体化的风险之一（文献 Kiesling，Munger 和 Theisen，2019）。

23　认识到公用事业可能会发挥有益作用，这项禁令很快得以取消，公用事业公司一直以来都参与监管能效监管行动，参见文献 Pechman（2016）第 9 页。

24　文献 Council of European Energy Regulators（2016）第

27 页。

25　文献 Council of European Energy Regulators（2016）第 27 页。

26　文献 Corneli 和 Kihm（2015）在第 13～25 页详细阐述和广泛讨论了公用事业自然垄断对传统服务和新服务的侵蚀。

27　同样值得一提的是，这个问题对公用电力事业公司和农村电力合作社来说并不那么严重。后两种类型的公用事业公司是非盈利性的，因此它们不能以牺牲受监管的被绑定用户利益为代价，进而通过为竞争产品提供交叉补贴来获得利润。就像几乎所有类似公司在一定程度上会做得那样，它们仍然可以提供交叉补贴，但是除了以整体最优的方式服务用户外，没有其他动机。这可能是迄今为止，在这些类型的公用事业公司中，ESU 模式受到更多关注的另外一重原因。

28　文献 Griswold 和 Karaian（2018）以及文献 Kopnecki（2018）。

第 13 章　电力行业之外的影响因素

1　文献 Galloway（2018）第 6 页。

2　文献 Pepall 和 Richards（2019）。

3　文献 Wu（2018）第 18 页。更多支持论据请参阅文献 Tepper（2019）和《华盛顿邮报》经济专栏作家 Steve Pearlstein 的著作（文献 Pearlstein，2019）。

4　文献 Khan（2018）。

5　文献 Lanier（2011）。

6　文献 Silverman（2019）第 10 页。

7　文献 EU GDPR. ORG（n. d.）。

8　文献 Wakabayash（2018）。

9　文献 Ghosh（2018）。

10　文献 Cameron（2018）以及文献 Phelan（2015）第 5 页幻

灯片。加利福尼亚州规定可以追溯到 2011 年，早在更一般的隐私条例颁布之前，即 2011 年 7 月 29 日发布的 COM/MP1/tcg/jt2〔规则制定 08-12-009（2008 年 12 月 8 日提交）〕。

11　文献 ACEEE（2016）以及文献 Decision Adopting Rules to Protect the Privacy and Security of the Electricity Usage Data of the Customers of Pacific Gas and Electric Company, Southern California Edison Company, and San Diego Gas & Electric Company, Public Utilities Commission of the State of California, Decision 11-07-056, Public Utilities Commission of the State of California（2011）。

12　文献 Levenda，Mahmoudi 和 Sussman（2015）第 615 页。

13　文献 Levenda，Mahmoudi 和 Sussman（2015）第 629 页。

14　来自 2019 年 4 月 1 日与斯坦福大学 Stephen Comello 的私下交流。

15　文献 Public Power for Your Community（n. d.）。

16　文献 Burke 和 Stephens（2017）、Szulecki（2018）以及文献 Institute for Local Self-Reliance（n. d.），都有对整个运动形式概念定义和相关讨论。

17　尽管支持能源民主的趋势可以追溯到 20 世纪 70 年代，彼时 E. F. Schumache 出版了《小即是美》一书，Amory Lovins 开始讲述小规模系统的好处，但一些学者将最近出现的能源民主运动追溯到了德国能源革命，该运动激起了对可以利用太阳能上网电价的小型电力合作社的浓厚兴趣；同时还追溯到了气候正义运动，迫使气候政策思考者考虑在全世界推广清洁能源的正当有效途径。

18　文献 Szulecki（2018）。

19　文献 Burke 和 Stephens（2017）第 6 页，引自 www. energydemocracyinitiative. org。

20　文献 Knight（2011）。

21　文献 Walton（2018）和文献 Energy Transition（2014）。

22　文献 N. Johnson（2018）第 6～7 页。

23　又称为市政聚集、社区聚集、社区选择能量、政府聚集。

24　文献 U. S. Environmental Protection Agency（n. d.）。

25　文献 Lean Energy U. S.（n. d.）。

26　文献 Blaylock（2019）。

27　文献 McKibben（2015）。

28　文献 Curren（2017）。

29　文献 Manjoo（2017）、Ferenstein（2017）和文献 S. Johnson（2018）。

30　文献 Newsham（2015）。

31　文献 Palast，Oppenheim 和 MacGregor（2003）。

第 14 章　电力行业的金融属性

1　文献 Simmons（2018）。

2　文献 Strauss（2018）。

3　文献 Kenny（2019）。

4　文献 Harris 等（2017）。

第 15 章　无碳电力

1　文献 Vrins 等（2015）。

2　文献 McKibben（2015）。

附录 A　政策建议

1　正如《智能电力》第 10 章所述（文献 Fox-Penner，2014），如果公用事业公司的监管模式能够给予适当的激励和监督，那么它们在提供综合能源服务方面具有一些独特的优势。作为新的监管和市场计划的一部分，其他实体也可以被赋予能效责任，包括政府、非营利机构和纯商业机构。关键的因素是责任方能够利用适当的价格信号和激励措施来吸引最终用户，能够获得充足的低成本（耐心的）资金，并拥有强大的技术专长和监督。

附录 B　高比例新能源发电趋势下电力现货市场面临的挑战

1　文献 Joskow（2019）第 13 页。

2　风力和太阳能发电厂通常针对大部分发电量签订包销合约，但时常也会有富裕发电量。此外，许多合约销售的机制都涉及这些风力和太阳能发电厂到现货市场竞价投标，即使买家已经提前购买了它们的电力产品。

3　文献 Bushnell 和 Novan（2018）。

4　文献 Seel 等（2018）。

5　文献 Starn（2018）。

附录 C　图 2-2 数据来源

1　文献 Mai 等（2018）第 XIV 页图 ES-3。

2　文献 The White House Washington（2016）第 48 页图 4.6。

3　文献 Electric Power Research Institute（2018）第 7 页。

4　文献 Statistics Canada（2018）表 25-10-0021-01。

5　文献 Bataille，Sawyer 和 Melton（2015）第 43 页"分品种能源供应资源"图。

6　文献 Hillebrandt 等（2015）第 23 页。

7　文献 Pye 等（2015）。

8　文献 Ekins 等（2013）第 10 页。

9　文献 Ekins 等（2013）第 11 页。

10　文献 HM Government（2010）第 17~21 页。

11　文献 National Statistics Digest of UK Energy Statistics（2012）。

12　文献 SEMARNAT-INECC（2016）第 81 页图 29。

13　文献 Altieri 等（2015）第 33 页图 23。

14　文献 Hopkins 等（2017）第 52 页。

15　文献 Kwok 和 Haley（2018）第 42 页图 28。

16　文献 Mahone 等（2018）第 39 页。

17　文献 Amorim 等（2014）图 3。

18　文献 Ming 等（2019）。

参考文献

8 Rivers.(n.d.).The Allam Cycle and NET Power.Retrieved April 2, 2019, from: https://8rivers.com/portfolio/allam-cycle/

2018 State of the Electric Utility Survey.(2018).Retrieved July 8, 2019, from: https://www. utilitydive. com/library/2018-state-of-the-electric-utility-survey-report/

Abi-Samra, N.(2013a).Extreme Weather Effects on the Energy Infrastructure, EIC Climate Change Technology Conference, May 2013.Retrieved July 8, 2019, from: http://www. cctc 2013. ca/Papers/CCTC2013% 20EXT1-3% 20Abi-Samra.pdf

Abi-Samra, N.(2013b).One Year Later: Superstorm Sandy Underscores the Need for a Resilient Grid. Retrieved July 8, 2019, from: https://spectrum. ieee. org/energy/the-smarter-grid/one-year-later-superstorm-sandy-underscores-need-for-a-resilient-grid

Abi-Samra, N.(2017).*Power Grid Resiliency for Adverse Conditions*. Norwood.MA: Artech House.

Accenture.(2013).The New Energy Consumer Handbook.Retrieved May 15.2019, from: https://www. accenture. com/acnmedia/Accenture/next-gen/insight-unlocking-value-of-digital-consumer/PDF/Accenture-New-Energy-Consumer-Handbook-2013.pdf

Accenture.(2016).Cyber-Physical Security for the Microgrid: New Perspectives to Protect Critical Power Infrastructure. Retrieved July 8, 2019, from: https://www.accenture. com/ _acnmedia/PDF-27/Accenture_DEG-Microgrid-Security_POV_FINAL.pdf

Accenture.(2017).New Energy Consumer: New Paths to Operating Agility Retrieved May 24, 2019, from: https://www. accenture. com/t20171113T063921Z_w_/

us-en/_acnmedia/Accenture/next-gen-5/insight-new-energy-consumer-2017/
Accenture-NEC2017-Main-Insights-POV.pdf

ACEEEE(2016).State and Local Policy Database.Retrieved October 27, 2019, from:
https://database.aceee.org/state/data-access

AEMO and Energy Networks Australia. (2018). Open Energy Networks: Consultation
on How Best to Transition to a Two-Way Grid That Allows Better Integration of
Distributed Energy Resources for the Benefit of All Customers. Consultation
Paper.Retrieved June 14, 2019, from: https://www. energynetworks. com. au/
sites/default/files/open_energy_networks_consultation_paper.pdf

Aggarwal, S., Corneli, S., Gimon, E., Gramlich, R., Hogan, M., Orvis, R., and
Pierpont, B. (2019). *Wholesale Electricity Market Design for Rapid Decarbon-
ization.* San Francisco, CA: Energy Innovation Policy& Technology LLC.

Alexander, M.(n.d.).Air Conditioners Really Are Getting Better.Retrieved June 4,
2019, from: https://www. thisoldhouse. com/ideas/air-conditioners-really-are-
getting-better

All Aces, Inc.(n.d.).Retrieved June 14, 2019, from: https://www.allacesinc.com

Allcott, H., and Greenstone, M.(2017).Measuring the Welfare Effects of Residential
Energy Efficiency Programs. Working Paper 23386. Retrieved June 14, 2019,
from: https://www.nber.org/papers/w23386

Altieri, K., Trollip, H., Caetano, T., Hughes, A., Merven, B., and Winkler, H.
(2015). Pathways to Deep Decarbonization in South Africa.ZA 2015 Report.
Retrieved July 8, 2019, from: http://deepdecarbonization. org/wp-content/
uploads/2015/09/DDPP_ZAF.pdf

American Planning Association. (n. d.). Knowledgebase Collection: Autono-mous
Vehicles. Retrieved July 18, 2019, from: https://www. planning. org/
knowledgebase/autonomousvehi-cles/

American Public Power Association.(n.d.-a).Disaster Planning and Response: Join
the Mutual Aid Network. Retrieved November 8, 2018, from: https://www.
publicpower.org/disaster-planning-and-response

American Public Power Association (n.d.-b).Our Members.Retrieved November 15,
2019, from: https://www.publicpower.org/our-members

American Wind Energy Association, (2019).Grid Vision: The Electric Highway to a
21st Century Economy. Retrieved July 1, 2019, from: https://www. awea. org/

Awea/media/ Resources/Publications% 20and% 20 Reports/White% 20Papers/ Grid-Vision-The-Electric-Highway-to-a-21st-Century-Economy.pdf

Aminu, M, Ali Nabavi, S. Rochelle, C, and Manovic, V. (2017). A Review of Developments in Carbon Dioxide Storage.*Applied Energy*, 208, 1389-1419.DOI: 10.1016/ j.apenergy.2017.09.015.

Amorim, E, Pina, A, Gerbelova, H, Da Silva, P, Vasconcelos, J, and Martins, V. (2014).Electricity Decarbonisation Pathways for 2050 in Portugal: A TIMES (The Integrated MARKAL-EFOM System) Based Approach in Closed Versus Open Systems Modelling.*Energy*, 69, 104-112. DOL: 10. 1016/j. energy. 2014. 01.052.

Anandarajah, G., Strachan, N., Ekins, P., Ramachandran, K, and Hughes, N. (2009). Pathways to a Low Carbon Economy: Energy Systems Modelling: UKERC Energy 20150 Research Report 1.Retrieved July 8, 2019, from:http:// www. ukerc. ac. uk/publications/ pathways-to-a-low-carbon-economy-energy-systems-modelling-ukerc-energy-2050-research-report-1-html

Anderson, C. (2017). 2016 Solar Penetration by State. Retrieved June 14, 2019, from:https://www.ohmhomenow.com/2016-solar-penetration-state/

Anderson, S. (2017). Risk, Liability, and Economic Issues with Long-Term CO_2 Storage—A Review.*Natural Resources Research*, 26(1), 89-112.DOI:10.1007/ s11053-016-9303-6.

Andrae, A. (2017). Total Consumer Power Consumption Forecast, Conference: Nordic Digital Business Summit. Project: Global Forecasting of ICT Footprints. Retrieved June 14, 2019, from: https://www. researchgate. net/publication/ 320225452_Total_Consumer_Power_Consumption_Forecast

Andrae, A. (2019a). *Drawing the Fresco of the Electricity Use of Information Technology—Part I*.Kista, Sweden: Huawei Technologies.DOI: 10.13140/RG. 2.2.18392.14080.

Andrae, A. (2019b). Prediction Studies of Electricity Use of Global Computing in 2030. *International Journal of Science and Engineering Investigations*, 8(86), 64-79.

Angel, S., Parent, J., Civco, D., Blei, A., and Potere, D.(2011).The Dimensions of Global Urban Expansion: Estimates and Projections for All Countries, 2000-2050.*Progress in Planning*, 75 (2), 53-107. DOI: 10. 1016/j. progress. 2011.

04.001.

Annex, M.(2018).*Utility Mϧn A and Venture Capital*: 2008-17 *Digital Ventures Take the Lead*.Bloomberg New Energy Finance.

Appalachian Regional Commission. (n. d.). POWER Initiative. Retrieved April 20, 2019, from: https://www.arc.gov/funding/power.asp

Appunn, K. (2018). EU Deal on Power Market Rules and Capacity Mechanisms Criticised for Coal Subsidies. Retrieved June 14, 2019, from: https://www cleanenergywire. org/news/eu-deal-power-market-rules-and-capacity-mechanisms-criticised-coal-subsidies

ARPA-E. (n. d.). Retrieved June 12, 2019, from: https://arpa-e. energy. gov/? q = arpa-e-site-page/about

ASEA Brown Boveri.(2018).Historical Power Interconnector in Canada Achieves Key Milestone.Retrieved June 14, 2019, from: https://new.abb.com/news/detail/3462/historical-power-interconnector-in-canada-achieves-key-milestone

Assante, M., Lee, R., and Conway T.(2017).Modular ICS Malware.White Paper. Retrieved July 8, 2019, from: https://ics. sans. org/media/E-ISAC SANS_Ukraine_DUC_6.pdf

Assante, M., Roxey, T, and Bochman, A.(2015).The Case for Simplicity in Energy Infrastructure: For Economic and National Security. Retrieved July 8, 2019, from: https://csis-prod. s3. amazonaws. com/s3fs-public/legacy _ files/files/publication/151030_Assante _SimplicityEnergyInfrastructure_Web.pdf

Auffhammer, M., Baylis, P., and Hausman, C.(2017).Climate Change Is Projected to Have Severe Impacts on the Frequency and Intensity of Peak Electricity Demand across the United States.*Proceedings of the National Academy of Sciences of the United States of America*, 114 (8), 1886-1891. DOI: 10. 1073/pnas.1613193114.

Aurora Energy Research.(2018).*Capacity Market* 2018: *Results, Implications, and Potential Policy Reforms. Public Report.* Berlin, Germany: Aurora Energy Research.

Aydin, O., Pfeifenberger, J., and Chang J. (2017). *Western Regional Market Developments: Impact on Renewable Generation Investments and Balancing Costs.* San Diego, CA: Brattle Group.

B Corps. (n. d.). About B Corps. Retrieved on May 29, 2019, from: https://

bcorporation.net/about-b-corps

Baatz, B, Relf, G, and Nowak, S. (2018). The Role of Energy Efficiency in a Distributed Energy Future. Research Report U1802. Retrieved July 17, 2019, from: https://aceee.org/ research-report/u1802

Babloyan, A. (2014). *Keeping the Lights On: Why Utilities Need to Integrate Physical and Cyber Security.* Armonk, NY: IBM Corp.

Bade, G. (2015). Who Should Operate the Distribution Grid? Retrieved May 24, 2019, from: https://www. utilitydive. com/news/who-should-operate-the-distribution-grid/376950/

Ball.J.(2018).Why Carbon Pricing Isn't Working: Good Idea in Theory, Falling in Practice. *Foreign Affairs*, July/ August, 134-146.

Barbose, G. (2018).U.S.Renewable Portfolio Standards 2018 Annual Status Report. Retrieved July 8, 2019, from: http://eta-publications. lblgov/sites/default/files/ 2018_annual_rps_summary_report.pdf

Barrón, K. (2018). *Environmental Policy and Competitive Markets in Harmony.* Chicago: Exelon.

Bartlet, J. (2018). Reducing Risk in Merchant Wind and Solar Projects through Financial Hedges. Working Paper (19-06). Retrieved July 23, 2019, from: https://media.rff.org/ documents/WP_19-06_Bartlett.pdf

Bataille, C., Sawyer, D., and Melton, N.(2015).Pathways to Deep Decarbonization in Canada. CA 2015 Report. Retrieved July 8, 2019, from: http:// deepdecarbonization.org/wp-content/uploads/2015/09/DDPP_CAN.pdf

Battis, J., Kurtovich, M., and O'Donnell, A. (2018).Security and Resilience for California Electric Distribution Infrastructure: Regulatory and Industry Response to SB 699.A California Public Utilities Commission (CPUC) Staff White Paper. Retrieved July 8, 2019, from: https://www. eisac. com/cartella/Asset/00006887/CPUC_ Physical _ Security _ White _ Paper _ January _ 2018. pdf? parent = 114006

Ben-Joseph, E. (2012). *Rethinking a Lot: The Design and Culture of Parking.* Cambridge, MA: The MIT Press.

Benn, A., Bodnar, P., Mitchell, J., and Jeff, W. (2018). *Managing the Coal Capital Transition: Collaborative Opportunities for Asset Owners, Policymakers, and Environmental Advocates.* Boulder, CO: Rocky Mountain Institute.

Bernard, P. (2015). Supergrids of the World GCCIA, SIEPAC, & the AWC Projects: An Overview. In Aguado-Cornago, A., ed. *The European Supergrid*. European Energy Studies. Deventer, Netherlands: Claeys& Casteels Law Publishing, pp. 27-36.

Biggar, D, and Reeves, A. (2016). Network Pricing for the Prosumer Future: Demand-Based Tariffs or Locational Marginal Pricing? In Sioshansi, F., ed. *Future of Utilities-Utilities of the Future: How Technological Innovations in Distributed Energy Resources Will Reshape the Electrical Power Sector.* Cambridge, MA: Academic Press, pp.247-266.

Bird, L, Milligan, M, and Lew, D. (2013). *Integrating Variable Renewable Energy: Challenges and Solutions.* Golden, CO: National Renewable Energy Laboratory.

Black & Veatch. (2014), Capital Costs for Transmission and Substations: Updated Recommendations for WECC Transmission Expansion Planning.

Retrieved July 1, 2019, from: https://www.wecc.org/Reliability/2014_TEPPC_Transmission_CapCost_Report_B+V.pdf

Blaylock, D. (2019). The Power of Local Solutions. Retrieved June 25, 2019. from: https://www.publicpower.org/periodical/article/power-local-solutions

Bloom, A. Townsend, A., Palchak, D., Novacheck, J. King, J., Barrows, C.,... Gruchalla, K. (2016). Eastern Renewable Generation Integration Study, NREL/TP-6A2064472-ES. Retrieved July 8, 2019, from: http://www.nrel.gov/docs/fy16osti/64472-ES.pdf

Bloomberg, M. (2019). Our Next Moonshot: Saving Earth's Climate. Retrieved July 8, 2019, from: https://www.bloomberg.com/opinion/articles/2019-06-07/michael-bloomberg -at-mit-how-to-save-planet-from-climate-change

Boettner, F, Fedorko, E., Hansen, E., Goetz, S., Han, Y.... Zimmerman, B. (2000). *Strengthening Economic Resilience in Appalachia.* Washington, DC: Appalachian Regional Commission.

Bonbright, J. (1961). *Principles of Public Utility Rates.* New York: Columbia University Press. Reproduced online. Retrieved May 21, 2019, from: http://media.terry.uga.edu/ documents/exec_ed/bonbright/principles_of_public_utility_rates.pdf

Bonbright, J., Danielsen, A, and Kamerschen, D. (1988). *Principles of Public Utility Rates.* 2nd ed. Reston, VA: Public Utilities Reports, Inc.

Bonneville Power Administration. (2017). Fact Sheet: BPA Sets Wholesale Rates for Fiscal Years 2018-2019. Retrieved March 25, 2019, from: https://www.bpa.gov/news/pubs/FactSheets/fs-20170726-BPA-sets-wholesale-rates-for-fiscal-years-2018-2019.pdf

Borenstein, S. (2015). Is the Future of Electricity Generation Really Distributed? Retrieved June 19, 2019, from: https://energyathaas.wordpress.com/2015/05/04/is-the-future-of-electricity-generation-really-distributed/

Bossel, U. (2006). Does a Hydrogen Economy Make Sense? *Proceedings of the IEEE*, 94(10), 1826-1837. DOI: 10.1109/jproc.2006.883715.

Bowman, D. (2014). Geomagnetic Storms and the Power Grid. Retrieved June 24, 2019, from: https://www.spp.org/documents/23279/doug% 20bowman% 20-% 20geomagneticstorms_grid_r3.pdf

Brattle Group. (2016). SB 350 Study: The Impacts of a Regional ISO-Operated Power Market on California: Analysis and Results. Retrieved June 19, 2019. from: https:// www.ethree.com/wp-content/uploads/2017/02/Presentation-SenateBill350Study-Jul26_2016.pdf

Brayton Point Commerce Center. (n.d.). Retrieved April 13, 2019, from: http://www.braytonpointcommercecenter.com/

Breakthrough Energy. (n.d.). Retrieved March 30, 2019, from: http://www.b-t.energy/

Bronski, P, Creyts, J., Guccione, L., Madrazo, M., Mandel. J., Rader, B.,...Tocco, H. (2014). *The Economics of Grid Defection: When and Where Distributed Solar Generation Plus Storage Competes with Traditional Utility Service.* Boulder, CO: Rocky Mountain Institute.

Brown, T, Bischof-Niemz, T, Blok, K., Breyer, C., Lund, H, and Mathiesen, B. (2018). Response to "Burden of Proof: A Comprehensive Review of the Feasibility of 100% Renewable-Electricity Systems." *Renewable and Sustain-able Energy Reviews*, 92, 834-847. DOI: 10.1016/ j.rser.2018.04.113.

Bruce, S., Temminghoff, M., Hayward, J., Schmidt, E., Munnings, C., Palfreyman, D., and Hartley, P. (2018). National Hydrogen Roadmap. Australia: CSIRO. Retrieved June 5, 2019, from: https://www.csiro.au/en/Do-business/Futures/Reports/Hydrogen-Roadmap

Budischak, C., Dewell, D., Thomson, H., Mach, L., Veron, D., and Kempton,

W. (2013). Cost-Minimized Combinations of Wind Power, Solar Power and Electrochemical Storage, Powering the Grid up to 99.9% of the Time. *Journal of Power Sources*, 225, 60-74. DOI: 10.1016/j.jpowsour.2012.09.054.

Bureau of Economic Geology. Center for Energy Economics. (2013). A Primer on the Resource Adequacy Debate in Texas. Retrieved June 24, 2019, from: http://www.beg.utexas.edu/files/energyecon/think-corner/2013/A%20Primer%20on%20the%20Resource%20Adequacy%20debate%20in%20Texas%20122112.pdf

Burger, C., and Weinmann, J. (2016). European Utilities: Strategic Choices and Cultural Prerequisites for the Future. In Sioshansi, E, ed. *Future of Utilities-Utilities of the Future: How Technological Innovations in Distributed Energy Resources Will Reshape the Electrical Power Sector.* Cambridge, MA: Aca-demic Press, pp.303-321.

Burger, S., Schneider, I., Botterud, A., and Pérez-Arriaga, I. (2019). Fair, Equitable, and Efficient Tariffs in the Presence of Distributed Energy Sources. In Sioshansi, F., ed. *Consumer, Prosumer, Prosumager.* Cambridge, MA: Academic Press, pp.155-185.

Burke, M., and Stephens, J. (2017). Energy Democracy: Goals and Policy Instruments for Societechnical Transitions. *Energy Research and Social Science*, 33, 35-48. DOI: 10.1016/j.erss.2017.09.024.

Bushnell, J., and Novan, K. (2018). *Setting with the Sun: The Impacts of Renew-able Energy on Wholesale Power Markets.* Energy Institute WP 292. Berkeley, CA: Energy Institute at HAAS.

Byrd, S, Radcliff, T., Lee, S., Chada, B., Oiszewski, D., Matayoshi, Y. ,... Gosai, D. (2014). Solar Power and Energy Storage: Policy Factors vs. Improving Economics. Retrieved July 19, 2019, from: https://regmedia.co.uk/2014/08/06/morgan_stanley_energy_storage_blue_paper _2014.pdf

Byrne, J..Taminiau, J., Kurdgelashvili, L., and Kim, K. (2015). A Review of the Solar City Concept and Methods to Assess Rooftop Solar Electric Potential, with an Illustrative Application to the City of Seoul. *Renewable and Sustain-able Energy Reviews*, 41, 830-844. DOI: 10.1016/j.rser.2014.08.023.

CAISO, PG&E, SCE, SDG&E with support from More than Smart. (2017). Coordination of Transmission and Distribution Operations in a High Distributed Energy Resource Electric Grid. Retrieved May 15, 2019, from: https://www.

caiso. com/Documents/MoreThanSmartReport-Coordinating Transmission _ Distribution GridOperations.pdf

Caixin.(2008).Retrieved June 14, 2019, from: http://companies.caixin.com/2008-04-18/100050740.html

California Energy Commission. (2018). Adopted Building Standards. Retrieved June 14, 2019, from: http://www.energy.ca.gov/releases/2018_releases/2018-05-09_building _standards_adopted_nr.html

California ISO.(2016a).Fast Facts: What the Duck Curve Tells Us about Managing a Green Grid.Retrieved May 4, 2019, from: https://www.caiso.com/Documents/FlexibleResourcesHelpRenewables_FastFacts.pdf

California ISO.(2016b).Market Notice: Flexible Ramping Constraint Tariff Language Effective November 1, 2016.Retrieved May 24, 2019, from: http://www.caiso. com/ Documents/FlexibleRampingConstraintTariffLanguag eEffectiveNovemberl_2016.html

California Public Utilities Commission. (2009). *General Information on Permitting Electric Transmission Projects at the California Public Utilities Commission.* Presentation by Transmission and Environmental Permitting Team.Slide 9.San Francisco, CA: California Public Utilities Commission.

California Public Utilities Commission.(n.d.).Resource Adequacy.Retrieved June 19, 2019, from: https://www.cpuc.ca.gov/RA/

Cameron, B.(2018).New Smart Meters Raise Privacy Questions.Retrieved July 23, 2019, from: https://www. poconorecord. com/news/20181118/new-smart-meters-raise-privacy-questions

Carbon Neutrality Coalition. (n. d.). Members of the Carbon Neutrality Coalition. Retrieved April 2, 2019, from: https://www.carbon-neutrality global/members/

Carley, S. Konisky, D, and Ansolabehere, S. (2018). *Examining the Role of Nimbyism in Public Acceptance of Energy Infrastructure.*Panel Paper.

Castellanos, S. Sunter, D, and Kammen, D. (2017). Rooftop Solar Photovoltaic Potential in Cities: How Scalable Are Assessment Approaches? *Environ-mental Research Letters*, 12, 125005.DOI: 10.1088/1748-9326/aa7857.

Castillo, A.(2014).Risk Analysis and Management in Power Outage and Restoration: A Literature Survey.*Electric Power Systems Research*, 107, 9-15.DOI:10.1016/j. epsr.2013.09.002.

Caughill, P. (2017). Hydrogen Power Storage Could Be an Important Part of a Fossil Fuel Free Future: Current Investments Look to Improve the Efficiency of the Technology. Retrieved June 5, 2019, from: https://futurism. com/hydrogen-power-storage-could-be-an-important-part-of-a-fossil-fuel-free-future

CBC. (2017). Laid Off Oil and Gas Workers Train for Alternative Energy Jobs as Wind Blows Alberta in New Direction. Retrieved June 22, 2019, from: https://www.cbc. ca/news/canada/calgary/alternative-energy-training-laid-off-oil-and-gas-1.4463217

CCCL. (2010). National Power Supply Enterprise Status Report. Retrieved May 23, 2019 from: http://www.competitionlaw.cn/info/1132/8590.htm

Center for Climate and Energy Solutions. (2019). Decoupling Policies. Retrieved July 14, 2019, from: https://www.c2es.org/document/decoupling -policies/

Centra Technology. (2011). Geomagnetic Storms, Contribution to the OECD Project-Future Global Shocks. Retrieved July 9, 2019, from: https://www. oecd. org/gov/risk/ 46891645.pdf

Chang, J., and Pfeifenberger, J. (2014). Well-Planned Electric Transmission Saves Customer Costs: Improved Transmission Planning Is Key to the Transition to a Carbon-Constrained Future. Retrieved July 24, 2019, from: https://brattlefiles. blob.core. windows. net/files/5813 _ well-planned _ electric transmission _ saves _ customers_costs_ppt.pdf

Chang, J., Pfeifenberger, J., Ruiz, P., and Van Horn, K. (2014). *Transmission to Capture Geographic Diversity of Renewables: Cost Savings Associated with Interconnecting Systems with High Renewables Penetration.* San Diego, CA: Brattle Group.

Chao, J. (2012). Parking Lot Science: Is Black Best? Retrieved June 14, 2019, from: https://newscenter.lbl.gov/2012/09/13/parking-lot-science/

Chediak, M., and Wells, K. (2013). Why the U.S. Power Grid's Days Are Numbered: Why the Electricity Grid's Days Are Numbered. Retrieved July 19, 2019, from: https://www. bloomberg. com/news/articles/2013-08-22/why-the-u-dot-s-dot-power-grids-days-are-numbered#p4

Chen, J. (2018). Improving Market Design to Align with Public Policy. Retrieved June 28, 2019, from: https://nicholasinstitute. duke. edu/publications/improving-market-design-align-public-policy

Chen, M., Iyer, A., Shih, C., Kurdgelashvili, L, and Opila, R.(2017).A Critical Analysis on the Thin Crystalline Silicon PV Module of the Lightweight PV System. Retrieved June 14, 2019, from: https://ieeexplore. ieee. org/stamp/ stamp.jsp? arnumber=8366671

Chen, O. (2017). Utilities Have Invested over $2.9 Billion in Distributed Energy Companies: DER Investment Is Facilitating the Transition to a Decentralized Energy System. Retrieved May 24, 2019, from: https://www. greentechmedia. com/articles/read/utilities-have-invested-over-2-9-billion-in-distributed-energy-companies#gs.djcs4s

Cheung, A.(2017).Cheung: Power Markets Need a Redesign-Here's Why.Retrieved June 14, 2019, from: https://about. bnef. com/blog/cheung-power-markets-need-redesign-heres/

Chew, A. (2015). Elon Musk Presents Tesla Powerwall and Powerpack Batteries. Retrieved May 1, 2019, from: https://www. youtube. com/watch? v = X4eY-0oKXmc

City of Fort Collins. (2015). Fort Collins Energy Policy. Retrieved May 24, 2019, from:https://www.fcgov. com/utilities/img/site_specific/uploads/Fort_Collins_ 2015_Energy_Policy_2.pdf

ClearSky.(n.d.).Retrieved June 14, 2019, from: http://www.clear-sky.com/

Cleveland, C., Castigliego, J., Cherne-Hendrick, M., Fox-Penner, P., Gopal, S., Hurley, L., ...Zheng, K.(2019a).Carbon Free Boston Summary Report2019. Boston Green Ribbon Commission.Retrieved May 31, 2019, from:https://www. greenribboncommission. org/wp-content/uploads/2019/01/Carbon-Free-Boston-Report-web.pdf

Cleveland, C., Cherne-Hendrick, M., Castigliego, J., Fox-Penner, P., Gopal, S., Hurley, L. ,... Zheng, K.(2019b).Carbon Free Boston Technical Summary2019. Retrieved June 10, 2019, from: http://sites.bu. edu/cfb/files/2019/05/CFB_ Technical _Summary_190514.pdf

Climate Home News.(2012).Stephen Hawking: Climate Disaster within1000 Years. Retrieved November 26, 2018, from: http://www climatechangenews. com/ 2012/01/06/ stephen-hawking-warns-of-climate-disaster-ahead-of-70th-birthday/

Climate Institute, (2017). North American Supergrid. Transforming Electricity Transmission.Retrieved July 8, 2019, from: cleanandsecuregrid.org

Climate Ready Boston.(2016).Final Report, City of Boston.Retrieved July 8, 2019, from: https://www.boston.gov/departments/environment/climate-ready-boston

Coase, R.(1937).The Nature of the Firm.*Economica*, 4(16), 386-405.DOI: 10. 1111/j.1468-0335.1937.tb00002.x.

Colthorpe, A.(2018).China's Biggest Flow Battery Project So Far Is Underway with Hundreds More Megawatts to Come.Retrieved June 5, 2019, from:https://www. energy-storage. news/news/chinas-biggest-flow-battery-project-so-far-is-underway-with-hundreds-more-m

Committee on Analytical Research Foundations for the Next-Generation Electric Grid. (2016).Analytic Research Foundations for the Next-Generation Electric Grid. Retrieved July 8, 2019, from: https://www. nap. edu/catalog/21919/analytic-research-foundations-for-the-next-generation-electric-grid

Cooper, J. (2016). The Innovation Platform Enables the Internet of Things. In Sioshansi, E, ed.*Future of Utilities—Utilities of the Future: How Technological Innovations in Distributed Energy Resources Will Reshape the Electrical Power Sector*.Cambridge, MA: Academic Press, pp.91-108.

Corneli, S., Gimon, E., and Pierpont, B. (2019). *Wholesale Electricity Market Design for Rapid Decarbonization: Long-Term Markets, Working with Short-Term Energy Markets*.San Francisco, CA: Energy Innovation Policy&Technology LLC.

Corneli, S., and Kihm, S. (2015). Electric Industry Structure and Regulatory Responses in a High Distributed Energy Resources Future.FEUR Report No.1. Retrieved July 1, 2019, from: https://escholarship.org/uc/item/2kf2n4kg

Council of European Energy Regulators. (2016).Key Support Elements of RES in Europe: Moving towards Market Integration. Retrieved May 30, 2019, from: https://www.ceer.eu/ documents/104400/-/-/28b53e80-81cf-f7cd-bf9b-dfb46d 471315

CPR News. (2018). Regulators OK Xcel's Early Shutdown of Pueblo Coal-Fired Generators.Retrieved June 22, 2019, from: https://www. cpr. org/news/story/ regulators-ok-xcel-early-shutdown-of-pueblo-coal-fired-generators

CPUC. (2018). Retrieved May 29, 2019, from: http://docs. cpuc. ca. gov/ PublishedDocs/Published/G000/M215/K380/215380424.PDF

Crawford, G., Crown, B., Johnston, S., Van Puyvelde, D., Watts, E., Brinsmead, T.,...Bakker, T. (2017). Electricity Network Transformation Roadmap: Final

Report. Retrieved July 23, 2019, from: https:// www.energynetworks.com.au/ sites/default/files/entr_final_report_april_2017.pdf

Crees, A. (n. d.). Bill Gates-Led Investors Back Two Startups Targeting Energy Storage. Retrieved October 25, 2019, from: https://www.chooseenergy.com/ news/article/bill-gates-led-investors-back-two-startups-targeting-energy-storage/

Cross-Call, D., Goldenberg, C., Guccione, L., Gold, R., and O'Boyle, M.(2018). Navigating Utility Business Model Reform. Retrieved May 30, 2019, from: https://rmi.org/insight/navigating-utility-business-model-reform/

Cuadra, L., Salcedo-Sanz, S., Del Ser, J., Jiménez-Fernández, S., and Woo, Z. (2015). A Critical Review of Robustness in Power Grids Using Complex Networks Concepts. *Energies*, 8(9), 9211-9265. DOI: 10.3390/en8099211.

Curren, E.(2017). *The Solar Patriot: A Citizen's Guide to Helping America Win Clean Energy Independence.* Staunton, VA: New Sky Books.

Cutting the Cord. (1999). *The Economist*, October 7.

Dabiri, J.(2011). Potential Order-of-Magnitude Enhancement of Wind Farm Power Density via Counter-Rotating Vertical-Axis Wind Turbine Arrays. *Journal of Renewable and Sustainable Energy*, 3(4). DOI: 10.1063/1.3608170.

Dabiri, J., Greer, J., Koseff, J., Moin, P., and Peng, J.(2015). A New Approach to Wind Energy: Opportunities and Challenges. *AIP Conference Proceedings*, 1652(1), 51. DOI: 10.1063/1.4916168.

De Martini, P., and Kristov, L.(2015). Distribution Systems in a High Distrib-uted Energy Resources Future. Future Electric Utility Regulation Report No. 2. Retrieved June 24, 2019, from: https://emp.lbl.gov/sites/default/files/lbnl-1003797.pdf

De Martini, P., Kristov, L., and Taft, J.(2019). *Operational Coordination across Bulk Power, Distribution and Customer Systems.* U. S. Department of Energy Electricity Advisory Board. Retrieved June 14, 2019, from: https://emp.lbl.gov/sites/default/files/lbnl-1003797.pdf

Decision Adopting Rules to Protect the Privacy and Security of the Electricity Usage Data of the Customers of Pacific Gas and Electric Company, Southern California Edison Company, and San Diego Gas & Electric Company, Public Utilities Commission of the St, 11-07-056, Public Utilities Commission of the State of California, July 28, 2011. Retrieved October 28, 2019, from: https://www.

smartgrid. gov/files/Decision _ Adopting _ Rules _ Protect _ Privacy _ d _ Security _ Electric2.pdf

Deign, J. (2019). Germany Looks to Put Thermal Storage Into Coal Plants: A New Pilot Will Replace Coal with Molten Salt to Create Giant Carnot Batteries. Retrieved June 5, 2019, from: https://www. greentechmedia. com/articles/ read/germany-thermal-storage-into-coal-plants

Deloitte. (n. d.). Utility 2.0 Winning Over the Next Generation of Utility Customers. Retrieved May 24, 2019, from: https://www2. deloitte. com/content/dam/ Deloitte/us/Documents/energy-resources/us-e-r-utility-report.pdf

Department of Defense. (2015). National Security Implications of Climate-Related Risks and a Changing Climate. Retrieved June 14, 2019, from: http://archive. defense. gov/pubs/150724-congressional-report-on-national-implications-of-climate-change.pdf? source=govdelivery

Diesendorf, M., and Elliston, B. (2018). The Feasibility of 100% Renewable Electricity Systems: A Response to Critics. *Renewable and Sustainable Energy Reviews*, 93, 318-330. DOI: 10.1016/j.rser.2018.05.042.

Digiconomist. (n. d.). Bitcoin Energy Consumption Index. Retrieved March 29, 2019, from: https://digiconomist.net/bitcoin-energy-consumption

Dissanayaka, A., Wiebe, J., and Issacs, A. (2018). *Panhandle and South Texas Stability and System Strength Assessment*. Winnipeg, Canada: Electranix.

DNV GL Energy. (2014). *Integration of Renewable Energy in Europe*. Bonn, Germany: KEMA Consulting GmbH.

Dodds, P., Staffell, I., Hawkes, A., Li, E, Grunewald, P., McDowall, W., and Ekins, P. (2015). Hydrogen and Fuel Cell Technologies for Heating: A Review. *International* Journal of Hydrogen Energy, 40(5), 2065-2083. DOI: 10.1016/j. ijhydene.2014.11.059.

Doffman, Z. (2018). Network Effects: In 2019 IoT and 5G Will Push AI to the Very Edge. Retrieved May 15, 2019, from: https://www.forbes.com/sites/zakdoffman/ 2018/12/28/network-effects-in-2019-iot-and-5g-will-push-ai-to-the-very-edge/# 56723b846bbe

Douglas Smith, L., Nayak, S., Karig, M., Kosnik, L., Konya, M., Lovett, K. ,... Luvai, H. (2014). Assessing Residential Customer Satisfaction for Large Electric Utilities. Retrieved May 24, 2019, from: http://www. umsl. edu/econ/

Research/msl/workng/KosnikAmerenPaper. pdf

Downie, E.(2019a).China's Vision for a Global Grid: The Politics for Global Energy Interconnection.Retrieved July 25, 2019, from: https://reconnectingasia. csis. org/analysis/entries/global-energy-interconnection/

Downie, E. (2019b). *Powering the Globe: Lessons from Southeast Asia for China's Global Energy Interconnection Initiative.* Presentation at BNID, Boston, March 21.

Dunietz, J.(2017).Is the Power Grid Getting More Vulnerable to Cyber Attacks? Retrieved July 8, 2019, from: https://www. scientificamerican. com/article/is-the-power-grid-getting-more-vulnerable-to-cyber-attacks/? redirect = 1

Edison Electric Institute. (n. d. -a). EEI Report Finds Increased Transmission Investment. Retrieved October 27, 2019, from: https://www. eei. org/ resourcesandmedia/newsroom/Pages/Press%20Releases/EEI%20Report%20Finds% 20Increased%20Transmission%20Investment.aspx

Edison Electric Institute.(n.d.-b).Mutual Assistance.Retrieved November 8, 2018, from: http://www. eei. org/issuesandpolicy/electricreliability/mutualassistance/ Pages/default.aspx

Editorial.(2019).On the Right Track.*Nature Energy*, 4, 169.DOI: 10.1038/s41560-019-0366-6.

Edmunds, C., Galloway, S, and Gill, S.(2017).Distributed Electricity Markets and Distribution Locational Marginal Prices: A Review.52nd International Universities Power Engineering Conference (UPEC). Retrieved May 21, 2019, from: https://strathprints.strath.ac.uk/id/eprint/63483

EIPC.(n.d.).Retrieved June 14, 2019, from: https://www.eipconline.com/

Ekins, P., Strachan, N., Keppo, I., Usher, W., Skea, J., and Anandarajah, G. (2013). *The UK Energy System in* 2050: *Comparing Low-Carbon, Resilient Scenarios.*London: UKERC.

Electric Power Research Institute. (2018).U.S. National Electrification Assessment. Retrieved July 22, 2019, from: http://ipu.msu.edu/wp-content/uploads/2018/ 04/EPRI-Electrification-Report-2018.pdf

ElectricityPlans.(n.d.).Compare the Best Free Nights and Weekends Electricity Plans in Texas. Retrieved May 29, 2019, from: https://electricityplans. com/texas/ compare/free-time-electricity-plans/

Ellis, A. (2016). *Improving Microgrid Cybersecurity.* Workshop Presentation on Microgrid Design.Sandia National Laboratories, November 24.Retrieved June 14, 2019, from: http://integratedgrid. com/wp-content/uploads/2017/01/5-Ellis-Improving-Microgrid-Cybersecurity.pdf

Enel.(2017).Annual Report 2017.Retrieved May 24, 2019, from: https://www.enel. com/content/dam/enel-com/governance _pdf/reports/annual-financial-report/2017/ annual-report-2017.pdf

Energy Impact Partners. (n. d.). Retrieved June 14, 2019, from: https://www. energyimpactpartners.com/

Energy Networks Association.(2014).Electricity Prices and Network Costs.Retrieved June 14, 2019, from: https://www.energynetworks.com.au/sites/default/files/ electricity-prices-and-network-costs_2.pdf

Energy Transition. (2014).The Re-Municipalization of the Hamburg Grid. Retrieved May 28, 2019, from: https://energytransition.org/2014/06/remunicipalization-of-hamburg-grid/

Energy Transitions Commission. (2017). The Future of Fossil Fuels: How to Steer Fossil Fuel Use in a Transition to a Low-Carbon Energy System. Retrieved June 14, 2019, from: https://www. copenhageneconomics. com/dyn/resources/ Publication/publicationPDF/6/386/1485851778/copenhagen-economics-2017-the-future-of-fossil-fuels.pdf

EnergySage.(n.d.).Tesla Energy: Has Elon Musk Invented the First Clean Power Utility? Retrieved July 19, 2019, from: https://news. energysage. com/tesla-energy-has-elon-musk-invented-the-first-clean-power-utility/ENTSO-E. (2015). The Electricity Highways: Preparing the Electricity Grid of the Future.Retrieved July 8, 2019, from: https:// www.entsoe.eu/ outlooks/ehighways-2050/

ENTSO-E. (2016). Real-Life Implementation of Electricity Projects of Common Interest-Best Practices.Retrieved June 14, 2019, from: https://docstore.entsoe. eu/Documents/SDC% 20documents/AIM/entsoe_rl_impl_PCIs_web.pdf

ENTSO-E.(2018a).Insight Report Stakeholder Engagement.Retrieved July 23, 2019, from: https://tyndp. entsoe. eu/Documents/TYNDP% 20documents/TYNDP2018/ consultation/Communication/ENTSO_TYNDP_2018_StakeholderEngagement.pdf

ENTSO-E.(2018b).TYNDP 2018 Scenario Report. Retrieved July 24, 2019, from: https://docstore. entsoe. eu/Documents/TYNDP% 20documents/TYNDP2018/

Scenario_Report_2018_Final.pdf

ENTSO-E. (2019).Power Facts Europe 2019.Retrieved July 23, 2019, from: https://
docstore.entsoe.eu/Documents/Publications/ENTSO-E% 20general% 20publications/
ENTSO-E_PowerFacts_2019.pdf

ENTSO-E. (n.d.-a). System Development Reports. Retrieved July 19, 2019, from:
https://www.entsoe.eu/publications/system-development-reports/

ENTSO-E. (n.d.-b).TYNDPs and Projects of Common Interests.Retrieved June 14,
2019, from: https://docstore. entsoe. eu/major-projects/ten-year-network-development-
plan/TYNDP% 20link% 20with% 20PCIs/Pages/default.aspx

EOS Energy Storage. (n. d.). Retrieved June 14, 2019, from: https://www.
eosenergystorage.com

ERCOT.(n.d.-a).ERCOT Grid Information.Retrieved June 14, 2019, from: http://
www.ercot.com/gridinfo/resource

ERCOT(nd-b).ERCOT Wholesale Market Basics.Slide 8.Retrieved July 23, 2019,
from: http://www. ercot. com/services/training/wholesale _ presentations/
Module% 201% 20-% 20Market% 20Overview% 20-% 20Sept% 202007.ppt

EU GDPR.ORG.(n.d.).Retrieved February 14, 2019, from: https://eugdpr.org/the-
regulation/

Eucalitto, G, Portillo, R, and Gander, S. (2018). *Governors Staying Ahead of the
Transportation Innovation Curve: A Policy Roadmap for States.*Washington, DC:
National Governors Association Center for Best Practices.

EUR-Lex. (2013).Document 32012R0347.Retrieved June 14, 2019, from: https://
eur-lex. europa. eu/legal-content/EN/TXT/? qid = 14468221445398xuri =
CELEX:32013R0347#dle93-65-1

Europe beyond Coal.(2019).Overview: National Coal Phase-Out Announce-ments in
Europe.Retrieved June 22, 2019, from: https://beyond-coal. eu/wp-content/
uploads/2019/02/Overview-of-national-coal-phase-out-announcements-Europe-
Beyond-Coal-March-2019.pdf

European Commission. (2018). State Aid: Commission Approves Six Electricity
Capacity Mechanisms to Ensure Security of Supply in Belgium, France,
Germany, Greece, Italy and Poland—Factsheet.Retrieved July 6, 2019, from:
https://europa.eu/rapid/press-release_MEMO-18-681_en.htm

Eurostat.(n.d.).Retrieved June 14, 2019, from: http://appsso. eurostat. ec. europa.

eu/nui/submit View TableAction.do

Executive Office of the President. (2013). Economic Benefits of Increasing Electric Grid Resilience to Weather Outages.Retrieved July 8, 2019, from:https://www. energy.gov/sites/prod/files/2013/08/f2/Grid%20Resiliency%20Report_FINAL.pdf

Fairley, P.(2004).The Unruly Power Grid.*IEEE Spectrum*, August 2004.

Fairley, P.(2019).China's Ambitious Plan to Build the World's Biggest Super-grid: A Massive Expansion Leads to the First Ultrahigh-Voltage AC-DC Power Grid. Retrieved July 23, 2019, from: https://spectrum.ieee.org/energy/the-smarter-grid/chinas-ambitious-plan-to-build-the-worlds-biggest-supergrid

Fares, R, and King, C. (2017). *Trends in Transmission, Distribution, and Administration Costs for U. S. Investor Owned Electric Utilities. Austin*, TX: The University of Texas at Austin.DOI: 10.1016/j.enpol.2017.02.036.

Farmer, M. (2018). Clean Energy Groups Urge FERC to Reconsider PIM Order. Retrieved June 14, 2019, from: https://www.nrdc.org/experts/miles-farmer/clean-energy-groups-urge-ferc-reconsider-pjm-order

Farmer, M, and Steinberger, K. (2017). "Baseload" in the Rearview Mirror of Today's Electric Grid. Retrieved June 5, 2019, from: https://www.nrdc.org/lexperts/baseload-rearview-mirror-todays-electric-grid

Faruqui, A., and Aydin, M. (2017).Moving Forward with Electric Tariff Reform. *Regulation*, Fall, 42-48.

Faruqui, A, Grausz, L, and Bourbonnais, C. (2019). Transitioning to Modern Residential Rate Designs: Key Enabler of Renewable Energy Resources Integration. Retrieved May 21, 2019, from: https://www.fortnightly.com/fortnightly/2019/01/transitioning-modern-residential-rate-designs

Faruqui, A, and Palmer, J.(2011).Dynamic Pricing and Its Discontents.*Regulation*, 34(3), 16.

Fast Company(n.d.).Retrieved October 25, 2019, from: https://www.fastcompany.com/company/green-mountain-power

Federal Energy Regulatory Commission. (2016). Staff Report: Common Metrics Report. Retrieved May 23, 2019, from: https://www.ferc.gov/legal/staff-reports/2016/08-09-common-metrics.pdf? csrt = 7790423430366596954

Federal Energy Regulatory Commission. (2018). Distributed Energy Resources Technical Considerations for the Bulk Power System. Retrieved June 5, 2019, from: https://www.ferc.gov/legal/staff-reports/2018/der-report.pdf

Federal Energy Regulatory Commission. (2019a). Order No. 1000-Transmission Planning and Cost Allocation. Retrieved June 14, 2019, from: https://www.ferc.gov/industries/electric/indus-act/trans-plan.asp

Federal Energy Regulatory Commission. (2019b). State of the Markets Reports2018. Retrieved July 5, 2019, from: https://www.ferc.gov/market-oversight/reports-analyses/st-mkt-ovr/2018-A-3-report.pdf

Ferenstein, G. (2017). A Deeper Look at Silicon Valley's Long-Term Politics. Retrieved July 23, 2019, from: https://www.brookings.edu/blog/techtank/2017/10/04/a-deeper-look-at-silicon-valleys-long-term-politics/

Fichera, J., and Klein, R. (2018). *Lowering Environmental and Capital Costs with Ratepayer-Backed Bonds.* New York: Saber Partners LLC.

Financial Tribune. (2019). New Nuclear Reactors to Come on Stream in Europe. Retrieved May 9, 2019, from: https://financialtribune.com/articles/energy/95960/new-nuclear-reactors-to-come-on-stream-in-europe

Florida Power and Light Company's Amended Response to Staff's Second Data Request No. 29 (2018). 20170215-EU, Florida Public Service Commission, April 23, 2018. Retrieved October 27, 2019, from: https://www.floridapsc.com/library/filings/2018/03152-2018/03152-2018.pdf

Forbes. (2018). How AI, IoT, and 5G Will Make a Difference in a Smarter World. Retrieved April 4, 2019, from: https://www.forbes.com/sites/intelai/2018/09/21/a-smarter-world-how-ai-the-iot-and-5g-will-make-all-the-difference/#76ea826230ab

Fox-Penner, P. (1997). *Electric Utility Restructuring: A Guide to the Competitive Era.* Public Utilities Reports.

Fox-Penner, P. (2001). Easing Gridlock on the Grid: Electricity Planning and Siting Compacts. *Electricity Journal*, 14 (9), 11-30. DOI: 10. 1016/S1040-6190 (01)00242-1.

Fox-Penner, P. (2014). *Smart Power: Climate Change, the Smart Grid, and the Future of Electric Utilities.* Washington, DC: Island Press.

Fox-Penner, P., Gorman, W., and Hatch, J. (2018). Long-Term U.S Transportation Electricity Use Considering the Effect of Autonomous-Vehicles: Estimates and Policy Observations. *Energy Policy*, 122, 203-213. DOI: 10. 1016/j. enpol. 2018.

07.033.

Fox-Penner, P., Harris, D., and Hesmondhalgh, S.(2013).A Trip to RIIO in Your Future? Great Britain's Latest Innovation in Grid Regulation.Retrieved July 14, 2019, from:https://www.fortnightly.com/fortnightly/2013/10/trip-riio-your-future

Fox-Penner, P., and Zarakas, W.(2013). *Analysis of Benefits: PSE&G's Energy Strong Program*. San Diego, CA: Brattle Group.

FRED.(n.d.).FRED Economic Data.Retrieved January 1, 2018, from: https://fred.stlouisfed.org/

Freeberg, E.(2013).*The Age of Edison*.New York: Penguin Books.

Frew, B., Becker, S., Dvorak, M., Andresen, G., and Jacobson, M.(2016). Flexibility Mechanisms and Pathways to a Highly Renewable US Electricity Future.*Energy*, 101, 65-78.DOI: 10.1016/j.energy.2016.01.079.

Frost & Sullivan.(2017).*Global Flow Battery Market, Forecast to* 2023. Mountain View, CA: Frost & Sullivan.

Frost & Sullivan.(2018).*Global Energy Storage Market Outlook*, 2018. Mountain View, CA: Frost & Sullivan.

Fursch, M., Hagspiel, S., Jaggerman, C., Nagl, S., Lindenberger, D., and Troster, E.(2013). The Role of Grid Extensions in a Cost-Efficient Transformation of the European Electricity System until 2050.*Applied Energy*, 104, 642-652.DOI:10.1016/j.apenergy.2012.11.050.

Gabaldón-Estevan, D, Penalvo-Lopez, E, and Solar, D.(2018).The Spanish Turn against Renewable Energy Development.*Sustainability*, 10(4), 1208.DOI:10.3390/su10041208.

Gagnon, P, Margolis, R, Melius, J, Phillips, C, and Elmore, R.(2016).Rooftop Solar Photovoltaic Technical Potential in the United States: A Detailed Assessment.Technical Report NREL/TP-6A20-65298.Retrieved June 14, 2019, from: http://www.nrel.gov/docs/fy16osti/65298.pdf

Gagnon, P., Margolis, R., Melius, J., Phillips, C., and Elmore, R.(2018). Estimating Rooftop Solar Technical Potential across the US Using a Combination of GIS-Based Methods, Lidar Data, and Statistical Modeling. *Environmental Research Letters*, 13, 024027.DOI: 10.1088/1748-9326/aaa554.

Galloway, S.(2018).*The Four*.New York: Penguin.

Gao, J., Barzel, B., and Barabasi, A.(2016). Universal Resilience Patterns in

Complex Networks.*Nature*, 536, 238.DOI: 10.1038/nature16948.

Gardiner, M.(2014).Hydrogen for Energy Storage.Retrieved June 5, 2019, from: https://www.energy.gov/sites/prod/files/2014/08/f18/fcto_webinarslides_h2_ storage_fc_technologies_081914.pdf

Gardner, C. (2011). We Are the 25%: Looking at Street Area Percentages and Surface Parking.Retrieved June 14, 2019, from: http://oldurbanist.blogspot. com/2011/12/we-are-25-looking-at-street-area.html

Gately, D. (1993). The Imperfect Price-Reversibility of World Oil Demand. *The Energy Journal*, 14, 163-182.DOI: 10.5547/ISSN0195-6574-EJ-Vol14-No4-11.

GE Power.(n.d.).Hydrogen Fueled Gas Turbines.Retrieved June 28, 2019, from: https://www.ge.com/power/gas/fuel-capability/hydrogen-fueled-gas-turbines

Geophysical Fluid Dynamics Laboratory.(2019).Global Warming and Hurricanes: An Overview of Current Research Results.Retrieved July 19, 2019, from: https:// www.gfdl.noaa.gov/global-warming-and-hurricanes/

Gerarden, T., Newell, R., and Stavins, R. (2015). Deconstructing the Energy-Efficiency Gap: Conceptual Frameworks and Evidence. *American Economic Review*, 105, 183-186.DOI: 10.1257/aer.p20151012.

Gholami, A., Aminifar, E., and Shahidehpour, M.(2016).Front Lines against the Darkness: Enhancing the Resilience of the Electricity Grid through Microgrid Facilities. *IEEE Electrification Magazine*, 18-24. DOI: 10.1109/MELE.2015. 2509879.

Ghosh, D.(2018).What You Need to Know about California's New Data Privacy Law. *Harvard Business Review*.Retrieved October 27, 2019, from: https://hbr.org/ 2018/07/what-you-need-to-know-about-californias- new-data-privacy-law

Gimon, E.(2016).Customer-Centric View of Electricity Service.In Sioshansi, F, ed. *Future of Utilities-Utilities of the Future: How Technological Innovations in Distributed Energy Resources Will Reshape the Electrical Power Sector*.Cambridge, MA: Academic Press, pp.75-90.

Gimon, E.(2017a).Flexibility, Not Resilience, Is the Key to Wholesale Electricity Market Reform.Retrieved July 21, 2019, from: https://www. greentechmedia. com/articles/read/flexibility-is-the-key-to-wholesale-electricity-market-reform # gs.djtx5t

Gimon, E. (2017b). New Financial Tools Proposed in Colorado Could Solve Coal

Retirement Conundrum. Retrieved June 14, 2019, from: https://www.forbes. com/sites/energyinnovation/2017/04/19/new-financial-tools-proposed-in-colorado-could-solve-coal-retirement-conundrum/#71e6e44f11c5

Glachant, J.-M., Rossetto, N., and Vasconcelos, J. (2017). *Moving the Electricity Transmission System towards a Decarbonised and Integrated Europe: Missing Pillars and Roadblocks.* San Domenico di Fiesole (FI), Italy: European University Institute.

Glenk, G., and Reichelstein, S. (2019). Economics of Converting Renewable Power to Hydrogen. *Nature Energy*, 4, 216-222. DOI: 10.1038/s41560-019-0326-1.

Global CCS Institute. (2018). The Global Status of CCS. Retrieved June 5, 2019, from: https://www.globalccsinstitute.com/resources/global-status-report/download/

Global Energy Interconnection Development and Cooperation Organization. Meeting Global Power Demand with Clean and Green Alternatives, pp. 11-12. (n.d.). Retrieved June 14, 2019, from: https://www.geidco.org

Goggin, M., Gramlich, R., Shparber, S., and Silverstein, A. (2018). Customer Focused and Clean: Power Markets for the Future. Retrieved June 28, 2019, from: https://windsolaralliance.org/wp-content/uploads/2018/11/WSA_Market_Reform_report_online.pdf

Goldenberg, C., Dyson, M., and Masters, H. (2018). Demand Flexibility: The Key to Enabling a Low-Cost, Low-Carbon Grid. Retrieved June 5, 2019, from: https://rmi.org/wp-content/uploads/2018/02/Insight_Brief_Demand Flexibility_2018.pdf

Golove, W., and Schipper, L. (1997). Restraining Carbon Emissions: Measuring Energy Use and Efficiency in the USA. *Energy Policy*, 25(7-9), 803-812. DOI: 10.1016/S0301-4215(97)00070-0.

Gonzalez-Longatt, E. (2015). Future Meshed HVDC Grids: Features, Challenges, and Opportunities. Retrieved July 25, 2019, from: https://www.slideshare.net/fglongatt/future-meshed-hvdc-grids-challenges-and-opportunities-29th-october-2015-portoviejo-ecuador

Governing. (2018). 2017 County Migration Rates, Population Estimates. Retrieved March 22, 2018, from: http://www.governing.com/gov-data/census/2017-county-migration-rates-population-estimates.html

Grahl-Madsen, L. (2010). *The Hydrogen Demonstration Society @ Lolland Island,*

Denmark.Brussels, Belgium: IRD Fuel Cell Technology.

Gramlich, R, and Hogan, M.(2019).*Wholesale Electricity Market Design for Rapid Decarbonization: A Decentralized Markets Approach.*San Francisco, CA: Energy Innovation Policy & Technology LLC.

Graves, E., Carroll, R., and Haderlein, K.(2018).*State of Play in Retail Choice.* San Diego, CA: Brattle Group.

Graves, E, Ros., A., Sergici, S., Carroll, R., and Haderlein, K.(2018).Retail Choice: Ripe for Reform? Retrieved May 21, 2019, from: https://brattlefiles. blob.core.windows.net/files/14191_retail_choice_-_ripe_for_reform.pdf Green, M., Hishikawa, Y., Dunlop, E., Levi, D., and Hohl-Ebinger, J.(2018).

Solar Cell Efficiency Tables (Version 51).*Progress in Photovoltaics: Research and Applications*, 26(1), 3-12.DOI: 10.1002/pip.2978.

Green Mountain Power.(2017).Petition of Green Mountain Power Corporation for Approval of Temporary Limited Regulation Plan Pursuant 30 V.S.A. § § 209, 218 and 218d.Retrieved May 30, 2019, from: https://greenmountain power. com/wp-content/uploads/2018/01/2017-11-29-17-3232-PET-Final-Order.pdf

Greenberg, A.(2018).Stealthy Destructive Malware Infects Half a Million Routers. *Wired Magazine*, May 23.

Greenstone, M.(2016).India's Air-Conditioning and Climate Change Quandary.*New York Times*, October 26.

Griswold, A., and Karaian, J.(2018).It Took Amazon 14 Years to Make as Much in Net Profit as It Did Last Quarter.Retrieved May 29, 2019, from: https://qz. com/1196256/it-took-amazon-amzn-14-years-to-make-as-much-net-profit-as-it-did-in-the-fourth-quarter-of-2017/

Groebel, A.(2013).Role and Structure of the German Regulatory Authorities and the Role of BNetzA in Implementing the "Energiewende." Retrieved June 24, 2019, from:http://www.iei-la.org/admin/uploads/nopa/groebel.pdf

Groebel, A.(2017).Integrating Renewables in the Grid and the Market: Insights from the German Energiewende and Lessons Learnt.Workshop "Renewable Energy: The Future of Biofuels." Retrieved July 14, 2019, from: https://miamieuc.fiu. edu/events/general/2017/eu-jean-monnet-project-workshop-on-renewable-energy-the-future-of-biofuels/2017-01-20-miami-integrating-renewables-in-the-grid-and-the-market-insights-from-the-german-energiew

Groebel, A. (2019). From Traditional to Clean Energy: Insights from the German Energiewende, Climate Risks and Regulation, Round Table. Retrieved July 14, 2019, from: http://chairgovreg. fondation-dauphine. fr/sites/chairgovreg. fondation-dauphine.fr/files/attachments/Groebel_OK.pdf

GSMA Intelligence. (n. d.). Definitive Data and Analysis for the Mobile Industry. Retrieved June 1, 2019, from: https://www.gsmaintelligence.com/

Gundlach, J., Minsk, R., and Kaufman, N. (2019). *Interactions between a Federal Carbon Tax and Other Climate Policies.* New York: Center on Global Energy Policy, Columbia SIPA.

Hadarau, S. (2016). *HVDC and Its Potential in Building the European Super-Grid.* Saarbrücken, Germany: Lap Lambert Academic Publishing.

Hadush, S., De Jonghe, C., and Belmans, R. (2015). The Implication of the European Inter-TSO Compensation Mechanism for Cross-Border Electricity Transmission Investments. *International Journal of Electrical Power and Energy Systems*, 73, 674-683.DOI: 10.1016/j.ijepes.2015.05.041.

Hanser, P., and Van Horn, K. (2016). The Repurposed Distribution Utility: Roadmaps to Getting There.In Sioshansi, E., ed. *Future of Utilities—Utilities of the Future: How Technological Innovations in Distributed Energy Resources Will Reshape the Electrical Power Sector.* Cambridge, MA: Academic Press, pp. 383-398.

Harris, D., Kolbe, A., Vilbert, M., and Villadsen, B. (2017). *Risk and Return for Regulated Industries.* Cambridge, MA: Academic Press.

Hart, D. (2018). Making "Beyond Lithium" a Reality: Fostering Innovation in Long-Duration Grid Storage. Retrieved June 5, 2019, from: https://itif. org/publications/2018/11/28/making-beyond-lithium-reality-fostering-innovation-long-duration-grid

Hart, D., Bonvillian, W., and Austin, N. (2019). Energy Storage for the Grid: Policy Options for Sustaining Innovation.MIT Energy Initiative Working Paper 2018-04. Retrieved June 5, 2019, from: http://energy. mit. edu/wp-content/uploads/2018/04/MITEI-WP-2018-04.pdf

Harvard Electricity Policy Group. (n.d.). William Hogan. Retrieved June 14, 2019, from: https://hepg.hks.harvard.edu/william-hogan

Harvey, A. (2017). Thermal Energy Storage for Concentrated Solar Power. Retrieved

June 5, 2019, from: http://helioscsp.com/thermal-energy-storage-for-concentrated-solar-power/

Harvey, S., and Hogan, W. (2000). Issues in the Analysis of Market Power in California. Retrieved July 9, 2019, from: https://sites. hks. harvard. edu/fs/whogan/HHMktPwr_1027.pdf

Harvey, S., and Hogan, W. (2001). On the Exercise of Market Power through Strategic Withholding in California. Retrieved July 9, 2019, from: http://citeseerx. ist. psu. edu/viewdoc/download? doi = 10. 1. 1. 451. 8360&rep = repl&type = pdf

Hasan, A. (2016). Fact Sheet: Advancing Clean Energy Research and Development in the President's FY 2017 Budget. Retrieved June 5, 2019, from: https://obamawhitehouse. archives. gov/blog/2016/10/12/factsheet-advancing-clean-energy-research-and-development-presidents-fy-2017-budget

Hausker, K. (2018). *Technical and Economic Implications of the Clean Energy Transition*. Washington, DC: World Resources Institute.

Hawaii State Legislature. (2018). 2018 Archives: SB2939 SD2. Retrieved July 19, 2019, from: https://www. capitol. hawaii. gov/Archives/measure _ indiv _ Archives.aspx? billtype = SB&billnumber = 2939&year = 2018

Heard, B., Brook, B., Wigley, T., and Bradshaw, C. (2017). Burden of Proof: A Comprehensive Review of the Feasibility of 100% Renewable-Electricity Systems. *Renewable and Sustainable Energy Reviews*, 76, 1122-1133. DOI: 10.1016/j.rser. 2017.03.114.

Heath, A. (2018). J. D. Power 2018 Electric Utility Residential Customer Survey. Retrieved May 24, 2019, from: https://www. smud. org/-/media/Documents/Corporate/About-Us/Board-Meetings-and-Agendas/2018/Aug/Strategic-Development-Committee-August-14-1-2018-JD-Power-Electric-Residential-Study-Board-Pres. ashx? la = en&hash = 8BC06136089959F482DD7EE255E6E2 CDB3B7FC41

Heidel, T., and Miller, C. (2017). Agile Fractal Systems: Reenvisioning Power System Architecture. Retrieved June 14, 2019, from: https://www. nae. edu/Publications/Bridge/176887/177000.aspx

Hern, A. (2018). Bitcoin's Energy Usage Is Huge-We Can't Afford to Ignore It. Retrieved June 4, 2019, from: https://www. theguardian. com/technology/

2018/jan/17/bitcoin-electricity-usage-huge-climate-cryptocurrency Hewson, B. (2018).*Ontario's Electricity Pricing and Rate Design*.Toronto, Canada: Ontario Energy Board.

Hezir, J., Knotek, M., Pablo, J., Kizer, A., Bushman, T, Arya, A.,...Coan, J. (2019). Advancing the Landscape of Clean Energy Innovation. Breakthrough Energy. Retrieved June 5, 2019, from: http://www. b-t. energy/wp-content/uploads/2019/02/Report_-Advancing-the-Landscape-of-Clean-Energy-Innovation_2019.pdf

Hillebrandt, K., Samadi, S., Fischedick, M., Eckstein, S., Holler, S.,...Sellke, P. (2015). Pathways to Deep Decarbonization in Germany. DE 2015 Report. Retrieved July 8, 2019, from: http://deepdecarbonization. org/wp-content/uploads/2015/09/DDPP_DEU.pdf

Hirsch, A., Parag, Y., and Guerrero, J. (2018). Microgrids: A Review of Technologies, Key Drivers, and Outstanding Issues. *Renewable and Sustainable Energy Reviews*, 90, 402-411.DOI:10.1016/j.rser.2018.03.040.

Hirsch, R. (1999). PURPA: The Spur to Competition and Utility Restructuring. *Electricity Journal*, 12(7), 60-72.DOI: 10.1016/S1040-6190(99)00060-3.

Hledik, R., Tsuchida, B., and Palfreyman, J. (2018).*Beyond Zero Net Energy?* Boston: Brattle Group.

HM Government. (2010). 2050 Pathways Analysis. Retrieved July 8, 2019, from: https://assets. publishing. service. gov. uk/government/uploads/system/uploads/attachment_data/file/68816/216-2050-pathways-analysis-report.pdf

Hoegh-Guldberg, O., Cai, R., Poloczanska, E., Brewer, P., Sundby, S., Hilmi, K.,... Jung, S. (2018). The Ocean. In Climate Change 2014: Impacts, Adaptation, and Vulnerability.Part B: Regional Aspects.Contribution of Working Group II to the Fifth Assessment Report of the Intergovernmental Panel on Climate Change.Retrieved June 14, 2019, from: http://pure.iiasa.ac.at/15518

Hogan, M. (2018). Wholesale Market Design for a Low-Carbon Power System. Retrieved June 28, 2019, from: https://www. raponline. org/wp-content/uploads/2018/04/rap_hogan_wholesale_market_design_2018_feb_28.pdf

Hogan, W. (2016). Electricity Market Design: Political Economy and the Clean Energy Transition. Retrieved April 22, 2019, from: https://sites. hks. harvard. edu/fs/whogan/Hogan_IHS_110916.pdf

Hood, G. (2018). Coal-Fired Past or Green-Powered Future? Pueblo Looks for a New Economic Leg Up. Retrieved June 14, 2019, from: https://www.cpr.org/news/story/coal-fired-past-or-green-powered-future-pueblo-looks-for-a-new-economic-leg-up

Hopkins, A., Horowitz, A, , Knight, P., Takahashi, K., Comings, T., Kreycik, P.,... Koo, J. (2017). Northeastern Regional Assessment of Strategic Electrification. Retrieved July 8, 2019, from: https://neep.org/sites/default/files/Strategic% 20Electrification% 20Regional% 20Assessment.pdf

Hughes, T. (1993). *Networks of Power: Electrification in Western Society*, 1880-1930. Reprint edition. Baltimore: Johns Hopkins University Press.

lannelli, 1. (2017). Why Didn't FPL Do More to Prepare for Irma? *Miami New Times*, July 19.

Institute for Local Self-Reliance. (n.d.). Retrieved June 14, 2019, from: https://ilsr.org/

Institute of Medicine. (2007). *Rising above the Gathering Storm: Energizing and Employing America for a Brighter Economic Future. Washington*, DC: The National Academies Press.

International Energy Agency. (2015a). Energy Efficiency Market Report. Retrieved June 15, 2019, from: https://www. iea. org/publications/freepublications/publication/MediumTermEnergyefficiencyMarketReport2015. pdf International Energy Agency. (2015b). Key World Energy Statistics 2015.

Retrieved June 15, 2019, from: http://www. iea. org/publications/freepublications/publication/KeyWorld_Statistics_2015.pdf

International Energy Agency. (2015c). Monthly Energy Review March 2015. Retrieved June 15, 2019, from: https://www. eia. gov/totalenergy/data/monthly/archive/00351503.pdf

International Energy Agency. (2015d). Technology Roadmap: Hydrogen and Fuel Cells. Retrieved June 5, 2019, from: https://www. iea. org/publications/freepublications/publication/TechnologyRoadmap HydrogenandFuelCells.pdf

International Energy Agency. (2017a). Energy Technology Perspectives 2017: Catalysing Energy Technology Transformations. Retrieved June 15, 2019, from: https://www.iea. org/publications/freepublications/publication/Energy TechnologyPerspectives2017ExecutiveSummaryEnglishversion.pdf

International Energy Agency. (2017b). World Energy Outlook 2017. Retrieved June 14, 2019, from:https://www.iea.org/weo2017/

International Energy Agency. (2018). Global Energy and CO_2 Status Report: The Latest Trends in Energy and Emissions in 2018.Retrieved April 1, 2019, from: https://www.iea.org/geco/data/

International Energy Agency. (2019). Is Pumped Storage Hydropower Capacity Forecast to Expand More Quickly than Stationary Battery Storage? Retrieved June 5, 2019, from: https://www.iea.org/newsroom/news/2019/march/will-pumped-storage-hydropower-capacity-expand-more-quickly-than-stationary-b.html

International Energy Agency.(n.d.-a).Retrieved May 25, 2019, from: https://www.iea.org/statistics/? country = USA&year = 2016&category = Electricity&indicator = TPESbySource&mode = chart&data Table = ELECTRICITYANDHEAT

International Energy Agency. (n.d.-b). Statistics: Global Energy Data at your Fingertips.Retrieved March 25, 2019, from: www.iea.org/statistics

International Hydropower Association. (2019). 2019 Hydropower Status Report. Retrieved June 5, 2019, from:https://www.hydropower.org/status2019

International Rivers.(2019).Environmental Impacts of Dams.Retrieved July9,2019, from: https://www.internationalrivers.org/environmental-impacts-of-dams

Inventys.(n.d.).Retrieved April 2, 2019, from: http://inventysinc.com/technology/

IPCC.(2005).Intergovernmental Panel on Climate Change Special Report on Carbon Dioxide Capture and Storage.Retrieved June 5, 2019, from:https://www.ipcc.ch/report/carbon-dioxide-capture-and-storage/

IRENA.(2017). Electricity Storage and Renewables: Cost and Markets to 2030. Retrieved June 14, 2019, from: https://www.irena.org/-/media/Files/IRENA/Agency/Publication/2017/Oct/IRENA_Electricity_Storage_Costs_2017.pdf

Ishugah T., Li, Y., Wang, R., and Kiplagat, J.(2014).Advances in Wind Energy Resource Exploitation in Urban Environment: A Review. *Renewable and Sustainable Energy Reviews*, 37, 613-626.DOI: 10.1016/j.reser.2014.05.053.

ISO New England.(2018a).Proposed 2019 Operating and Capital Budgets.Retrieved May 23, 2019 from: https://www.iso-ne.com/static-assets/documents/2018/08/4_isone_2019_proposed_op_cap_budget.pdf

ISO New England. (2018b). Tariff Section III.13.1.4. Retrieved March 29, 2019, from:https://www.iso-ne.com/static-assets/documents/regulatory/tariff/sect_3/

mrl_sec_13_14.pdf

ISO New England.(n.d.).New England's Electricity Use.Retrieved February 8, 2019, from: https://www.iso-ne.com/about/key-stats/electricity-use

Jacobson, M., Camerson, M., Hennessy, E., Petkov, I., Meyer, C., Gambhir, T.,...Delucchi, M.(2018a).100% Clean and Renewable Wind, Water, and Sunlight (WWS) All-Sector Energy Roadmaps for 53 Towns and Cities in North America.*Sustainable Cities and Society*, 42, 22-37.DOI: 10.1016/j.scs.2018. 06.031.

Jacobson, M., and Delucchi, M.(2011).Providing All Global Energy with Wind, Water, and Solar Power, Part I: Technologies, Energy Resources, Quantities and Areas of Infrastructure, and Materials. *Energy Policy*, 39, 1154-1169.DOI: 10.1016/j.enpol.2010.11.040.

Jacobson, M., Delucchi, M., Bazouin, G., Bauer, Z., Heavey, C., Fisher, E.,... Yeskoo, T.(2015).100% Clean and Renewable Wind, Water, and Sunlight (WWS) All-Sector Energy Roadmaps for the 50 United States. *Energy and Environmental Science*, 8, 2093.DOI: 10.1039/c5ee01283j.

Jacobson, M., Delucchi, M., Cameron, M., and Mathiesen, B.(2018b).Matching Demand with Supply at Low Cost in 139 Countries among 20World Regions with 100% Intermittent Wind, Water, and Sunlight (WWS) for All Purposes. *Renewable Energy*, 123, 236-248.DOI: 10.1016/j.renene2018.02.009.

Jakubowski, A.(2018).Phasing Out Coal in the French Energy Sector.Retrieved July 23, 2019, from: https://www. etuiorg/content/download/33822/322399/file/ 6+A+Jakubowski++Phasing+out+coal+in+the+French+energy+sector.pdf

Jenkins, C.,Cook, P., Ennis-King, J., Undershultz, J., Boreham, C., Dance, T.,... Urosevic, M.(2012).Safe Storage and Effective Monitoring of CO_2 in Depleted Gas Fields.*Proceedings of the National Academy of Sciences of the United States of America*, E35-E41.DOI: 10.1073/pnas.1107255108.

Jenkins, J., and Thernstrom, S.(2017).Deep Decarbonization of the Electric Power Sector: Insights from Recent Literature.Retrieved June 14, 2019, from:https:// www. innovationreform. org/wp-content/uploads/2018/02/EIRP-Deep-Decarb-Lit-Review-Jenkins-Thernstrom-March-2017.pdf

Johnson, N.(2018).Lessons from Boulder's Bad Breakup.*Grist*, January 19.

Johnson, S. (2018). The Political Education of Silicon Valley. *Wired Magazine*,

July 24.

Johnstone, P., and Hielscher, S. (2017). *Phasing Out Coal, Sustaining Coal Communities? Living with Technological Decline in Sustainability Pathways.* Falmer, UK: Science Policy Research Unit (SPRU), School of Business Management and Economics, University of Sussex.

Joskow, P. (2019). Challenges for Wholesale Electricity Markets with Intermittent Renewable Generation at Scale: The US Experience. *Oxford Review of Economic Policy*, 35(2), 291-331. DOI: 10.1093/oxrep/grz001.

Joskow, P., and Schmalensee, R. (1983). *Markets for Power: An Analysis of Electric Utility Deregulation.* Cambridge, MA: The MIT Press.

Kahn, A. (1988). *The Economics of Regulation: Principles and Institutions.* Cambridge, MA: The MIT Press.

Kamal, M., and Saraswat, S. (2014). Emerging Trends in Tall Building Design: Environmental Sustainability through Renewable Energy Tech-nologies. *Civil Engineering and Architecture*, 2, 116-120. DOI: 10.13189/cea.2014.020302.

Kammen, D., and Sunter, D. (2016). City-Integrated Renewable Energy for Urban Sustainability. *Science*, 352(6288), 922-928. DOI: 10.1126/science.aad9302.

Kann, S. (2016). How the Grid Was Won: Three Scenarios for the Distributed Grid in 2030. Retrieved June 6, 2019, from: https://www. greentechmedia com/ articles/read/how-the-grid-was-won#gs.gqj5wg

Kantamneni, A.. Winkler, R., Gauchia, L, , and Pearce, I. (2016). Emerging Economic Viability of Grid Defection in a Northern Climate Using Solar Hybrid Systems. *Energy Policy*, 95, 378-389. DOI: 10.1016/j.enpol.2016.05.013.

Kapperman, J. (2010). Geomagnetic Storms and Their Impacts on the U.S. Power Grid (Meta-R-319). Retrieved July 9, 2019, from: https://www. ferc. gov/ industries/electric/indus-act/reliability/cybersecurity/ferc _ meta-r-319. pdf Karteris, M., Slini, T., and Papadopoulos, A. (2013). Urban Solar Energy Potential in Greece: A Statistical Calculation Model of Suitable Built Roof Areas for Photovoltaics. *Energy and Buildings*, 62, 459-468. DOI: 10.1016/j.enbuild. 2013.03.033.

Kaufmann, R., Gopal, S., Tang, X., Raciti, S., Lyons, P., Geron, N., and Craig, F (2013). Revisiting the Weather Effect on Energy Consumption: Implications for the Impact of Climate Change. *Energy Policy*, 62, 1377-1384.

DOI:10.1016/j.enpol.2013.07.056.

Kaye, K. (2015). Hurricane Wilma: Ten Years Later, We Reap Benefits. *Sun Sentinel.*Retrieved October 24, 2019, from: https://www. sun-sentinel. com/local/broward/fl-hurricane-wilma-10-years-later-20151017-story.html

Kellner, T. (2016).Neural Networks and Dynamite: AI Engineer Peter Kirk Talks about His Fascination with Coal Power Plants. Retrieved October 27, 2019, from: https://www. ge. com/reports/neural-networks-and-dynamite-ai-engineer-peter-kirk-talks-about-his-fascination-with-coal-power-plants/

Kelly, M. (2014). Two Years after Hurricane Sandy, Recognition of Princeton's Microgrid Still Surges. Retrieved July 19, 2019, from: Princeton University, Office of Communications: https://www. princeton. edu/news/2014/10/23/two-years-after-hurricane-sandy-recognition-princetons-microgrid-still-surges

Kempner, M., and Ondieki, A.(2018).After Wrangling over Georgia Nuclear Plant, Cost Concerns Remain.Retrieved June 5, 2019, from: https://www. ajc. com/business/after-wrangling-over-georgia-nuclear-plant-cost-concerns-remain/9iGHX9Ugo7QPkli9LoqGbM/

Kenny, T. (2019).How to Invest in Utility Stocks. Retrieved June 6, 2019, from: https://www.thebalance.com/how-to-invest-in-utility-stocks-416833

Khan, L. (2018). The New Brandeis Movement: America's Antimonopoly Debate. *Journal of European Competition Law & Practice.*

Kiesling, L., Munger, M., and Theisen, A.(2018).From Airbnb to Solar: Toward a Transaction Cost Model of a Retail Electricity Distribution Platform. Retrieved May 21, 2019, from: https://www. researchgate. net/publication1326995058_From_ Airbnb _ to _ Solar _ Toward _ A _ Transaction _ Cost _ Model of a Retail Electricity Distribution Platform

Kihm, S.(2018).From a Regulation Mindset to an Entrepreneurial Orienta-tion? Can (Should) Utilities Make the Switch? Disruption and Innovation in the Electric Utility Industry.Wisconsin Public Utility Institute.Retrieved October 27, 2019, from: https://wpui. wisc. edu/wp-content/uploads/sites/746/2018/12/Kihm-Disruption-and-Innovation-sent-to-WPUI-9-14-18.pdf

Knieps, G.(2016).The Evolution of Smart Grids Begs Disaggregated Nodal Pricing.In Sioshansi, F, ed. *Future of Utilities-Utilities of the Future: How Technological Innovations in Distributed Energy Resources Will Reshape the Electrical Power*

Sector.Cambridge, MA: Academic Press, pp.267-280.

Knight, R.(2011).City of Winter Park Our Municipalization Story.Retrieved June 28, 2019, from: https://www.southdaytona.org/egov/documents/1302183733_26702.pdf

Kopnecki, D.(2018).Tesla Shares Soar on Surprise Third-Quarter Profit That Beats Wall Street Expectations.Retrieved January 26, 2019, from: https://www.cnbc.com/2018/10/24/tesla-earnings-q3-2018.html

Kossin, J., Hall, T., Knutson, T., Kunkel, K., Trapp, R., Waliser, D., and Wehner, M.(2017).Extreme Storms.In Wuebbles, D., Fahey, D., Hibbard, D., Dokken, D., Stewart, B., and Maycock T., eds.*Climate Science Special Report: Fourth National Climate Assessment*.Volume 1.Washington, DC: U.S. Global Change Research Program, pp.257-276.

Koza, E. (2017). Industry Webinar: Project 2013-03 Geomagnetic Disturbance Mitigation. Retrieved July 19, 2019, from: www.nerc.com/pa/Stand/WebinarLibrary/Project_2013_03_Webinar_2017_07_27_Slides.pdf

Kraftwerk Forschung.(n.d.).Hydrogen Gas Turbines.Retrieved May 6, 2019, from: https://kraftwerkforschung.info/en/hydrogen-gas-turbines/

Kron, W.(2016).*Floods in the Atacama Desert*.Munich, Germany: Munich RE.

Kuffner, A.(2018).Power over Solar: R.I.Seeks to Strike a Development Balance. Retrieved June 14, 2019, from: https://www.providencejournal.com/news/20180808/power-over-solar-ri-seeks-to-strike-development-balance

Kwok, G., and Haley, B.(2018).*Exploring Pathways to Deep Decarbonization for the Portland General Electric Service Territory*. Portland, OR: Portland General Electric.

Lacey, S. (2014). Resiliency: How Superstorm Sandy Changed America's Grid. Retrieved June 3, 2019, from: https://www.greentechmedia.com/articles/featured/resiliency-how-superstorm-sandy-changed-americas-grid#gs g4dxcu. U.S.Energy Information Administration.

Laitner, J, Nadel, S., Elliott, R., Sachs, H., and Khan, A. (2012).The Long-Term Energy Efficiency Potential: What the Evidence Suggests.Report Number E121.Retrieved June 14, 2019, from: https://aceee.org/sites/default/files/publications/researchreports/e121.pdf

Lamonica, M.(2011).A Moore's Law for Computers and Energy Efficiency.Retrieved

June 14, 2019, from: https://www.cnet.com/news/a-moores-law-for-computers-and-energy-efficiency/

Lanier, J.(2011).*You Are Not a Gadget*.First Vintage Books.

Larsen, P.(2016).A Method to Estimate the Costs and Benefits of Under-grounding Electricity Transmission and Distribution Lines.Retrieved July 8, 2019, from: https://emp.lbl.gov/sites/all/files/lbnl-1006394_pre-publication.pdf

Lazar, J. (2014). Performance-Based Regulations for EU Distribution System Operators.Retrieved May 21, 2019, from: RAP: https://www.raponline.org/knowledge-center/performance-based-regulation-for-eu-distribution-system-operators/

Lazard.(2017). *Lazard's Levelized Cost of Storage Analysis-Version* 3. 0. Hamilton, Bermuda: Lazard.

Lean Energy U.S.(n.d.). CCA by State.Retrieved May 28, 2019, from: https://leanenergyus.org/cca-by-state/

Lechtenböhmer, S., Nilsson, L., Ahman, M., and Schneider, C. (2016).Decarbonising the Energy Intensive Basic Materials Industry through

Electrification—Implications for Future EU Electricity Demand.*Energy*, 115, 1623-1631.DOI:10.1016/j.energy.2016.07.110.

Ledec, G., and Quintero, J. (2003). Good Dams and Bad Dams: Environmental Criteria for Site Selection of Hydroelectric Projects.Retrieved June 5, 2019, from: http://siteresources. worldbank. org/LACEXT/Resources/2585531123250606139/Good_and_Bad_Dams_WP16.pdf

Leeuwen, C. van, and Mulder, M. (2018). Power-To-Gas in Electricity Markets Dominated by Renewables. *Applied Energy*, 232, 258-272. DOI: 10. 1016/j. apenergy.2018.09.217.

Lehmann, H., and Peter, S.(2003).*Assessment of Roof Facade Potentials for Solar Use in Europe.* Aachen, Germany: Institute for Sustainable Solutions and Innovations.

Leisch, J., and Cochran J.(2015).Greening the Grid.Retrieved July 8, 2019, from: https://www.nrel.gov/docs/fy15osti/63033.pdf

Levenda, A., Mahmoudi, D., and Sussman, G. (2015).The Neoliberal Politics of "Smart": Electricity Consumption, Household Monitoring, and the Enterprise Form. *Canadian Journal of Communication*, 40 (4). DOI: 10. 22230/

cjc.2015v40n4a2928.

Littell, D., Kadoch, C., Baker, P., Bharvirkar, R., Dupuy, M., Hausauer, B.,... Xuan, W. (2017). Next-Generation Performance Based Regulation Empha-sizing Utility Performance to Unleash Power Sector Innovation.Technical Report of National Renewable Energy Laboratory, NREL/TP-6A50-68512. Retrieved July 14, 2019, from: https://www.nrel.gov/docs/fy17osti/68512.pdf

Littlechild, S. (2018). The Regulation of Retail Competition in US Residential Electricity Markets.Retrieved May 21, 2019, from: https://www.Eprg.group. cam.ac.uk/wp-content/uploads/2018/03/S.-Littlechild_28-Feb-2018.pdf

Loftus, P., Cohen, A., Long, J., and Jenkins, J.(2014). A Critical Review of Global Decarbonization Scenarios: What Do They Tell Us about Feasibility? *Wiley Interdisciplinary Reviews: Climate Change*, 6(1), 23. DOI: 10.1002/ wcc.324.

Lovins, A.(2011). *Reinventing Fire: Bold Business Solutions for the New Energy Era.* White River Junction, VT: Chelsea Green.

Lovins, A., and Lovins, H.(1982).*Brittle Power.*Andover, MA: Brick House.

Lowrey, D.(2017).*RRA Financial Focus Berkshire Hathaway Energy.*New York:S&P Global Market Intelligence.

Lubershane, A. (2019). What to Do about DERs. Retrieved June 5, 2019, from: https://medium.com/@ alubershane/what-to-do-about-ders-2957d087fca

Lyseng, B., Niet, T., Keller, V., Palmer-Wilson, K., Robertson, B., Rowe, A., and Wild, P. (2018). System-Level Power-To-Gas Energy Storage for High Penetrations of Variable Renewables.*International Journal of Hydrogen Energy*, 43(4), 1966-1979.DOI:10.1016/j.ijhydene.2017.11.162.

MacDonald, A., Clack, C., Alexander, A., Dunbar, A., Wilczak, J., and Xie, Y. (2016). Future Cost-Competitive Electricity Systems and Their Impact on US CO_2 Emissions. *Nature Climate Change*, 6, 526-531. DOI: 10. 1038/ nclimate2921.

Magill, B.(2015).Defecting from the Power Grid? Unlikely, Analysts Says.Retrieved July 19, 2019, from: https://www.climatecentral.org/news/defecting-from-the- power-grid-18891

Mahone, A., Kahn-Lang, J., Li, V., Ryan, N., Subin, Z., Allen, D.,...Price, S. (2018).Deep Decarbonization in a High Renewables Future: Updated Results from the California PATHWAYS Model. Retrieved July 22, 2019, from: https://www. ethree. com/wp-content/uploads/2018/06/Deep _ Decarbonization _ in _ a _ High_Renewables_Future_CEC-500-2018-012-1.pdf

Mai, T., Jadun, P., Logan, J., McMillan, C., Muratori, M., Steinberg, D.,... Nelson, B. (2018). NREL Electrification Futures Study: Scenarios of Electric Technology Adoptions and Power Consumption for the United States. Retrieved July 8, 2019, from: https://www.nrel.gov/docs/fy18osti/71500.pdf

Mainzer, K., Fath, K., McKenna, R., Stengel, J., Fichtner, W., and Schultmann, E (2014). A High-Resolution Determination of the Technical Potential for Residential-Roof-Mounted Photovoltaic Systems in Germany. *Solar Energy*, 105, 715-731. DOI: 10.1016/j.solener.2014.04.015.

Majumdar, A., and Deutch, J. (2018). Research Opportunities for CO_2 Utilization and Negative Emissions at the Gigatonne Scale. *Joule*, 2(5), 805-809. DOI: 10. 1016/joule.2018.04.018.

Maloney, P. (2017). Navigant Sees $221B Energy as a Service Market by 2026. Retrieved May 15, 2019, from: https://www. utilitydive. com/news/navigant-sees-221b-energy-as-a-service-market-by-2026/448093/

Manjoo, F. (2017). Silicon Valley's Politics: Liberal, with One Big Exception. *New York Times*, September 6.

Manwaring, M. (2012). Understanding Pumped Storage Hydropower. Retrieved June 5, 2019, from: https://www. ntc. blm. gov/krc/uploads/712/12% 20-% 20Understanding% 20Pumped% 20Storage% 20Hydro% 20-% 20Manwaring.pdf

Mapdwell. (n.d.). Retrieved February 26, 2018, from: https://www.mapdwell.com/en/solar/company

Margolis, R., Gagnon, P., Melius, J., Phillips, C., and Elmore, R. (2017). Using GIS-Based Methods and Lidar Data to Estimate Rooftop Solar Technical Potential in US Cities. *Environmental Research Letters*, 12, 074013. DOI: 10.1088/1748-9326/aa7225.

Marnay, C. (2016). Microgrids: Finally Finding Their Place. In Sioshansi, E., ed. *Future of Utilities—Utilities of the Future: How Technological Innovations in Distributed Energy Resources Will Reshape the Electrical Power Sector*. Cambridge, MA: Academic Press, pp.51-70.

Martin, M. (2016). Overview of the Agile, Fractal Grid. Retrieved July 8, 2019, from: http://www. electric. coop/wp-content/uploads/2016/07/Achieving _ a _ Resilient_and_Agile_Grid.pdf

Maximilian, A., Baylis, P., and Hausman, C.(2017).Climate Change Is Projected to Have Severe Impacts on the Frequency and Intensity of Peak Electricity Demand across the United States.*Proceedings of the National Academy of Sciences of the United States of America*, 114, 1886-1891.DOI:10.1073/pnas.1613193114.

McCalley, J., Bushnell, J., Krishnan, V., and Cano, S. (2012). Transmission Design at the National Level: Benefits, Risks and Possible Paths Forward.Power Systems Engineering Research Center.Retrieved May 4, 2019, from: https://pserc.wisc.edu/documents/publications/papers/fgwhitepapers/McCalley_PSERC_White_Paper_Transmission_Overlay_May_2012.pdf

McKibben, B.(2015).Power to the People: Why the Rise of Green Energy Makes Utility Companies Nervous.*New Yorker*, June 29.

Meeus, L, and Glachant, J.-M.(2018).*Electricity Network Regulation in the EU:The Challenges Ahead for Transmission and Distribution.* Cheltenham, UK: Edward Elgar Publishing.

Metz, A.(2018).European Utilities Have Increased Their Activity in Energy Cloud Platforms. Retrieved May 24, 2019, from: https://energypost. eu/european-utilities-have-increased-their-activity-in-energy-cloud-platforms/

Meyer, A., and Pac, G. (2013). Environmental Performance of State-Owned and Privatized Eastern European Energy Utilities.*Energy Economics*, 36, 205-214. DOI:10.1016/j.eneco.2012.08.019.

Microgrid Institute. (n. d.). Retrieved June 14, 2019, from: http://www. microgridinstitute.org/

Miller, C., Martin, M., Pinney, D., and Walker, G.(2014).*Achieving a Resilient and Agile Grid.*Arlington, VA: National Rural Electric Cooperative Association (NRECA).

Miller, L., Brunsell, N., Mechem, D., Gans, E., Monaghan, A., Vautard, R., and Kleidon, A.(2015).Two Methods for Estimating Limits to Large-Scale Wind Power Generation.*Proceedings of the National Academy of Sciences of the United States of America*, 112(36), 11169-11174.DOI: 10.1073/pnas.1408251112.

Miller, L., Smil, V., Wagner, G., and Keith, D. (2016). Establishing Practical Estimates for City-Integrated Solar PVs and Wind. Science eLetter, July 18.

Retrieved October 24, 2019, from: https://keith. seas. harvard. edu/publications/establishing-practical-estimates-city-integrated-solar-pv-and-wind

Miller, N. (2018). *Inertia, Frequency, and Stability*. Presentation at NAGF and ESIG Frequency Response and Energy Storage Workshop. Washington, DC: HickoryLedge.

Milligan, M., Frew, B., Bloom, A., Ela, E., Botterud, A., Townsend, A., and Levin, T. (2016). Wholesale Electricity Market Design with Increasing Levels of Renewable Generation: Revenue Sufficiency and Long-Term Reliability. *Electricity Journal*, 29(2), 26-38. DOI: 10.1016/j.tej.2016.02.005.

Mills, A., and Wiser, R. (2010). *Implications of Wide-Area Geographic Diversity for Short-Term Variability of Solar Power. Office of Energy Efficiency and Renewable Energy, Solar Energy Technologies Program*. Washington, DC: U.S. Department of Energy.

Ming, Z, Olson, A., Jiang, H., Mogadali, M., and Schlag, N. (2019). Resource Adequacy in the Pacific Northwest. Retrieved July 22, 2019, from: https://www.ethree.com/wp-content/uploads/2019/03/E3_Resource_Adequacy_in_the_Pacific-Northwest_March_2019.pdf

Mission Innovation. (n. d.). Retrieved May 25, 2019, from: http://mission-innovation.net/about-mi/overview/

Mission Support Center. (2016). *Cyber Threat and Vulnerability Analysis of the U. S. Electric Sector*. Idaho Falls: Mission Support Center, Idaho National Laboratory.

Mithraratne, N. (2009). Roof-Top Wind Turbines for Microgeneration in Urban Houses in New Zealand. *Energy and Buildings*, 41(10), 1013-1018. DOI: 10.1016/j.enbuild.2019.05.003.

Monitoring Analytics LLC. (2019). Energy Market. 2019 Quarterly State of the Market Report for PJM: January through March, 99. Retrieved July 23, 2019, from: https://www.monitoringanalytics.com/reports/PJM_State_of_the_Market/2019/2019q1-som-pjm-sec3.pdf

Morgan, K. (2014). Two Years after Hurricane Sandy, Recognition of Princeton's Microgrid Still Surges. Princeton University Office of Communications, October 23. Retrieved June 14, 2019, from: https://www. princeton. edu/news/2014/10/23/two-years-after-hurricane-sandy-recognition-princetons-microgrid-still-surges

Morgan Stanley. (2017). What Cheap, Clean Energy Means for Global Utilities. Retrieved November 26, 2018, from: https://www.morganstanley.com/ideas/solar-wind-renewable-energy-utilities

Mufson, S. (2011). Before Solyndra, a Long History of Failed Government Energy Projects. *Washington Post*, November 12.

Mukhopadhyay, S, and Hastak, M. (2016). Public Utility Commissions to Foster Resilience Investment in Power Grid Infrastructure. *Procedia-Social and Behavioral Sciences*, 218, 5-12. DOI: 10.1016/j.sbspro.2016.04.005.

Munich RE. (n. d.). NatCatSERVICE. Number of Relevant Natural Loss Events Worldwide 2013-2018. Retrieved June 14, 2019, from: https://natcatservice.munichre.com/events/1? -lter = ey15ZWFyRnJvbSI6MTk4MCwieWVhclRvljoyMDE3fQ% 3D% 3D&type

Nadel, S. (2016). Pathways to Cutting Energy Use and Carbon Emissions in Half. Retrieved June 14, 2019, from: https://aceee.org/sites/default/fles/pathways-cutting-energy-use.pdf

Nagabhushan, D, and Thompson, J. (2019). Carbon Capture and Storage in the United States Power Sector: The Impact of 45Q Federal Tax Credits. Clean Air Task Force. Retrieved June 5, 2019, from: https://www.catf.us/wp-content/uploads/2019/02/CATF_CCS_United_States_Power_Sector.pdf

National Academies of Sciences, Engineering, and Medicine. (2017). *Enhancing the Resilience of the Nation's Electricity System*. Washington, DC: The National Academies Press.

National Conference of State Legislatures. (2019). State Renewable Portfolio Standards and Goals. Retrieved May 29, 2019, from: http://www.ncsl.org/research/energy/renewable-portfolio-standards.aspx

National Electrical Safety Code. (2017). IEE C2-2017. Retrieved July 8, 2019, from: https://standards.ieee.org/standard/C2-2017.html

National Rural Electric Cooperative Association. (2015). The 51st State: A Cooperative Path to a Sustainable Future. Retrieved May 24, 2019, from: https://www.cooperative.com/value-of-membership/Documents/51st-State-Report-Phase-I.pdf

National Rural Electric Cooperative Association. (2017). The Role of the Consumer-Centric Utility. National Rural Electric Cooperative Association. Retrieved May

24, 2019, from: https://sepapower.org/resource/51st-state-ideas-role-consumer-centric-utility/

National Rural Electric Cooperative Association. (n. d.). Retrieved November 15, 2019, from: https://www.cooperative.com/nreca/Pages/default.aspx

National Statistics Digest of UK Energy Statistics (DUKES). (2012).DUKES Chapter 5: Statistics on Electricity from Generation through Sales. Retrieved July 8, 2019, from: https://www. gov. uk/government/statistics/electricity-chapter-5-digest-of-united-kingdom-energy-statistics-dukes

Navigant.(2017).Energy as a Service.Retrieved July 8, 2019, from: https://www.navigantresearch.com/reports/energy-as-a-service

Navigant. (2018). *Scoring with the Energy Cloud Playbook: Examples of Disruption and Innovation in the Electric Industry.*Chicago: Navigant.

Nedler, C.(2013). Can the Utility Industry Survive the Energy Transition? A New Paper from the Edison Electric Institute Raises Numerous Doubts.

Retrieved June 14, 2019, from:https://www.greentechmedia.com/articles/read/can-the-utility-industry-survive-the-energy-transition#gs.58lvnl

Nelsen, A.(2016).Portugal Runs for Four Days Straight on Renewable Energy Alone. *The Guardian*, May 18.

Nelson, M.Ramamurthy, A., Czerwinski, M., Light, M., and Shellenberger, M. (2017). The Power to Decarbonize: Characterizing the Impact of Hydroelectricity, Nuclear, Solar, and Wind on the Carbon Intensity of Energy.Re-trieved June 5, 2019, from: https://staticl. squarespace. com/static/56a45d683b0be33df885def6/t/5a02016eec212dc32217e28f/1510080893757/Power + to + Decarbonize+% 283% 29. pdf

Nelson, T., and MacNeill, J.(2016).Role of Utility and Pricing in the Transition.In Sioshansi, F., ed.*Future of Utilities—Utilities of the Future: How Technological Innovations in Distributed Energy Resources Will Reshape the Electrical Power Sector.*Cambridge, MA: Academic Press, pp.109-128.

NERC. (2018). Grid Security Exercise GridEx IV. Lessons Learned. White Paper. Retrieved July 8, 2019, from: https://www. nerc. com/pa/CI/CIPOutreach/GridEX/GridEx% 20IV% 20Public% 20Lessons% 20Learned% 20Report.pdf

New Buildings Institute. (2018).2018 Getting to Zero Status Update. Retrieved July 18, 2019, from: https://newbuildings. org/resource/2018-getting-zero-statusupdate/

New Energy Finance. (2009). Bridging the Valley of Death: Addressing the Scarcity of Seed and Scale-Up Capital for the Next Generation Clean Energy Technologies. Retrieved June 5, 2019, from: https://www. cleanegroup. org/wp-content/uploads/CESA-NEF-scale-up-capital-clean-energy-dec09.pdf

New York State Department of Public Service. (2018). 2017 Electric Reliability Performance Report. Retrieved July 19, 2019, from: http://www3.dps.ny.gov/W/PSCWeb. nsf/96f0fec0b45a3c6485257688006a701a/d82a200687d96d39852576 87006f39ca/ $ FILE/16972359.pdf/2017%20Electric%20Reliability%20 Performance%20Report.pdf

Newell, S., Pfeifenberger, J., Chang, J., and Spees, K. (2017). How Wholesale Power Markets and State Environmental Policies Can Work Together. Retrieved June 14, 2019, from: https://www. utilitydive. com/news/how-wholesale-power-markets-and-state-environmental-policies-can-work-toget/446715/

Newell, S, Spees, K, Yang, Y, Metzler, E, and Pedtke, J. (2018). *Opportunities to More Efficiently Meet Seasonal Capacity Needs in PJM*. San Diego, CA: Brattle Group.

Newsham, J. (2015). Five Things You Should Know about Jerrold Oppenheim, Theo MacGregor. *Boston Globe*, April 19.

NOAA National Centers for Environmental Information. (2019). Billion-Dollar Weather and Climate Disasters: Overview. Retrieved July 19, 2019, from: https://www. ncdc.noaa.gov/billions/overview

NOAA Office for Coastal Management. (n.d.). Fast Facts: Hurricane Costs. Retrieved July 19, 2019, from: https://coast. noaa. gov/states/fast-facts/hurricane-costs.html

Noon, C. (2019). The Hydrogen Generation: These Gas Turbines Can Run on the Most Abundant Element in the Universe. Retrieved June 5, 2019, from: https://www.ge.com/reports/hydrogen-generation-gas-turbines-can-run-abundant-element-universe/

Nordhaus, W. (2013). *The Climate Casino*. New Haven, CT: Yale University Press.

North American Supergrid. (2017). Retrieved March 1, 2019, from: Cleanandsecuregrid.org/2017/11/28/info

Northeast Energy Efficiency Partnership (NEEP). (2017). Northeastern Regional

Assessment of Strategic Electrification. Retrieved June 14, 2019, from: https://neep. org/sites/default/files/Strategic% 20Electrification% 20Regional% 20 Assessment. pdf

North Western Energy. (2018). 2018 Annual Report. Retrieved June 5, 2019, from: http://www. northwesternenergy. com/our-company/investor-relations/annual-reports

Nuclear Energy Institute. (2019). Nuclear by the Numbers. Retrieved March 29, 2019, from: https://www.nei.org/resources/fact-sheets/nuclear-by-the-numbers

NuScale. (2019). NuScale's SMR Design Clears Phases 2 and 3 of Nuclear Regulatory Commission's Review Process. Retrieved July 23, 2019, from: https://newsroom. nuscalepower. com/press-release/company/nuscales-smr-design-clears-phases-2-and-3-nuclear-regulatory-commissions-revie

Ofgem. (2010). RIIO—A New Way to Regulate Energy Networks. Factsheet 93. Retrieved July 14, 2019, from: https://www.ofgem.gov.uk/ofgem-publications/64031/re-wiringbritainfspdf

Ofgem. (2017). RIIO-ED1 Annual Report. Retrieved July 14, 2019, from: https://www.ofgem. gov. uk/system/files/docs/2017/12/riio-edl_annual_report_2016-17.pdf

Ofgem. (2018a). Review of the RIIO Framework and RIIO-1 Performance. Retrieved July 14, 2019, from: https://www. ofgem. gov. uk/system/files/docs/2018/03/cepa-review_of_the_riio_framework_and_riio-1_performance.pdf

Ofgem. (2018b). RIIO-2 Business Plans Draft Guidance Document. Retrieved July 14, 2019, from: https://www. ofgem. gov. uk/system/files/docs/2018/12/riio-2_business_plans_-_updated_guidance_december_2018_vs_4.pdf

Onyx Solar. (n.d.). Retrieved March 29, 2019, from: www.onyxsolar.com

Order Adopting Regulatory Policy Framework and Implementation Plan. (2015). 14M-0101, New York Public Service Commission, February 26, 2015. Retrieved October 27, 2019, from: http://documents. dps. ny. gov/public/Common/ViewDoc. aspx? DocRefld =% 7B0B599D87-445B-4197-9815-24C27623A6 A0%7D

Order Authorizing Acquisition and Disposition of Jurisdictional Facilities. (2018). EC18-32-000, Federal Energy Regulatory Commission, April 3, 2018. Retrieved October 27, 2019, from: https://www. ferc. gov/CalendarFiles/20180403165704-

EC18-32-000.pdf

Order Resetting Retail Energy Markets and Establishing Further Process.(2016).15-M-0127, New York Public Service Commission, February 23, 2016.Retrieved October 27, 2019, from: http://www3. dps. ny. gov/W/PSCWeb. nsf/Articles ByTitle/A6FFDA3D233FF 24185257F68006F6D78? OpenDocument

Oregon Department of Energy.(2017).Oregonians' Guide to Siting and Oversight of Energy Facilities. Retrieved July 23, 2019, from: https://www. oregon. gov/energy/facilities-safety/facilities/Documents/Fact-Sheets/EFSC-Public-Guide.pdf

Orvis, R. , and Aggarwal, S.(2018).Refining Competitive Electricity Market Rules to Unlock Flexibility.*Electricity Journal*, 31(5), 31-37.DOI: 10.1016/j.tej.2018. 05.012.

Orvis, R. , and O'Boyle, M. (2018). It's Time to Refine How We Talk about Wholesale Markets.Retrieved June 14, 2019, from: https://www.greentechmedia. com/articles/read/its-time-to-refine-how-we-talk-about-wholesale-markets#gs.d5hb5x

Osborn, D. , and Waight, M.(2014).Conceptual Interregional HVDC Network.MISO. Retrieved July 8, 2019, from: https://www. puc. nh. gov/electric/Wholesale% 20Investigation/IR% 2015-124% 20Comments% 20D% 20Osborn% 204-27-15.PDF

Ouyang, M. , and Duenas-Osorio, L.(2014).Multi-Dimensional Hurricane Resilience Assessment of Electric Power Systems. *Structural Safety*, 48, 15-24. DOI: 10. 1016/j.strusafe.2014.01.001.

Pacific Gas and Electric Company. (n. d.). Electric Reliability Reports. Retrieved November 8, 2018, from: https://www. pge. com/en US/residential/outages/planning-and-preparedness/safety-and-preparedness/grid-reliability/electric-reliability-reports/electric-reliability-reports.page

Palast, G, Oppenheim, J, and MacGregor, T(2003), *Democracy and Regulation: How the Public Can Govern Essential Services*.Sterling.VA: Pluto Press.

Palmer, K. , Butraw, D, and Keyes, A. (2017). Carbon Trading for Integrating Carbon Adders into Wholesale Electricity Markets.Retrieved July 8, 2019, from: https://www.rff.org/publications/reports/lessons-from-integrated-resource-planning-and-carbon-trading-for-integrating-carbon-adders-into-wholesale-electricity-markets/

Panteli, M, and Mancarella, P. (2015).Influence of Extreme Weather and Climate Change on the Resilience of Power Systems: Impacts and Possible Mitigation

Strategies.*Electric Power Systems Research*, 127, 259-270. DOI: 10.1016/j. epsr. 2015.06.012.

Parsons, J. (2008). *The Value of Long-Term Contracts for New Investments in Generation.* Cambridge, MA: MIT Center for Energy and Environmental Policy Research.

Patel, S. (2019). ENGIE to Exit 20 Countries, Refine Transition Growth Strategy. Retrieved June 14, 2019, from: https://www. powermag. com/engie-to-exit-20-countries-refine-transition-growth-strategy/

Pawar, R., Bromhal, G., Carey, J., Foxall, W., Korre, A., Ringrose, P.,... White, J.(2015).Recent Advances in Risk Assessment and Risk Management of Geologic CO_2 Storage.*International Journal of Greenhouse Gas Control*, 40, 292-311. DOI: 10.1016/j.ijggc.2015.06.014.

Pearlstein, S.(2019).CVS Bought Your Local Drugstore, Mail-Order Pharmacy and Health Insurer. What's Next, Your Hospital? Retrieved May 28, 2019, from: https://www. washingtonpost. com/business/cvs-bought-your-local-drugstore-mail-order-pharmacy-and-health-insurer-whats-next-your-hospital/2019/01/31/4946dcda-1f2c-11e9-9145-3f74070bbdb9_story.html? utm_term=.4168ed40d59b

Pechman, C.(2016).Modernizing the Electric Distribution Utility to Support the Clean Energy Economy.Retrieved May 30, 2019, from: https://www energy.gov/sites/prod/files/2017/01/f34/Modernizing% 20the% 20Electric% 20Distribution% 20Utility% 20to% 20Support% 20the% 20Clean% 20Energy% 20Economy_0.pdf

Pechman, C.(2017).Determining the Scope of the Electric Distribution Utility of the Future: Prepared for SEPA's 51st State Initiative.Retrieved October 24, 2019, from: https://sepapower. org/resource/51st-state-ideas-determining-scope-electric-distribution-utility-future/

Penn, I.(2018).How Zinc Batteries Could Change Energy Storage.*New York Times*, September 26.

Pentland, W.(2013).Why The Utility Death Spiral Myth Needs to Die.Retrieved July 19, 2019, from: https://www. forbes. com/sites/williampentland/2013/12/02/why-the-utility-death-spiral-myth-needs-to-die/#41c4574f768d

Pepall, L., and Richards, D. (2019). Big-Tech and the Resurgence of Antitrust. Retrieved May 28, 2019, from: https://econofact. org/big-tech-and-the-resurgence-of-antitrust

Pereira, G., Pereira da Silva, P., and Soule, D. (2019). Designing Markets for Innovative Electricity Services in the EU: The Roles of Policy, Technology, and Utility Capabilities. In Sioshansi, E, ed. *Consumer, Prosumer, Prosumager.* Cambridge, MA: Academic Press, pp.355-382.

Pfeifenberger, J., Chang, J., Aydin, O., and Oates, D.(2016).*The Role of RTO/ ISO Markets in Facilitating Renewable Generation Development.*San Diego, CA: Brattle Group.

Pfeifenberger, J., Chang, J., and Sheilendranath, A.(2015).Toward More Effective Transmission Planning: Addressing the Costs and Risks of an Insufficiently Flexible Electricity Grid. Retrieved August 1, 2019, from: https://brattlefiles. blob.core.windows.net/files/5950_toward_more_effective_transmission_planning_ addressing_the_costs_and_risks_of_an_insufficiently_flexible_electricity_grid.pdf

Pfeifenberger, J., Chang, J., Sheilendranath, A., Hagerty, J., Levin, S., and Wren, J.(2019).Cost Savings Offered in Competition in Electric Transmission: Experience to Date and the Potential for Additional Customer Value. Retrieved July 23, 2019, from: https://brattlefiles.blob.core.windows.net/files/16726_ cost_savings_offered_by_competition_in_electric_transmission.pdf

Phelan, D.(2015).*Protecting Customers: Data Privacy across Utility Sectors.* Silver Spring, MD: National Regulatory Research Institute.

Phillips, A.(2015).Germany Just Got 78 Percent of its Electricity from Renewable Sources.Retrieved June 5, 2019, from: https://thinkprogress.org/germany-just-got-78-percent-of-its-electricity-from-renewable-sources-ac4a323c840c/

PJM.(2017). 2017 RTEP Process Scope and Input Assumptions. White Paper. Retrieved June 14, 2019, from: https://www.pjm.com/~/media/library/ reports-notices/2017-rtep/20170731-rtep-input-assumptions-and-scope-whitepaper.ashx? la=en

PJM.(2019).2018/2019 RPM Base Residual Auction Results. Retrieved June 28, 2019, from: https://www.pjm.com/-/media/markets-ops/rpm/rpm-auction-info/2018-2019-base-residual-auction-report.ashx

PJM.(n.d-a).2019/2020 RPM Third Incremental Auction Results.Retrieved May 24, 2019, from: https://learn.pjm.com/~/media/markets-ops/rpm/rpm-auction-info/2019-2020/2019-2020-third-incremental-auction-report.ashx? la=en

PJM.(n.d.-b).Capacity Market.Retrieved April 20, 2019, from: https://learn.pim.

com/three-priorities/buying-and-selling-energy/capacity-markets.aspx

Plumer, B.(2019).The New Climate Battleground.*New York Times*, June 28, pp. B1, B4.

Pounds, M., and Fleshler, D. (2017).FPL Spent Billions to Protect System, But Why Did Irma Kill Power Anyway? *Sun Sentinel.*Retrieved June 14, 2019, from: https://www. sun-sentinel. com/business/fl-bz-fpl-irma-performance-20170915-story.html

PowerSouth Energy Cooperative. (2017).Compressed Air Energy Storage: McIntosh Power Plant, McIntosh, Alabama.Retrieved June 5, 2019, from: http://www. powersouth.com/wp-content/uploads/2017/07/CAES-Brochure-FINAL.pdf

Pramaggiore, A., and Jensen, V.(2017).Building the Utility Platform.Retrieved May 21, 2019, from: https://www. fortnightly. com/fortnightly/2017/07/building-utility-platform

PSEG.(2018).PSE&G Unveils Next Phase of "Energy Strong" Investments.Retrieved July 19, 2019, from: http://investor. pseg. com/press-release/featured/pseg-unveils-next-phase-energy-strong-investments

Public Power for Your Community. (n.d.).Benefits of Public Power.Retrieved May 28, 2019, from: https://www. publicpower. org/system/files/documents/municipalization-benefits_of_public_power.pdf

Purchala, K.(2018).The EU's Electricity Market: The Good, the Bad, and the Ugly. *Politico*, October 18.

PwC.(2015).A Different Energy Future: Where Energy Transformation Is Leading Us. Retrieved June 6, 2019, from: https://www. pwc. com/ca/en/power-utilities/publications/pwc-global-power-and-utilities-survey-2015-05-en.pdf

PwC. (2017).Global State of Information Security Survey 2017. Retrieved July 8, 2019, from:https://www.pwc.com/gsiss2017

Pye, S, Anandarajah, G., Fais, B., McGlade, C., and Strachan, N.(2015). Pathways to Deep Decarbonization in the United Kingdom.UK 2015 Report. Retrieved July 8, 2019, from: http://deepdecarbonization.org/wp-content/uploads/2015/09/DDPP_GBR.pdf

Pyper, J. (2015).A Culture Shift Gains Momentum in the Century-Old Utility Industry: How Leading Utilities Are Reforming Their Businesses—And Where There's Still More Work to Do. Retrieved May 29, 2019, from: https://www.

greentechmedia. com/articles/read/a-culture-shift-takes-gains-traction-in-the-utility-industry#gs.ff2mth

Pyper, J. (2018a). It's Official: All New California Homes Must Incorporate Solar. Retrieved June 14, 2019, from: https://www. greentechmedia. com/articles/read/solar-mandate-all-new-california-homes#gs.QHHMFB9r Pyper, J. (2018b). Xcel to Replace 2 Colorado Coal Units with Renewables and Storage. Retrieved June 14, 2019, from: https://www. greentechmedia. com/articles/read/xcel-retire-coal-renewable-energy-storage#gs.c2zcp4

Rai, V., and Zarnikau, J. (2016). Retail Competition, Advanced Metering Investments, and Product Differentiation: Evidence from Texas. In Sioshansi, J., ed. *Future of Utilities—Utilities of the Future: How Technological Innovations in Distributed Energy Resources Will Reshape the Electric Power Sector.* Cambridge, MA: Academic Press, pp.153-173.

Renewable Energy Buyers Alliance. (n.d.). Retrieved April 22, 2019, from: https://businessrenewables.org

Renewable Energy Policy Network for the 21st Century. (2017). Renewables2017 Global Status Report. Retrieved June 14, 2019, from: http://www. ren21. net/gsr-2017/

Retière, N., Muratore, G., Kariniotakis, G., Michiorri, A., Frankhauser, P., Caputo, J.,...Poirson, A. (2017). Fractal Grid—Towards the Future Smart Grid. Retrieved July 8, 2019, from: https://hal. archives-ouvertes. fr/hal-01518413/document

Reyna, J., and Chester, M. (2015). The Growth of Urban Building Stock: Unintended Lock-in and Embedded Environmental Effects. *Journal of Industrial Ecology*, 19 (4), 524-537. DOI: 10.1111/jiec.12211.

Rhame, J. (2018). It's Time for Retirement Savers to Consider Utilities as More than Just a Dividend Investment. Retrieved May 24, 2019, from: https://www. marketwatch. com/story/retirement-savers-should-consider-utilities-as-more-than-just-a-dividend-investment-2018-10-01

Rissman, J., and Marcacci, S. (2019). How Clean Energy R&D Policy Can Help Meet Decarbonization Goals. Retrieved June 5, 2019, from: https://www.forbes. com/sites/energyinnovation/2019/02/28/how-clean-energy-rd-policy-can-help-meet-decarbonization-goals/#255227682229

Roach.J. (2015). For Storing Electricity, Utilities Are Turning to Pumped Hydro. Retrieved June 5, 2019, from: https://e360. yale. edu/features/for_storing_ electricity_utilities_are_turning_to_pumped_hydro

Roberts, D. (2013).Solar Panels Could Destroy U.S. Utilities, According to U.S. Utilities.Retrieved July 19, 2019, from: https://grist.org/climate-energy/solar-panels-could-destroy-u-s-utilities-according-to-u-s-utilities/

Roberts, D. (2018a).A Tiny, Beleaguered Government Agency Seeks an Energy Holy Grail: Long-Term Energy Storage.Retrieved June 5, 2019, from:https://www. vox. com/energy-and-environment/2018/9/20/17877850/arpa-e-long-term-energy-storage-days

Roberts, D. (2018b).That Natural Gas Power Plant with No Carbon Emissions or Air Pollution? It Works. Retrieved June 5, 2019, from: https://www. vox. com/energy-and-environment/2018/6/1/17416444/net-power-natural-gas-carbon-air-pollution-allam-cycle

Roberts, D. (2018c).This Company May Have Solved One of the Hardest Problems in Clean Energy.Retrieved June 5, 2019, from: https://www.vox.com/energy-and-environment/2018/2/16/16926950/hydrogen-fuel-technology-economy-hytech-storage

Rocky Mountain Institute. (2015). *The Economics of Load Defection: How Grid-Connected Solar Plus Battery Systems Will Compete with Traditional Electric Service, Why It Matters, and Possible Paths Forward.* Boulder, CO: Rocky Mountain Institute.

Rogers, J., and Williams, S. (2015).*Lighting the World: Transforming Our Energy Future by Bringing Electricity to Everyone.*New York: St.Martin's Press.

Romm, J. (2004).*The Hype about Hydrogen: Fact and Fiction in the Race to Save the Climate.*Washington, DC: Island Press.

Romm, J. (2009). Ignore the Media Hype and Keep Googling, Think Progress. Retrieved March 29, 2019, from: https://thinkprogress. org/ignore-the-media-hype-and-keep-googling-the-energy-impact-of-web-searches-is-very-low-d98b38 acfefa/

Romm, J. (2010). Debunking the Myth of the Internet as Energy Hog.Again: How Information Technology Is Good for Climate. Retrieved June 4, 2019, from: https://thinkprogress. org/debunking-the-myth-of-the-internet-as-energy-hog-againhow-information-technology-is-good-for-15bcb63e6333/

Ros, A. (2017). An Econometric Assessment of Electricity Demand in the United States Using Utility-Specific Panel Data and the Impact of Retail Competition on Prices. *The Energy Journal*, 38(4). DOI: 10.5547/01956574.38.4.aros.

Ross, C., and Guhathakurta, S. (2017). Autonomous Vehicles and Energy Impacts: A Scenario Analysis. *Energy Procedia*, 143, 47-52. DOI: 10.1016/j.egypro.2017. 12.646.

Rote, M. (2019). Costa Rica Has Run on 100% Renewable Energy for 299 Days. Retrieved June 5, 2019, from: https://www.under30experiences.com/blog/costa-rica-has-run-on-100-renewable-energy-for-299-days

Rouse, G., and Kelly, J. (2011). Electricity Reliability: Problem, Progress and Policy Solutions. Retrieved July 8, 2019, from: http://www.galvinpower.org/sites/default/files/Electricity_Reliability_031611.pdf

Ryerson, J. (2019). Is Blockchain Overhyped? *New York Times*, February 15, p.15.

S&C Electric Company. (2017). *Microgrid Cybersecurity: Protecting and Building the Grid of the Future*. White Paper. Chicago: S&C Electric Company.

S&P Global Platts. (2018). World Electric Power Plants Database, March 2018. Retrieved April 22, 2019, from: https://www.spglobal.com/platts/en/products-services/electric-power/world-electric-power-plants-database

S&P Global Platts. (2019). Top 250 Global Energy Company Rankings: 2019Top 250 Companies. Retrieved March 29, 2019, from: https://top250.platts.com/Top250Rankings

Safaei, H., and Keith, D. (2015). How Much Bulk Energy Storage Is Needed to Decarbonize Electricity? *Energy and Environmental Science*, 8, 3409-3417. DOI: 10.1039/C5EE01452B.

Salisbury, S. (2010). Hurricane Wilma Five Years Later: Storm Taught Hard Lesson. Retrieved July 8, 2019, from: https://www.palmbeachpost.com/weather/hurricanes/hurricane-wilma-five-years-later-storm-taught-hard-lesson/wxXi109ERademERqe2fNuO/

Sandalow, D. (2012). Hurricane Sandy and Our Energy Infrastructure. Retrieved July 8, 2019, from: https://www.energy.gov/articles/hurricane-sandy-and-our-energy-infrastructure

Sandia National Laboratories. (2006). Solar FAQs. Retrieved January 18, 2019, from:

http://www.sandia.gov/~jytsao/Solar%20FAQs.pdf

Sanger, D.(2018).Russian Hackers Appear to Shift Focus to U.S.Power Grid.*New York Times*, July 17.

Santos, T., Gomes, N., Freire, S., Brito, M., Santos, L., and Tenedório, J. (2014).Applications of Solar Mapping in the Urban Environment.*Applied Geography*, 51, 48-57.DOI:10.1016/j.apgeog.2014.03.008.

Sarralde, J., Quinn, D., Wiesmann, D., and Steemers, K.(2015).Solar Energy and Urban Morphology: Scenarios for Increasing the Renewable Energy Potential of Neighbourhoods in London.*Renewable Energy*, 73, 10-17, DOI:10.1016/j.renene.2014.06.028.

Sartor.O.(2018).Implementing Coal Transition: Insights from Case Studies of Major Coal-Consuming Economies.A Summary Report of the Coal Transitions Project Based on Inputs Developed under the Coal Transitions Research Project.Retrieved July 23, 2019, from: https://coaltransitions.files.wordpress.com/2018/09/coal_synthesis_final.pdf

Scheibe, A.(2018).*Utilization of Scenarios in European Electricity Policy: The Ten-Year Network Development Plan*.Oxford: The Oxford Institute for Energy Studies.

Schipper, L., and Grubb, M.(2000).On the Rebound? Feedback between Energy Intensities and Energy Uses in IEA Countries.*Energy Policy*, 28(6-7), 367-388. DOI:10.1016/S0301-4215(00)00018-5.

Schmidt, O., Hawkes, A., Gambhir, A., and Staffell, I.(2017).The Future Cost of Electrical Energy Storage Based on Experience Rates.*Nature Energy*, 2, 17110. DOI:10.1038/nenergy.2017.110.

Schumacher, E.(2010).*Small Is Beautiful*. Reprint Edition. New York: Harper Perennial.

Schwartz, L., Wei, M., Morrow, W., Deason, J., Schiller, S., Leventis, G.,... Teng, J.(2017).Electricity End Uses, Energy Efficiency, and Distributed Energy Resources Baseline. Retrieved June 14, 2019, from: http://eta-publications.lbl.gov/sites/default/files/lbnl-1006983.pdf

Scott, I., and Bernell, D.(2015).Planning for the Future of the Electric Power Sector through Regional Collaboratives.*Electricity Journal*, 28(1).DOI:10.1016/j.tej.2014.12.002.

Seel, J., Mills, A., Wiser, R., Deb, S., Asokkumar, A., Hassanzadeh, M., and

Aarbali, A. (2018). Impacts of High Variable Renewable Energy Futures on Wholesale Electricity Prices, and on Electric-Sector Decision Making. Retrieved June 28, 2019, from: http://eta-publications. Ibl. gov/sites/default/files/report_pdf_0.pdf

SEMARNAT-INECC. (2016). Mexico's Climate Change Mid-Century Strategy. Retrieved July 8, 2019, from: https://unfccc. int/files/focus/long-term _ strategies/application/pdf/mexico_mcs_final_cop22nov16_red.pdf

Sepulveda, N., Jenkins, F., and Sisternes, R. (2018). The Role of Firm Low-Carbon Electricity Resources in Deep Decarbonization of Power Generation. *Joule*, 2, 2403-2420. DOI: 10/1016/j.joule.2018.08.006.

Shaner, M., Davis, S., Lewis, N., and Caldeira, K. (2018). Geophysical Constraints on the Reliability of Solar and Wind Power in the United States. *Energy and Environmental Science*, (4), 914-925. DOI: 10.1039/c7ee03029k.

Shehabi, A., Smith, S, Horner, N., Azevedo, I., Brown, R., Koomey, J. ,... and Lintner, W. (2016). United States Data Center Energy Usage Report. Retrieved June 14, 2019, from: https://www.osti.gov/servlets/purl/1372902/

Shellenberger, M. (2017). The Nuclear Option: Renewables Can't Save the Planet— But Uranium Can. *Foreign Affairs*, 96(5), 159-165.

Shukla, A., Sudhakar, K., and Baredar, P. (2017). Recent Advancement in BIPV Product Technologies: A Review. *Energy and Buildings*, 140, 188-195. DOE: 10. 1016/j.enbuild.2017.02.015.

Siemens. (2014). Fact Sheet: High-Voltage Direct Current Transmission (HVDC). Retrieved May 21, 2019, from: https://www. siemens. com/press/pool/de/feature/2013/energy/2013-08-x-win/factsheet-hvdc-e.pdf

Siemens. (2015). Kick-Off for World's Largest Electrolysis System in Mainz. Retrieved July 1, 2019, from: https://press.siemens.com/global/en/feature/kick-worlds-largest-electrolysis-system-mainz

Siemens Gamesa. (n. d.). Electric Thermal Energy Storage: GWh Scale and for Different Applications. Retrieved June 5, 2019, from: https://www. siemensgamesa. com/en-int/products-and-services/hybrid-and-storage/thermal-energy-storage-with-etes

Sierra Club. (n.d.). Energy Facilities Siting. Retrieved June 28, 2019, from: https://www.sierraclub.org/policy/energy/energy-facilities

Silverman, J. (2019). Big Tech Is Watching. *New York Times*, January 20, p.10.

Silverstein, A., Gramlich, R., and Goggin, M. (2018). A Customer-Focused Framework for Electric System Resilience. Retrieved May 21, 2019, from: https://gridprogress.files.wordpress.com/2018/05/customer-focused-resilience-final-050118.pdf

Simeone, C. (2017a). Part 1: Cost-of-Service Retired More Coal. Retrieved May 21, 2019, from: https://kleinmanenergy.upenn.edu/blog/2017/12/12/cost-service-retired-more-coal

Simeone, C. (2017b). Part 2: Future Coal Retirements and a NOPR Disconnect. Retrieved May 21, 2019, from: https://kleinmanenergy.upenn.edu/blog/2017/12/13/part-2-future-coal-retirements-and-nopr-disconnect

Simeone, C. (2017c). Part 3: Utilities Continue Coal Retreat, Advance on Gas and Renewables. Retrieved from: https://kleinmanenergy.upenn.edu/blog/2017/12/13/part-3-utilities-continue-coal-retreat-advance-gas-and-renewables

Simmons, D. (2018). 2019 Outlook: Utilities, amid Rising Volatility and Questions about Peaking Growth, Safe-Haven Utilities Are Poised for a Leadership Role. Retrieved July 16, 2019, from: https://www.fidelity.com/viewpoints/investing-ideas/2019-outlook-utilities

Simon, C. (2018). Global Power for Global Powers. Retrieved August 1, 2019. from: https://news.harvard.edu/gazette/story/2018/04/harvard-talk-outines-plan-for-global-energy-sharing/

Simonov, E. (2018). The Risks of a Global Supergrid. Retrieved August 1, 2019, from: https://www.thethirdpole.net/en/2018/07/24/the-risks-of-a-global-supergrid/

Sivaram, V. (2018a). *Digital Decarbonization: Promoting Digital Innovations to Advance Clean Energy Systems.* New York: Council on Foreign Relations.

Sivaram, V. (2018b). *Taming the Sun: Innovations to Harness Solar Energy and Power the Planet.* Cambridge, MA: The MIT Press.

SkyscraperPage.com. (n.d.). Cities and Buildings. Retrieved July 18, 2019, from: https://skyscraperpage.com/cities/? 10=1

Slashdot. (2017). Underwater Pumped-Storage Hydroelectric Project Completes Its First Practical Test. Retrieved April 2, 2019, from: https://hardware.slashdot.org/story/17/03/05/1758231/underwater-pumped-storage-hydroelectric-projectcompletes-its-first-practical-test

Slaughter, A. (2015). *Electricity Storage: Technologies, Impacts, and Prospects.* Houston, TX: Deloitte Center for Energy Solutions.

Smart Energy Consumer Collaborative. (2018). Consumer Platform of the Future. Retrieved May 24, 2019, from: https://smartenergycc. org/consumer-platform-of-the-future-report/

SmartGrid Consumer Collaborative. (2017a). Consumer Pulse and Market Segmentation Study—Wave 6. Retrieved May 24, 2019, from: http:// smartenergycc. org/wp-content/uploads/2017/05/SGCCs-Consumer-Pulse-and-Market-Segmentation-Study-Wave-6-Executive-Summary.pdf

SmartGrid Consumer Collaborative. (2017b). Spotlight on Millennials. Retrieved May 24, 2019, from: http://smartenergycc. org/wp-content/uploads/2017/08/SGCC-Spotlight-on-Millennials-Report-Executive-Summary-8-8-17.pdf

Smil, V. (2008). *Energy in Nature and Society.* Cambridge, MA: The MIT Press.

Smil, V. (2010). *Energy Transitions: History, Requirements, Prospects.* Santa Barbara, CA: Praeger Press.

Smith, G. (2015). Bill Gates Is Doubling His Billion-Dollar Bet on Renewables. Retrieved June 5, 2019, from: http://fortune. com/2015/06/26/bill-gates-renewables-investment-solar-depleted-uranium-battery-storage/

Smith, R., and MacGill, I. (2016). The Future of Utility Customers and the Utility Customer of the Future. In Sioshansi, E, ed. *Future of Utilities-Uhilities of the Future: How Technological Innovations in Distributed Energy Resources Will Reshape the Electric Power Sector.* Cambridge, MA: Academic Press 2016, pp. 343-362.

Solar District Heating. (n.d.). About SDH. Retrieved March 29, 2019, from: https://www.solar-district-heating.eu/en/about-sdh/

Solar Energy Industries Association. (2017). Solar Market Insight Report. Retrieved June 14, 2019, from: https://www. seia. org/research-resources/solar-market-insight-report-2017-year-review

Solar Energy Industries Association. (2019). U. S. Solar Market Insight. Retrieved March 29, 2019, from: https://www.seia.org/us-solar-market-insight

Space Weather Prediction Center. (n.d.). *Geomagnetic Storms and the US Power Grid.* Silver Spring, MD: NOAA.

Spector, J. (2016). Vancouver Leapfrogs Energy Efficiency, Adopts Zero-Emissions Building Plan. Retrieved October 25, 2019, from: https://www.greentechmedia. com/articles/read/vancouver-leapfrogs-energy-efficiency-adopts-zero-emissions-building-plan

Spector, J. (2018). PG&E Proposes World's Biggest Batteries to Replace South Bay Gas Plants. Retrieved June 5, 2019, from: https://www.greentechmedia.com/articles/read/pge-proposes-worlds-biggest-batteries-to-replace-south-bay-gas-plants#gs.h0rm9n

Spees, K., and Chang, J. (2017). A *Dynamic Clean Energy Market*. San Diego, CA: Brattle Group.

Spees, K., Newell, S., Pfeifenberger, J., and Chang, J. (2018). *Market Design 3.0: A Vision for the Clean Electricity Grid of the Future*. San Diego, CA: Brattle Group.

St. John, J. (2018a). 5 Predictions for the Global Energy Storage Market in 2019. Retrieved March 29, 2019, from: https://www.greentechmedia.com/articles/read/five-predictions-for-the-global-energy-storage-market-in-2019#gs.h07whf

St. John, J. (2018b). Illinois Decision Opens the Path to Shared Utility-Customer Microgrids. Retrieved July 8, 2019, from: https://www.greentechmedia.com/articles/read/illinois-decision-opens-the-path-to-shared-utility-customer-microgrids#gs.bzh7z6

St. John, J. (2018c). The Shifting Makeup of the Fast-Growing US Energy Storage Market. Retrieved March 29, 2019, from: https://www.greentechmedia.com/articles/read/tracking-the-shifting-makeup-of-the-us-energy-storage-market#gs.h08igw

Starn, J. (2018). Power Worth Less than Zero Spreads as Green Energy Floods the Grid. Retrieved July 9, 2019, from: https://www.bloomberg.com/news/articles/2018-08-06/negative-prices-in-power-market-as-wind-solar-cut-electricity

State of Colorado. (2010). "Clean Air, Clean Jobs Act" House Bill 10-1365. Retrieved June 22, 2019, from: https://www.csg.org/sslfiles/dockets/2012cycle/32Abills/1232a01cocoalgasutility.pdf

Statistics Canada. (2018). Electric Power, Electric Utilities and Industry, Annual Supply and Disposition, Table 25-10-0021-01. Retrieved July 8, 2019, from: https://www150.statcan.gc.ca/t1/tbl1/en/tv.action?pid=2510002101

Stern, R. (2012). Solar Eclipsed: Why the Sun Won't Power Phoenix. *Phoenix New Times*, December 27.

Stone, A. (2016). Britain Pioneered Performance-Based Utility Regulation. How Has It Worked Thus Far? Exploring the RIIO Model and Its Potential Impact beyond the UK. Retrieved July 14, 2019, from: https://www.greentechmedia.com/articles/read/britain-was-a-leader-in-performance-based-utility-regulation-how-has-it-wo

Strauss, L. (2018). Why Utility Stocks Are Worth a Second Look. Retrieved July 16, 2019, from: https://www.barrons.com/articles/why-utility-stocks-are-worth-a-second-look-1531344310? mod = article _ signInButton? mod = article _ signInButton? mod = article_signInButton? mod = article_signInButton

Strbac, G., Mancarella, P., and Pudjianto, D. (2009). Advanced Architecture and Control Concepts for MORE MICROGRIDS: DH1. Microgrid Evolution Roadmap in the EU. Retrieved July 16, 2019, from: http://www.microgrids.eu/documents/676.pdf

Strubell, E., Ganesh, A., and McCallum, A. (2019). *Energy and Policy Considerations for Deep Learning in NLP.* 57th Annual Meeting of the Association for Computational Linguistics(ACL), Florence, Italy.

Stutz, B., Le Pierres, N., Kuznik, F., Johannes, K., Del Barrio, E., Bédécarrats, J.-P., ... Minh, D. (2016). Storage of Thermal Solar Energy. *Comptes Rendus Physique*, 18(7-8), 401-414. DOI: 10.1016/j.crhy.2017.09.008.

Sun, C., Hahn, A., and Liu, C. (2018). Cyber Security of a Power Grid: State-of-the-Art. *International Journal of Electrical Power and Energy Systems.* 99, 45-56. DOI: 10.1016/j.ijepes.2017.12.020.

Sunrun. (2018). Affordable, Clean, Reliable Energy, Retrieved July 14, 2019, from: https://www.sunrun.com/sites/default/files/affordable-clean-reliable-energy.pdf

Sunter, D., Dabiri, J., and Kammen, D. (2016). Confirming Practical Estimates for City-Integrated Photovoltaic and Wind Power Densities. *Science eLetter*, July 18. Retrieved October 24, 2019, from: https://science.sciencemag.org/content/352/6288/922/tab-e-letters

Sweeney, J. (2002). *The California Electricity Crisis.* Stanford, CA: Hoover Institution Press.

Szulecki, K. (2018). Conceptualizing Energy Democracy. *Environmental Politics*, 27 (1), 21-41. DOI: 10.1080/09644016.2017.1387294.

Tabors, R. (2016). Valuing Distributed Energy Resources (DER) via Distribution Locational Marginal Prices (DLMP). Retrieved May 21, 2019, from: https://www. energy. gov/sites/prod/files/2016/06/f32/4 _ Transactive% 20Energy% 20Panel% 20-% 20Richard% 20Tabors% 2C% 20MIT% 20Energy% 20Initiative.pdf

Tabors, R., Caramanis, M., Ntakou, E., Parker, G., VanAlstyne, M., Centolella, P., and Hornby, R. (2017). Distributed Energy Resources: New Markets and New Products. *Proceedings of the 50th Hawaii International Conference on System Sciences*. Retrieved May 21, 2019, from: https://papers.ssrn.com/sol3/papers. cfm? abstract_id=2964982

Taft, J. (2016). *Comparative Architecture Analysis: Using Laminar Structure to Unify Multiple Grid Architectures*. Washington, DC: Grid Modernization Laboratory Consortium, U.S.Department of Energy.

Taylor, G., Ledgerwood, S., Broehm, R., and Fox-Penner, P. (2015). *Market Power and Market Manipulation in Energy Markets: From California Crisis to the Present*. Reston, VA: Public Utilities Reports, Inc.

Taylor, J., Dhople, S., and Callaway, D. (2016). Power Systems without Fuel. *Renewable and Sustainable Energy Reviews*, 57, 1322-1336. DOI: 10. 1016/j. rser.2015.12.083.

Temple, J. (2017). Potential Carbon Capture Game Changer Nears Completion. Retrieved June 5, 2019, from: https://www.technologyreview.com/s/608755/potential-carbon-capture-game-changer-nears-completion/

Temple, J. (2018). At This Rate, It's Going to Take Nearly 400 Years to Transform the Energy System. Retrieved July 1, 2019, from: https://www.technologyreview. com/s/610457/at-this-rate-its-going-to-take-nearly-400-years-to-transform-the-energy-system/

Tepper, Jonathan. (n.d.). Publications. Retrieved October 27, 2019, from: http://jonathan-tepper.com/publications/

The Atlantic. (n.d.). Welcome Solar: Ushering in the Age of a New Energy. Retrieved November 26, 2018, from: https://www. theatlantic. com/sponsored/thomson-reuters-why-2025-matters/solar-power/210/

The White House Washington. (2016). United States Mid-Century Strategy for Deep Decarbonization. Retrieved July 8, 2019, from: https://unfccc. int/files/focus/long-term_strategies/application/pdf/mid_century_strategy_report-final_red.pdf

The World Bank. (2015). World Bank Development Indicators 2015, Table 3.6. Retrieved June 14, 2019, from: http://wdi.worldbank.org/table/3.6

Thorp, C. (2019). State Bill for Coal-Fired Power Plant Communities One Step Closer to Law. Retrieved May 8, 2019, from: https://www.craigdailypress.com/news/state-bill-for-coal-fired-power-plant-communities-one-step-closer-to-law/

Tierney, S. (2016). The Value of "DER" to "D": The Role of Distributed Energy Resources in Supporting Local Electric Distribution System Reliability. Retrieved May 21, 2019, from: https://www.analysisgroup.com/globalassets/content/news_and_events/news/value_of_der_to-_d.pdf

Tierney, S. (2017). About That National Conversation on Resilience of the Electric Grid. Retrieved July 8, 2018, from: https://www.utilitydive.com/news/about-that-national-conversation-on-resilience-of-the-electric-grid-the-ur/512545/

Tierney, S. (2018). *Resource Adequacy and Wholesale Market Structure for a Future Low-Carbon Power System in California*. White Paper. Boston: Analysis Group.

Tokarska, K., Gillett, N., Weaver, A., Arora, V., and Eby, M. (2016). The Climate Response to Five Trillion Tonnes of Carbon. *Nature Climate Change*, 6, 851-855. DOI: 10.1038/nclimate3036.

Ton, D., and Wang, W.-T. (2015). A More Resilient Grid: The U.S. Department of Energy Joins with Stakeholders in an R&D Plan. *IEEE Power and Energy Magazine*, 13(3), 26-34. DOI: 10.1109/MPE.2015.2397337.

Tong, J., and Wellinghoff, J. (2014). Rooftop Parity: Solar for Everyone, including Utilities. Retrieved July 23, 2019, from: https://www.Fortnightly.com/fortnightly/2014/08/rooftop-parity

Townsend, A., and Havercroft, I. (2019). The LCFS and CCS Protocol: An Overview for Policymakers and Project Developers. Retrieved June 5, 2019, from: https://www.globalccsinstitute.com/wp-content/uploads/2019/05/LCFS-and-CCS-Protocol_digital_version-2.pdf

Trabish, H. (2012). How Electricity Gets Bought and Sold in California. Retrieved July 23, 2019, from: https://www.greentechmedia.com/articles/read/how-electricity-gets-bought-and-sold-in-california#gs.r89hei

Trabish, H. (2014). Jon Wellinghoff: Utilities Should Not Operate the Distribution Grid. Retrieved May 24, 2019, from: https://www.utilitydive.com/news/jon-wellinghoff-utilities-should-not-operate-the-distribution-grid/298286/

Trabish, H. (2017). Illinois Energy Reform Set to Shape New Solar Business Models for Utilities. Retrieved July 14, 2019, from: https://www.utilitydive.com/news/illinois-energy-reform-set-to-shape-new-solar-business-models-for-utilities/504590/

Trabish, H. (2018). Business Models: What Utilities Can Learn from Amazon and Netflix about the Future of Ratemaking. Retrieved May 15, 2019, from: https://www.utilitydive.com/news/business-models-what-utilities-can-learn-from-amazon-and-netflix-about-the/530415/

Trabish, H. (2019). An Emerging Push for Time of Use Rates Sparks New Debates about Customer and Grid Impacts. Retrieved July 14, 2019, from: https://www.utilitydive.com/news/an-emerging-push-for-time-of-use-rates-sparks-new-debates-about-customer-an/545009/

TransWest Express LLC. (n. d.). Schedule and Timeline. Retrieved July 19, 2019, from: http://www.transwestexpress.net/about/timeline.shtml

Tsuchida, B., Sergici, S., Mudge, B., Gorman, W., Fox-Penner, P., and Schoene, J. (2015). *Comparative Generation Costs of Utility-Scale and Residential Solar PV in Xcel Energy Colorado's Service Area*. San Diego, CA: Brattle Group.

Tucker, A. (2016). Boston Startup Will Help GE Make Coal-Fired Power Plants Cleaner with Software. Retrieved May 15, 2019, from: https://www.ge.com/reports/boston-startup-will-help-ge-make-coal-fired-power-plants-cleaner-with-software

UNFCCC. (2015). Paris Agreement. Retrieved June 14, 2019, from: https://unfccc.int/process/conferences/pastconferences/paris-climate-change-conference-november-2015/paris-agreement

United Nations. (2014). Department of Economic and Social Affairs, Population Division. World Urbanization Prospects: The 2014 Revision, Highlights. ST/ESA/SER. A/352. Retrieved June 14, 2019, from: http://esa. un. org/unpd/wup/Highlights/WUP2014-Highlights.pdf

United Nations Framework Convention on Climate Change. (2017). Enhancing Financing for the Research, Development and Demonstration of Climate Technologies. UNFCCC, Technology Executive Committee Working Paper. Retrieved June 5, 2019, from: https://unfccc. int/ttclear/docs/TEC_RDD%20finance_FINAL.pdf

U.S. Department of Energy. (2017). 2016 Wind Technologies Market Report. Retrieved

June 19, 2019, from: https://www.energy-gov/sites/prod/files/2017/08/f35/2016_Wind_Technologies_Market_Report_0.pdf

U.S.Department of Energy.(2018).2017 Hydropower Market Report. Retrieved June 5, 2019, from: https://www.energy.gov/eere/water/downloads/2017-hydropower-market-report

U.S. Department of Energy's (DOE) Office of Energy Efficiency and Renewable Energy. (n. d.-a). DOE Technical Targets for Hydrogen Production from Electrolysis. Retrieved May 4, 2019, from: https://www.energy.gov/eere/fuelcells/doe-technical-targets-hydrogen-production-electrolysis

U.S. Department of Energy's (DOE) Office of Energy Efficiency and Renewable Energy.(n.d.-b).Fuel Cell Technologies Office.Retrieved May 2, 2019, from: https://www.energy.gov/eere/fuelcells/fuel-cell-technologies-office

U.S. Department of Energy's (DOE) Office of Fossil Energy and the Oak Ridge National Laboratory. (2017). Accelerating Breakthrough Innovation in Carbon Capture, Utilization, and Storage.Retrieved June 5, 2019, from: https://www.energy.gov/fe/downloads/accelerating-breakthrough-innovation-carbon-capture-utilization-and-storage

U.S.Department of the Interior Bureau of Reclamation. (2019). Grand Coulee Dam Statistics and Facts.Retrieved March 25, 2019, from: https://www.usbr gov/pn/grandcoulee/pubs/factsheet.pdf

U.S.Department of Transportation.(2014).Beyond Traffic 2045: Trends and Choices, Draft Report. Retrieved June 14, 2019, from: https://cms.dot.gov/sites/dot.gov/files/docs/Draft_Beyond_Traffic_Framework.pdf

U.S.Energy Information Administration.(2012).Annual Energy Review.Retrieved July 18, 2019, from: https://www.eia.gov/totalenergy/data/annual/showtext.php?t=ptb0802a

U.S. Energy Information Administration. (2014). Energy Transportation Use 2014. Retrieved June 14, 2019, from: http://www.eia.gov/Energyexplained/?page=us_energy_transportation

U.S. Energy Information Administration. (2017). Form EIA-860 Annual Electric Generator Report. Retrieved June, 14, 2019, from: www.eia.gov/electricity/data/eia860

U.S. Energy Information Administration. (2018). Annual Energy Outlook 2018 with

Projections to 2050. Retrieved March 21, 2018, from: https://www. eia. gov/ outlooks/aeo/pdf/AEO2018.pdf

U. S. Energy Information Administration. (2019a). Annual Energy Outlook 2019. Retrieved June 14, 2019, from: https://www. eia. gov/outlooks/aeo/data/ browser/#/? id = 8-AEO2019&region = 0-0&cases = ref2019&start = 2017&end = 2050&f = A&linechart = ref2019-d111618a. 6-8-AEO2019-ref2019-d111618a.75-8-AEO2019&ctype=linechart&sourcekey=0

U. S. Energy Information Administration. (2019b). Preliminary Monthly Electric Generator Inventory (Based on Form EIA-860M as a Supplement to Form EIA-860). Retrieved April 22, 2019, from: https://www. eia. gove/electricity/ data/eia860M

U. S. Environmental Protection Agency. (n. d.). Community Choice Aggregation. Retrieved May 28, 2019, from: https:// www.epa.gov/ greenpower/community-choice-aggregation

U.S.Global Change Research Program. (2018). Fourth National Climate Assessment. Retrieved July 14, 2019, from: https://nca2018.globalchange.gov/Utah Office of Energy Development. (2013). *Guide to Permitting Electric Transmission Lines in Utah*.Salt Lake City: Utah Office of Energy Development.

Van Hertem, D., Gomis-Bellmunt, O., and Liang, J. (2016). HVDC *Grids: For Offshore and Supergrid of the Future*.Hoboken, NJ: Wiley-IEEE Press.

Van Nuffel, L., Rademaekers, K., Yearwood, J., Graichen, V., Lopez, M., Gonzalez, A.,... Marias, F. (2017). European Energy Industry Investments. European Parliament.Directorate-General for Internal Policies.Retrieved July 24, 2019, from: http://www. europarl. europa. eu/RegData/etudes/STUD/2017/ 595356/IPOL_STU(2017)595356_EN.pdf

Varadarajan, U., Posner, D., and Fisher, J. (2018).*Harnessing Financial Tools to Transform the Electric Sector*.Oakland, CA: Sierra Club.

Vaughan, A. (2016).New Battery Power-Storage Plants Scheduled to Keep UK Lights On.*The Guardian*, December 9.

Véliz, K., Kauffman, R., Cleveland, C., and Stoner, A. (2017). The Effect of Climate Change on Electricity Expenditures in Massachusetts.*Energy Policy*, 106 (C), 1-11.DOI:10.1016/j.enpol.2017.03.016.

Viribright.(n.d.).Comparing LED vs CFL vs Incandescent Light Bulbs.Retrieved July

18, 2019, from: http://www.viribright.com/lumen-output-comparing-led-vs-cfl-vs-incandescent-wattage/

Viscusi, W., Vernon, J., and Harrington, Jr., J. (1998). *Economics of Regulation and Antitrust*, 2nd ed. Cambridge, MA: The MIT Press.

Vlerick Business School. (n. d.). Outlook on the European DSO Landscape2020. Retrieved June 14, 2019, from: https://home.kpmg/content/dam/kpmg/pdf/2016/05/Energy-Outlook-DSO-2020.pdf

Vries, A.de (2018).Bitcoin's Growing Energy Problem, *Joule*, 2, 801-809.DOI:10.1016/j.joule.2018.04.016.

Vrins, J., Artze, H., Shandross, R., and Lawrence, M. (2015). From Grid to Cloud:A Network of Networks-In Search of an Orchestrator *Fortnighly Magazine*, October.

Wadud, Z, MacKenzie, D., and Leiby, P.(2016).Help or Hindrance? The Travl, Energy and Carbon Impacts of Highly Automated Vehicles. *Transportation Research Part A: Policy and Practice*, 86, 1-18. DOI: 10.1016/J.tra.2015.12.001.

Wakabayashi, D.(2018).California Passes Sweeping Law to Protect Online Privacy. *New York Times*, June 28.

Walker, R.(2017).Artificial Intelligence in Business: Balancing Risk and Reward. Retrieved May 21, 2019, from: https://www.pega.com/insights/resources/artificial-intelligence-business-balancing-risk-and-reward

Wallace-Wells, D.(2019).*The Uninhabitable Earth*.New York:Tim Duggan Books.

Walton, R. (2018). Xcel, Boulder Agree on Separation Details in March towards Municipal Utility.Retrieved July 1, 2019, from: https://www.utilitydive.com/news/xcel-boulder-agree-on-separation-details-in-march-towards-municipal-utilit/541323/

Wang, J., Lu, K., Ma, L., Wang, J., Dooner, M., Miao, S.,...Wang, D.(2017). Overview of Compressed Air Energy Storage and Technology Development. *Energies*, 10, 991.DOI: 10.1016/j.egypro.2014.12.423.

Wang, N., Phelan, P., Harris, C., Langevin, J., Nelson, B., and Sawyer, K. (2018). Past Visions, Current Trends, and Future Context: A Review of Building Energy, Carbon, and Sustainability.*Renewable and Sustainable Energy Reviews*, 82, 976-993.DOI: 10.1016/j.rser.2017.04.114.

Watts, N., Amann, M., Ayeb-Karlsson, S., Belesova, K., Bouley, T., Boykoff, M.,...Costello, A. (2018). The Lancet Countdown on Health and Climate Change: From 25 Years of Inaction to a Global Transformation for Public Health. *The Lancet*, 391(10120), 581-630.DOI: 10.1016/S0140-6736(17)32464-9.

Weaver, J. (2017). World's Largest Battery: 200mw/800mwh Vanadium Flow Battery—Site Work Ongoing. Retrieved June 5, 2019, from: https://electrek. co/2017/12/21/worlds-largest-battery-200mw-800mwh-vanadium-flow-battery-rongke-power/

Webber, M. (2016). *Thirst for Power: Energy, Water and Human Survival*. New Haven, CT: Yale University Press.

Weigert, K. (2017). *Grid Security Is National Security: Cyber Threats to Energy Infrastructure and Cities*.Working Paper Number 2017-01.Chicago: The Chicago Council on Global Affairs.

Weiser, S. (2018). Groups Request PUC Reconsider Approval of Xcels' Fuel Switching Plan. Retrieved July 23, 2019, from: https://pagetwo. completecolorado. com/2018/10/02/groups-request-puc-reconsider-approval-of-xcels-fuel-switching-plan/

Wellinghoff, J., and Cusick, K. (2017). Alternative Transmission Solutions: An Analysis of the Emerging Business Opportunity for Advanced Transmission Technologies and FERC-Driven Requirements on Transmission Planning and Selection.Retrieved August 1, 2019, from: http://grid-8990. kxcdn. com/wp-content/uploads/2017/11/Alternative-Transmission-Solutions-pfeifen

Wellinghoff, J., and Tong, J. (2015).Wellinghoff and Tong: A Common Confusion over Net Metering Is Undermining Utilities and the Grid. Retrieved May 30, 2019, from: https://www. utilitydive. com/news/wellinghoff-and-tong-a-common-confusion-over-net-metering-is-undermining-u/355388/

Wesoff, E.(2015).NextEra on Storage: "Post 2020, There May Never Be Another Peaker Built in the US." Retrieved October 25, 2019, from: https://www. greentechmedia. com/articles/read/nextera-on-storage-post-2020-there-may-never-be-another-peaker-built-in-t

Weston, D.(2018).Hornsdale Battery Has "Significant Impact" on Market.Retrieved June 28, 2019, from: https://www. windpowermonthly. com/article/1520406/hornsdale-battery-significant-impact-market

Wikipedia. (n. d.-a). Hurricane Harvey. Retrieved July 19, 2019, from: https://en. wikipedia.org/wiki/Hurricane_Harvey

Wikipedia. (n. d.-b). List of Major Power Outages. Retrieved May 8, 2019, from: https://en.wikipedia.org/wiki/List_of_major_power_outages

Wikiquote. (n.d.).Dwight D.Eisenhower.Retrieved March 2, 2019, from:https://en. wikiquote.org/wiki/Dwight_D._Eisenhower

Williams, J., Haley, B., Kahrl, F., Moore, J., Jones, A., Torn, M., and McJeon, H.(2014). Pathways to Deep Decarbonization in the United States. The U. S. Report of the Deep Decarbonization Pathways Project of the Sustainable Development Solutions Network and the Institute for Sustainable Development and International Relations. Retrieved June 14, 2019, from: https://usddpp. org/downloads/2014-technical-report.pdf

Williams, M.(2018).*Powering Culture Change: How Redding Utility Looked Inward to Better Serve Its Community*. Sacramento: California Municipal Utilities Association, pp.28-30.

Williamson, O.(1975).*Markets and Hierarchies*.New York: Free Press.

Williamson, O.(1979).Transaction-Cost Economics: The Governance of Contractual Relations. *Journal of Law and Economics*, 22 (2), 233-262. DOI: 10. 1086/466942.

Wilson, J. (2019). Electric Companies Overspend by Billions, Driving Up Utility Bills, Report Finds.*USA Today*, February 18, B1.

Wimberly, J. (2018). *The Glass Half Full for Utility Customer Service*. EcoPinion Consumer Survey Report No.32.Los Angeles: DEFG & Russell Research.

Wimberly, J., and Treadway, N.(2018).2018 Regulator Survey on Customer Service Metrics.Retrieved May 30, 2019, from: http://defgllc. com/publication/2018-regulator-survey-on-customer-service-metrics/

Wolf, G. (2018). Supergrids Are Possible: A History Mingled with Facts on the Hybrid DC Breaker.Retrieved July 23, 2019, from: https://www.tdworld.com/ hvdc/supergrids-are-possible

Wood, E.(2018).Princeton University's Microgrid: How to Partner, Not Part from the Grid. Retrieved July 8, 2019, from: https://microgridknowledge. com/ princeton-universitys-microgrid-partner-part-central-grid/

Wood, E.(2019).Hawaii Traverses New Ground with Microgrid Tariff.Retrieved July

8, 2019, from: https://microgridknowledge.com/microgrid-tariff-hawaii/

Wood, L., Hemphill, R., Howat, J., Cavanagh, R., and Borenstein, S. (2016). Recovery of Utility Costs: Utility, Consumer, Environmental and Economist Perspectives, LBNL-1005742 Report No. 5. Retrieved July 8, 2019, from: https://emp.lbl.gov/sites/all/files/lbnl-1005742_1.pdf

World Bank Group. (2018). State and Trends of Carbon Pricing 2018. Retrieved July 17, 2019, from: https://openknowledge. worldbank. org/bitstream/handle/10986/29687/9781464812927.pdf? sequence = 5&isAllowed = y

World Economic Forum. (2015). *Intelligent Assets: Unlocking the Circular Economy Potential.* Cologny, Switzerland: World Economic Forum.

Wu, T. (2018). *The Curse of Bigness: Antitrust in the New Gilded Age.* New York: Columbia Global Reports.

Xcel. (2014). Overhead vs Underground, Xcel Colorado Information Sheet, 14-05-042. Retrieved July 23, 2019, from: https://www. xcelenergy. com/staticfiles/xe/Corporate/Corporate%20PDFs/OverheadVsUnderground_FactSheet.pdf

Yates, D., Quan Luna, B., Rasmussen, R., Bratcher, D., Garre, L., Chen, F.,... Friis-Hansen, P. (2014). Stormy Weather: Assessing Climate Change Hazards to Electric Power Infrastructure: A Sandy Case Study. *IEEE Power and Energy Magazine*, 12(5), 66-75. DOI: 10.1109/MPE.2014.2331901.

Zarakas, W, Sergici, S., Bishop, H., Zahniser-Word, J., and Fox-Penner, P. (2014). Utility Investment in Resiliency: Balancing Benefit with Cost in an Uncertain Environment. *Electricity Journal*, 27(5), 31-39. DOI: 10.1016/j.tej.2014.05.005.

Zehong, L. (2017). China's Future Power Grids. Retrieved July 18, 2019, from: https://stanford.app.box.com/s/dxiyh6b196wg7ylaoje 7b7u47nfg3uyi

Zoback, M., and Gorelick, S. (2012). Earthquake Triggering and Large-Scale Geologic Storage of Carbon Dioxide. *Proceedings of the National Academy of the Sciences of the United States of America*, 109(26), 10164-10168. DOI: 10.1073/pnas.1202473109.

Zummo, P. (2018). The Value of the Grid. Retrieved May 24, 2019, from: https://www. publicpower. org/system/files/documents/Value% 20of% 20the% 20Grid _ 1.pdf

致　谢

在这本书写作的这些年中，很多同事和朋友对我帮助非常大。希望这本将这些问答、参考、幻灯片和文件汇总编织成的书籍，能回报他们一点点。

首先，我必须要感谢允许我从事这个项目的三个组织：第一个是波士顿大学的可持续能源研究所，从最开始 Gloria Waters 的帮助，到所内高层 Jacquie Ashmore，还包括 Jenny Hatch（早期的组织者并对第 13 章有所贡献）、David Jermain、Cutler Cleveland、Michael Walsh、Justin Ren、Bai Li、Sophia Xuehai Xiong、Peishan Wang、Karla Kim、Robert Perry、Laura Hurley、Lam Tan Tjien、Guillermo Perriera 和 Ali Ammar。同时，我还要感谢 ISE 的资助者，包括休利特基金会，其中特别感谢 Matt Baker 的鼓励，以及能源基金会的 Dan Adler，还有布隆伯格慈善基金会，他们在过去三年里慷慨地支持了这项工作。

我还从能源影响合作伙伴组织（Energy Impact Partners）的同事那里得到了很多批判性鼓励与支持，从早期的 Steve Hellman 到公司高层 Hans Kobler。如果没有 Hans 那极富感染力的热情，我可能早就放弃了。我也非常感谢 EIP 的同事 Shayle Kann、Andy Lubershane、Kevin Fitzgerald、Cassie Bowe、Michael Donnelly、Sameer Reddy、Lindsay Luger、Evan Pittman 和 Vienna poiesz，他们都是当今业界最好和最敏锐的战略家。

最后，要感谢布拉特尔集团与我共事多年的同事们，带给我众多专业知识、行业智慧和友谊。我感谢我所有 REM 的同事，包括 Judy Chang、Sam Newell、Kathleen Spees、Frank Graves、Ahmad

Faruqui、Ryan Hledik、Sanem Sergici、Phillip Hanser、Alexis Maniatis、Bill Zarakas、Dean Murphy、Jurgen Weiss、Mike Hagerty、Pablo Ruiz、Roger Lueken、Dan Jang、Romkaew Broehm、Gary Taylor、Ira Shavel、Bob Mudge、Jose Garcia、Serena Hesmondhalgh、Carlos Lapuerta，尤其还有我的助理 Marianne Gray。另外，特别感谢 Sanem 和 Hannes 对于附录 A 的认真编撰。

在写作过程中，有许多慷慨相助的同仁们。对于本书前两章，我要感谢 Amory Lovins、Steve Nadel、Joe Romm、Mikhail Chester、Chris Hoehne、Chris MacCahill、Henry Kelly。对于第 4 章和第 5 章，非常感谢 Jim Fama、James Mandel、Erfan Ibrahim、Christopher Sprague 和 Rob Lee 的帮助。第 6～8 章，需要感谢 Bob Rowe、Bill Thompson、Sonya Aggarwal、Hal Harvey、Rob Gramlich、Michael Goggins、Karl Hausker、Mateo Jaramillo、Dan Berwick、Mike Boots、Shirley Mengrong Cheng、Yuan Ren、Frank Wang、Paul Joskow、Michael Caramanis、David Hart、Scott Willensky 和 Jim Hoecker，还有在《智能电力》就帮助过我的 Heidi Bishop，她现在世界资源研究所就职。

本书第 9～12 章得到了许多同事的极大帮助，包括 Sue Kelly、Richard Kaufmann、Severin Borenstein、John Rhodes、Terry Sobolewski、Patricia DiOrio、Jon Wellinghoff、Audrey Zibelman、Jan Vrins、Perry Sioshansi、Jamie Wimberly、Patty Durand、Lisa Wood、Josh Wong、Carl Pechman、Mary Powell 和 Lynn Keisling。最后，第 13 章和第 14 章要感谢 Dan Ford、Sheldon Simon、Douglas Simmons、Jay Horine、Jeffrey Holschuh、Stephen Byrd 和 Mike Lapides。

我还要感谢这本书背后的商业团队，首先是我的经纪人 Albert LaFarge。还有什么作家能在一场激烈的网球比赛中，在对莎士比亚的广泛评论、NPR 新闻时刻和 Pink Floyd 的歌词之间游刃有余呢？Albert 很明智地带我去见了哈佛大学出版社的两位编辑：Jeff Dean 和 Janice Audet，出乎我的意料，两位的专业精神令人印象深刻，让我感受到了最棒的出版体验，我非常感谢他们以及他们在新闻界的同事。另外，也要感谢本书的平面设计师 Alexandra Kokkevi。

还有三位令人尊敬的同事，没有他们，这本书不可能存在。在成书过程中，Ryan Hopping 除了做好他的本职工作，还帮忙整理草稿，处理了很多打包、搬箱的工作。Olena Pechak 巧妙地理清了本书最为棘手的文献问题，而 Nicole Mikkelson 以高超的智慧和组织力促使这本书最终出版。我对他们三人的感激之情无以言表。

特别，我要感谢我的妻子 Susan Vitka，感谢她源源不断的鼓励、爱和耐心。我保证再也不会有下一本书了，但她是肯定不会相信我的。

索　引

W

X